高等职业院校大数据技术与应用规划教材

浙江省普通高校“十三五”新形态教材

大数据分析

DASHUJU FENXI

周　苏　戴海东　主编

中国铁道出版社有限公司
CHINA RAILWAY PUBLISHING HOUSE CO., LTD.

内 容 简 介

“大数据分析”是一门理论性和实践性都很强的课程。本书是为高等职业院校相关专业“大数据分析”课程全新设计编写，针对职业教育学生的发展需求，系统、全面地介绍了关于大数据分析的基本知识和技能，以项目 / 任务方式详细介绍了大数据基础、大数据分析基础、大数据技术与大数据分析的应用、大数据分析基本原则、构建大数据分析路线、大数据分析方法的运用、大数据分析的用例、预测分析方法、预测分析技术、数据清洗与处理、大数据分析模型、大数据分析的工具与平台等内容，具有较强的系统性、可读性和实用性。

本书适合作为高等职业院校相关专业开设“大数据分析”课程的教材，也可供有一定实践经验的 IT 应用人员、管理人员参考并作为继续教育的教材。

图书在版编目（CIP）数据

大数据分析 / 周苏，戴海东主编 . —北京：中国铁道出版社有限公司，2020.9（2023.7重印）
高等职业院校大数据技术与应用规划教材
ISBN 978-7-113-27262-3

Ⅰ.①大… Ⅱ.①周… ②戴… Ⅲ.①数据处理 – 高等职业教育 – 教材 Ⅳ.① TP274

中国版本图书馆 CIP 数据核字（2020）第 174311 号

书　　名：大数据分析
作　　者：周　苏　戴海东

策　　划：汪　敏　　**编辑部热线：**（010）51873628
责任编辑：汪　敏
封面设计：郑春鹏
责任校对：张玉华
责任印制：樊启鹏

出版发行：中国铁道出版社有限公司（100054，北京市西城区右安门西街 8 号）
网　　址：http://www.tdpress.com/51eds/
印　　刷：三河市航远印刷有限公司
版　　次：2020 年 9 月第 1 版　2023 年 7 月第 2 次印刷
开　　本：787 mm×1 092 mm　1/16　**印张：**15　**字数：**347 千
书　　号：ISBN 978-7-113-27262-3
定　　价：46.00 元

前 言

大数据（Big Data）的力量，正在积极地影响着社会的方方面面，冲击着许多主要的行业，如零售业、电子商务和金融服务业等，同时也正在彻底地改变人们的学习和日常生活：如人们的教育方式、生活方式、工作方式，以及寻找爱情的方式等。如今，通过简单、易用的移动应用和基于云端的数据服务，人们能够追踪自己的行为以及饮食习惯，还能提升个人的健康状况。因此，有必要真正理解大数据这个极其重要的议题。

中国是大数据最大的潜在市场之一。截至 2020 年 3 月，中国网民规模约为 9.04 亿，这就意味着中国的企业拥有绝佳的机会来更好地了解其客户并提供更个性化的体验，同时，为企业增加收入并提高利润。阿里巴巴就是一个很好的例子，它不但在其商业模式上具有颠覆性，而且还掌握了与购买行为、产品需求和库存供应相关的海量数据。除了阿里巴巴高层的领导能力之外，大数据必然是其成功的一个关键因素。

然而，仅有数据是不够的。对于身处大数据时代的企业而言，成功的关键还在于找出大数据所隐含的“真知灼见”。以前，人们总说信息就是力量，但如今，对数据进行分析、利用和挖掘才是力量之所在。

在不同行业中，那些专门从事行业数据的搜集、整理和进行深度分析，并依据分析结果做出行业研究、评估和预测的工作称为数据分析。所谓大数据分析，是指用适当的方法对收集来的大量数据进行分析，提取有用信息并形成结论，从而对数据加以详细研究和概括总结的过程。或者，顾名思义，大数据分析是指对规模巨大的数据进行分析，是大数据到信息，再到知识的关键步骤。大数据分析结合了传统统计分析方法和计算分析方法，在研究大量数据的过程中寻找模式、相关性和其他有用信息，帮助企业更好地适应变化并做出更明智的决策。

■ 课程学习方法

面对学科的发展，知识的进步，编者一直在努力创作教材和资源，力图为广大教师和学生准备一份较好的课程学习载体，线上线下融合发展，构造一个全新的新形态“智慧教学”环境。

为此，编者除了努力使本书知识结构全面、阐述流畅之外，还建设了与教材内容相配套的 PPT 文件，并录制了按教材内容组织的教学音频文件。于是，除了传统的线下课堂教学之外，本教材的使用方式也可以如图 0-1 所示。即打开教材对应章节的教学 PPT 文件或者翻到本教材的对应章节，用手机扫描教材内容对应的二维码，打开和收听相应的教学音频文件，并在“听”课的同时做好学习笔记。通过这样的学习，不仅可以帮助我们强化学习效果（看与听结合），也可以帮助我们减轻阅读负担（改看为听）。平时，教学音频文件也可以在课前、课后来帮助学生预习或者复习课程内容。

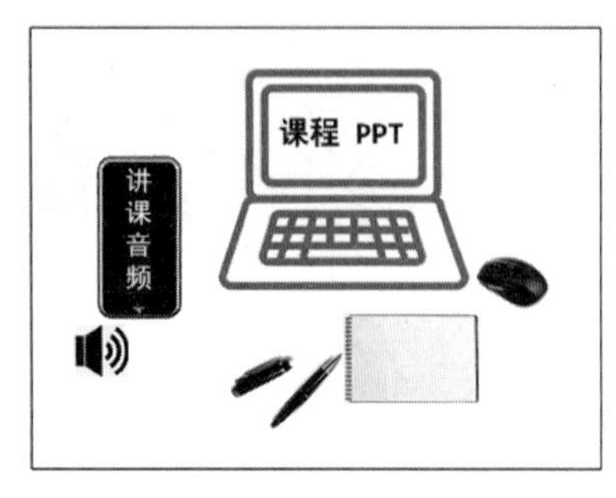

教学 PPT + 教学音频　　　　教科书 + 教学音频

图 0-1 课程学习方法

■ 课程学习安排

对于大数据技术及其相关专业的大学生来说，大数据分析的理念、技术与应用是一门理论性和实践性都很强的核心课程。在长期的教学实践中，我们体会到，坚持“因材施教”的重要原则，把实践环节与理论教学相融合，抓实践教学促进理论知识的学习，是有效地改善教学效果和提高教学水平的重要方法之一。本书的主要特色是：理论联系实际，结合一系列了解和熟悉大数据分析理念、技术与应用的学习和实践活动，把大数据分析的概念、知识和技术融入到实践当中，使学生保持浓厚的学习热情，加深对大数据分析的兴趣、认识、理解和掌握。

本书是为高等职业院校相关专业开设“大数据分析”相关课程而设计编写的，是具有丰富实践特色的主教材，也可供有一定实践经验的 IT 应用人员、管理人员参考并作为继续教育的教材。

本书系统、全面地介绍了大数据分析的基本知识和应用技能，包括大数据分析基础、分析应用与用例分析、预测分析技术、大数据分析与处理等 4 个项目共 11 个学习任务（见图 0–2），具有较强的系统性、可读性和实用性。

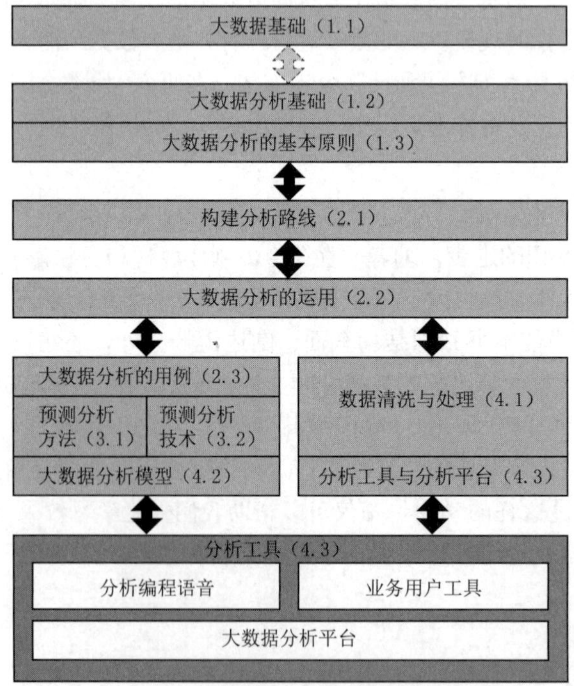

注：图中括号内的数字指示了在本书中的项目和任务

图 0–2　学习内容与顺序

结合课堂教学方法改革的要求，全书设计了课程教学过程，教学内容按“项目—任务”安排，要求和指导学生在课前阅读导读案例和课后阅读课文并完成相应的作业与实训，在网络搜索浏览的基础上，延伸阅读，深入理解课程知识内涵。附录中提供了课程作业参考答案、课程学习与实训总结等。

为了引导读者学习，本书还设计了实训案例与思考环节，如图 0-3 所示。建议让学生自由组织（头脑风暴）学习小组，以小组讨论和个人相结合的形式积极参与，努力完成实训任务。

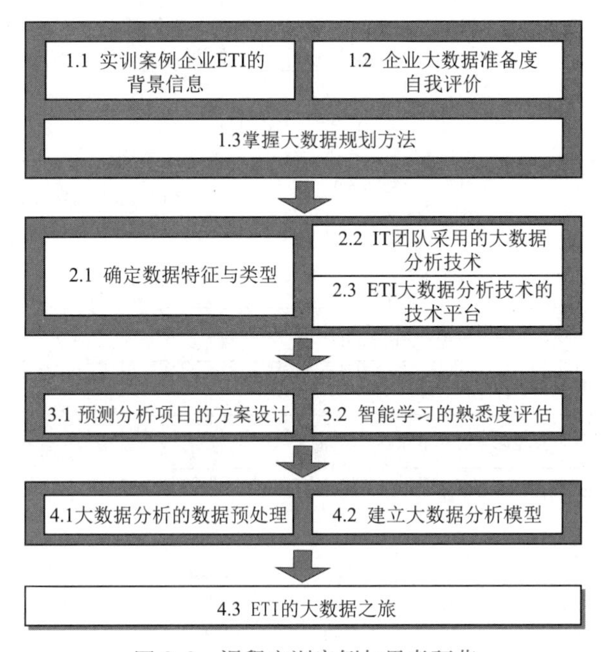

图 0-3　课程实训案例与思考环节

教学进度设计请参考《课程教学进度表》，实际执行应按照教学大纲和校历中关于本学期节假日的安排，确定本课程的实际教学进度。

■ 本书编写要点

本课程的教学评测可以从以下几个方面入手：

（1）每个项目的作业（紧密结合课文教学内容的标准选择题，11 个）；

（2）每个项目课后的“实训与思考”（11 项）；

（3）课程学习与实训总结（附录 B）；

（4）结合平时考勤；

（5）任课老师认为必要的其他考核方法。

本书是“十三五”（第二批）浙江省普通高校新形态教材项目“高职大数据技术与应用（系列教材）”的建设成果之一，是浙江安防职业技术学院 2018 年度课程建设项目“高职大数据系列教材”的成果之一。本书的编写工作得到温州市 2018 年数字经济特色专业建设项目“大数据技术与应用”的支持，得到浙江安防职业技术学院 2018 年度特色专业建设项目“大数据技术与应用专业”的支持。

本书的编写得到浙江安防职业技术学院、浙江商业职业技术学院、浙大城市学院等多所院校师生的支持。本书由周苏、戴海东主编，傅贤君、张大力、周恒、张丽娜、王文、乔凤凤、丁增辉等参与了本书的教材设计、教学规划、案例设计等编写工作。与本书配套的教学 PPT 课件等丰富教学资源可从中国铁道出版社有限公司网站（http://www.tdpress.com/51eds/）的下载区下载，欢迎教师与作者交流并索取本书教学配套的相关资料：zhousu@qq.com；QQ：81505050。

课程教学进度表

（20　　—20　　学年第　　学期）

课程号：＿＿＿＿＿＿　　课程名称：大数据分析　学分：2　　周学时：2

总学时：32（其中理论学时：32　　课外实践学时：22）

主讲教师：＿＿＿＿＿＿

序号	校历周次	章节（或实验、习题课等）名称与内容	学时	教学方法	课后作业布置
1	1	引言 任务 1.1 熟悉大数据的概念	2	导读案例 理论教学	作业，实训与思考
2	2	任务 1.2 掌握大数据分析基础知识	2		作业，实训与思考
3	3	任务 1.2 掌握大数据分析基础知识	2		
4	4	任务 1.3 熟悉大数据分析基本原则	2		作业，实训与思考
5	5	任务 2.1 构建大数据分析路线	2		作业，实训与思考
6	6	任务 2.2 运用大数据分析方法	2		作业，实训与思考
7	7	任务 2.3 建立大数据分析用例	2		作业，实训与思考
8	8	任务 3.1 运用预测分析方法	2		作业，实训与思考
9	9	任务 3.2 熟悉预测分析技术	2		作业，实训与思考
10	10	任务 3.2 熟悉预测分析技术	2		作业，实训与思考
11	11	任务 4.1 执行数据清洗与处理	2		作业，实训与思考
12	12	任务 4.1 执行数据清洗与处理	2		
13	13	任务 4.2 建立大数据分析模型	2		作业，实训与思考
14	14	任务 4.2 建立大数据分析模型	2		
15	15	任务 4.3 了解分析工具与分析平台	2		作业，实训与思考
16	16	任务 4.3 了解分析工具与分析平台	2		

填表人（签字）：　　　　日期：

系（教研室）主任（签字）：　　　　日期：

周　苏

2020 年春 · 温州

目录

项目 1

大数据分析基础

音频

熟悉大数据的概念

任务 1.1 熟悉大数据的概念

音频

导读案例：葡萄酒的品质分析

导读案例 葡萄酒的品质分析

奥利·阿什菲尔特是普林斯顿大学的一位经济学家，他的日常工作就是琢磨数据，利用统计学从大量的数据资料中提取出隐藏在数据背后的信息。奥利非常喜欢喝葡萄酒，他说："当上好的红葡萄酒有了一定的年份时，就会发生一些非常神奇的事情。"当然，奥利指的不仅仅是葡萄酒的口感，还有隐藏在葡萄酒背后的力量。

"每次你买到上好的红葡萄酒时，"他说，"其实就是在进行投资，因为这瓶酒以后很有可能会变得更好。重要的不是它现在值多少钱，而是将来值多少钱。即便你并不打算卖掉它，而是喝掉它。如果你想知道把从当前消费中得到的愉悦推迟，将来能从中得到多少愉悦，那么这将是一个永远也讨论不完的、吸引人的话题。"关于这个话题，奥利已研究了 25 年。

奥利花费心思研究的一个问题是，如何通过数字来评估波尔多葡萄酒的品质（见图 1-1）。与品酒专家通常所使用的"品咂并吐掉"的方法不同，奥利用数字指标来判断能拍出高价的酒所应该具备的品质特征。

图 1-1 法国波尔多葡萄园

“其实很简单，”他说，“酒是一种农产品，每年都会受到气候条件的强烈影响。”因此，奥利采集了法国波尔多地区的气候数据加以研究，他发现如果收割季节干旱少雨且整个夏季的平均气温较高，该年份就容易生产出品质上乘的葡萄酒。

当葡萄熟透、汁液高度浓缩时，酿出的波尔多葡萄酒是最好的。夏季特别炎热的年份，葡萄很容易熟透，酸度就会降低。炎热少雨的年份，葡萄汁也会高度浓缩。因此，天气越炎热干燥，越容易生产出品质一流的葡萄酒。熟透的葡萄能生产出口感柔润（即低敏度）的葡萄酒，而汁液高度浓缩的葡萄能够生产出醇厚的葡萄酒。

奥利把这个关于葡萄酒的理论简化为下面的方程式：

葡萄酒的品质 =12.145+0.00117 × 冬天降雨量 +0.0614 × 葡萄生长期平均气温

−0.00386 × 收获季节降雨量

正如彼得·帕塞尔在《纽约时报》中报告的那样，奥利给出的统计方程与实际情况高度吻合。把任何年份的气候数据代入上面这个方程式，就能够预测出任意一种葡萄酒的平均品质。如果把这个方程式变得再稍微复杂精巧一些，奥利还能更精确地预测出 100 多家酒庄的葡萄酒品质。他承认“这看起来有点太数字化了”，但这恰恰是法国人把他们的葡萄酒庄园排成著名的 1 855 个等级时所使用的方法。

然而，当时传统的评酒专家并未接受奥利利用数据预测葡萄酒品质的做法。英国的《葡萄酒》杂志认为：“这条公式显然是很可笑的，我们无法重视它。”纽约葡萄酒商人威廉姆·萨科林认为：从波尔多葡萄酒产业的角度来看，奥利的做法“介于极端和滑稽可笑之间”。因此，奥利常常被业界人士取笑，当奥利在克里斯蒂拍卖行酒品部做关于葡萄酒的演讲时，坐在后排的交易商嘘声一片。

传统的评酒大师认为，如果要对葡萄酒的品质评判得更准确，应该亲自去品尝一下。但是有这样一个问题：在好几个月的生产时间里，人们是无法品尝到葡萄酒的。波尔多和勃艮第的葡萄酒在装瓶之前需要盛放在橡木桶里发酵 18 ~ 24 个月（见图 1-2）。

图 1-2　葡萄酒窖藏

像帕克这样的评酒专家需要在装桶 4 个月以后才能第一次品尝，然而，这个阶段的葡萄酒还只是臭臭的、发酵的葡萄而已。不知道此时这种无法下咽的“酒”是否能够使品尝者得出关于酒的品质的准确信息。例如，巴特菲德拍卖行酒品部的前经理布鲁斯·凯泽曾经说过：“发酵初期的葡萄酒变化非常快，不可能有人能够通过品尝来准确地评估酒的好坏。至少要放上 10 年，甚至更久。”

与之形成鲜明对比的是，奥利从对数字的分析中能够得出气候与酒价之间的关系。他发现冬季降雨量每增加 1 毫米，酒价就有可能提高 0.001 17 美元。当然，这只是“有可能”而已。不过，对数据的分析使奥利可以更早地预测葡萄酒的未来品质——这是品酒师有机会尝到第一口酒的数月之前，更是在葡萄酒卖出的数年之前。在葡萄酒期货交易活跃的今天，奥利的预测能够给葡萄酒收集者提供极大的帮助。

20 世纪 80 年代后期，奥利开始在半年刊的简报《流动资产》上发布他的预测数据。最初有 600 多人开始订阅。这些订阅者的分布很广，其中包括很多百万富翁以及痴迷葡萄酒的人——这是一些可以接受计量方法的葡萄酒收集爱好者。但与每年花 30 美元来订阅简报《葡萄酒爱好者》的 30 000 人相比，《流动资产》的订阅人数确实少得可怜。

20 世纪 90 年代初期，《纽约时报》在头版头条登出了奥利的最新预测数据，这使得更多人了解了他的思想。奥利公开批判了帕克对 1986 年波尔多葡萄酒的估价。帕克对 1986 年波尔多葡萄酒的评价是“品质一流，甚至非常出色”。但是奥利不这么认为，他认为由于生长期内过低的平均气温以及收获期过多的雨水，这一年葡萄酒的品质注定平平。

当然，奥利对 1989 年波尔多葡萄酒的预测才是这篇文章中真正让人吃惊的地方，尽管当时这些酒在木桶里仅仅放置了 3 个月，还从未被品酒师品尝过，奥利预测这些酒将成为“世纪佳酿”。他保证这些酒的品质将会“令人震惊地一流”。根据他自己的评级，如果 1961 年的波尔多葡萄酒评级为 100，那么 1989 年的葡萄酒将会达到 149。奥利甚至大胆地预测，这些酒“能够卖出过去 35 年中所生产的葡萄酒的最高价”（见图 1-3）。

图 1-3　葡萄酒收藏

看到这篇文章，评酒专家非常生气。评酒专家们开始辩解，竭力指责奥利本人以及他所提出的方法。他们说他的方法是错的，因为这一方法无法准确地预测未来的酒价。然而，对于统计学家（以及对此稍加思考的人）来说，预测有时过高，有时过低是件好事，因为这恰好说明估计量是无偏的。

1990 年，奥利更加陷于孤立无援的境地。在宣称 1989 年的葡萄酒将成为“世纪佳酿”之后，数据告诉他 1990 年的葡萄酒将会更好，而且他也照实说了。现在回头再看，我们可以发现当时《流动资产》的预测惊人地准确。1989 年的葡萄酒确实是难得的佳酿，而 1990 年的也确实更好。

怎么可能在连续两年中生产出两种“世纪佳酿”呢？事实上，自 1986 年以来，每年葡萄生长期的气温都高于平均水平，法国的天气连续 20 多年温暖和煦。对于葡萄酒爱好者们而言，这显然是生产柔润的波尔多葡萄酒最适宜的时期。

传统的评酒专家们现在才开始更多地关注天气因素。尽管他们当中很多人从未公开承认奥利的预测，但他们自己的预测也开始越来越密切地与奥利那个简单的方程式联系在一起。指责奥利的人仍然把他的思想看作是异端邪说，因为他试图把葡萄酒的世界看得更清楚。他从不使用华丽的辞藻和毫无意义的术语，而是直接说出预测的依据。

整个葡萄酒产业毫不妥协不仅仅是在做表面文章。“葡萄酒经销商及专栏作家只是不希望公众知道奥利所做出的预测。”凯泽说，“这一点从 1986 年的葡萄酒就已经显现出来了。奥利说品酒师们的评级是骗人的，因为那一年的气候对于葡萄的生长来说非常不利，雨水泛滥，气温也不够高。但是当时所有的专栏作家都言辞激烈地坚持认为那一年的酒会是好酒。事实证明奥利是对的，但是正确的观点不一定总是受欢迎的。”

葡萄酒经销商和专栏评论家们都能够从维持自己在葡萄酒品质方面的信息垄断者地位中受益。葡萄酒经销商利用长期高估的最初评级来稳定葡萄酒价格。《葡萄酒观察家》和《葡萄酒爱好者》能否保持葡萄酒品质的仲裁者地位，决定着上百万资金的生死。很多人要谋生，就只能依赖于喝酒的人不相信这个方程式。

也有迹象表明事情正在发生变化。伦敦克里斯蒂拍卖行国际酒品部主席迈克尔·布罗德本特委婉地说：“很多人认为奥利是个怪人，我也认为他在很多方面的确很怪。但是我发现，他的思想和工作会在多年后依然留下光辉的痕迹，他所做的努力对于打算买酒的人来说非常有帮助。”

资料来源：周苏，《大数据导论》清华大学出版社，2016.

阅读上文，请思考、分析并简单记录：

（1）请通过网络搜索，了解法国城市波尔多，了解其地理特点和波尔多葡萄酒，并就此做简单介绍。

答：______

（2）对葡萄酒品质的评价，传统方法的主要依据是什么？奥利的预测方法是什么？

答：______

（3）虽然后来的事实肯定了奥利的葡萄酒品质预测方法，但这是否就意味着传统品酒师的职业就没有必要存在了？你认为传统方法和大数据方法的关系应该如何处理？

答：______

（4）请简单记述你所知道的上一周发生的国际、国内或者身边的大事。

答：______

任务描述

（1）理解什么是大数据、大数据的由来、大数据元年。

（2）了解大数据的发展，熟悉大数据的狭义与广义定义。

（3）熟悉大数据的不同数据结构类型。

（4）熟悉并能描述大数据应用案例。

知识准备

信息社会所带来的好处是显而易见的：每个人口袋里都揣着一部手机，每台办公桌上都放着一台计算机，每间办公室都连接到局域网或者互联网。半个世纪以来，随着计算机技术全面并深度地融入社会生活，信息爆炸已经积累到了一个开始引发变革的程度。它不仅使世界充斥着比以往更多的信息，而且其增长速度也在加快。信息总量的变化还导致了信息形态的变化——量变引起了质变。

1.1.1　信息爆炸的社会

音频

信息爆炸的社会

综合观察社会各个方面的变化趋势，我们能真正意识到信息爆炸或者说大数据的时代已经到来。

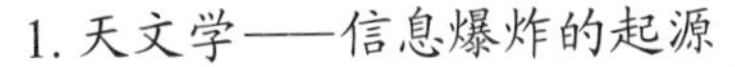

1. 天文学——信息爆炸的起源

以天文学为例，位于美国新墨西哥州的斯隆数字巡天项目（Sloan Digital Sky Survey，SDSS），在2000年启动的时候，望远镜在短短几周内收集到的数据，就比世界天文学历史上总共收集的数据还要多。到了2010年，信息档案已经高达1.4×2^{42} B。

斯隆数字巡天使用阿帕奇山顶天文台的2.5 m口径望远镜，计划观测25%的天空，获取超过一百万个天体的多色测光资料和光谱数据。2006年，斯隆数字巡天进入了名为SDSS-Ⅱ的新阶段，进一步探索银河系的结构和组成，而斯隆超新星巡天计划搜寻超新星爆发，以测量宇宙学尺度上的距离。不过人们认为，在智利帕穹山顶峰LSST天文台投入使用的大型视场全景巡天望远镜（LSST，见图1-4）五天之内就能获得同样多的信息。

LSST巡天望远镜由美国能源部拨款，于2015年开始建造，重3 t，32亿像素，由189个传感器和接近3 t重的零部件组装完成，可以捕捉半个地球（见图1-5）。根据该项目建设的时间表，它将在2020年第一次启动，2022—2023年开始运行。

图1-4　智利帕穹山顶峰的LSST天文台

图1-5　LSST大型综合巡天望远镜

LSST 望远镜的镜头拍摄的一张照片将需要 1 500 块高清电视屏才能充分展示出来，其一年的观测数据将达到 600 万 GB 的存储空间。这个数据量相当于用一款 800 万像素的数码照相机每天拍摄 80 万张照片，连续拍摄一整年。未来，LSST 望远镜将绘制数百亿恒星的分布，为科学家提供最佳的光学照片，以前所未有的细节拍摄深空天体图像。科学家能够研究星系的形成、追踪潜在威胁的小行星、观测恒星爆炸、研究暗物质和暗能量等。

LSST 项目有一个很特别的地方，那就是世界上任何一个有计算机的人都可以使用它，这和以前的科学专业设备不同。LSST 数据的开放，意味着大家都有机会与科学家分享令人兴奋的探索旅程。LSST 可以帮助我们解开宇宙的谜团，对于科学研究具有划时代的重大意义。

2. 每个领域都在演绎着大数据的故事

天文学领域发生的变化在社会各个领域都在发生。2003 年，人类第一次破译人体基因密码的时候，辛苦工作了 10 年才完成了 30 亿对碱基对的排序。大约 10 年之后，世界范围内的基因仪每 15 min 就可以完成同样的工作。在金融领域，美国股市每天的成交量高达 70 亿股，而其中 2/3 的交易都是由建立在数学模型和算法之上的计算机程序自动完成的，这些程序运用海量数据来预测利益和降低风险。

互联网公司更是被数据淹没了。谷歌（Google）公司每天要处理超过 24 PB（拍字节，2^{50} B）的数据，这意味着其每天的数据处理量是美国国家图书馆所有纸质出版物所含数据量的上千倍。脸书（Facebook）这个创立不过十多年的公司，每天更新的照片量超过 1 000 万张，每天人们在网站上单击“喜欢”（Like）按钮或者写评论大约有 30 亿次，这就为脸书公司挖掘用户喜好提供了大量的数据线索。与此同时，谷歌的子公司 YouTube 是世界上最大的视频网站，它每月接待多达 8 亿的访客，平均每一秒钟就会有一段长度在一小时以上的视频上传。推特（Twitter）是美国的一家社交网络及微博服务的网站，是全球互联网上访问量最大的 10 个网站之一，其消息也被称作“推文（Tweet）”，它被形容为“互联网的短信服务”。推特上的信息量几乎每年翻一番，每天都会发布超过 4 亿条微博。

从科学研究到医疗保险，从银行业到互联网，各个不同的领域都在讲述着一个类似的故事，那就是爆发式增长的数据量。这种增长超过了我们创造机器的速度，甚至超过了我们的想象。

我们周围到底有多少数据？增长的速度有多快？许多人试图测量出一个确切的数字。尽管测量的对象和方法有所不同，但他们都获得了不同程度的成功。南加利福尼亚大学安嫩伯格通信学院的马丁・希尔伯特进行了一个比较全面的研究，他试图得出人类所创造、存储和传播的一切信息的确切数目。他的研究范围不仅包括书籍、图画、电子邮件、照片、音乐、视频（模拟和数字），还包括电子游戏、电话、汽车导航和信件。马丁・希尔伯特还以收视率和收听率为基础，对电视、电台这些广播媒体进行了研究。

据他估算，仅在 2007 年，人类存储的数据就超过了 300 EB（艾字节，2^{60} B）。下面这个比喻应该可以帮助人们更容易地理解这意味着什么：一部完整的数字电影可以压缩成 1 GB 的文件，而 1 EB 相当于 10 亿 GB，1 ZB（泽字节，2^{70} B）则相当于 1 024 EB。总之，这是一个非常庞大的数量。

3. 模拟数据和数字数据

有趣的是，在 2007 年的数据中，只有 7%是存储在报纸、书籍、图片等媒介上的模拟数据，其余全部是数字数据。模拟数据也称为模拟量，相对于数字量而言，指的是取值范围是连续的变量或者数值，例如声音、图像、温度、压力等。模拟数据一般采用模拟信号，例如用一系列连续变化的电磁波或电压信号来表示。数字数据也称为数字量，相对于模拟量而言，指的是取值范围是离散的变量或者数值。数字数据则采用数字信号，例如用一系列断续变化的电压脉冲(如用恒定的正电压表示二进制数 1，用恒定的负电压表示二进制数 0）或光脉冲来表示。

但在不久之前，情况却完全不是这样的。虽然 1960 年就有了“信息时代”和“数字村镇”的概念，在 2000 年的时候，数字存储信息仍只占全球数据量的 1/4，当时，另外 3/4 的信息都存储在报纸、胶片、黑胶唱片和盒式磁带这类媒介上。事实上，1986 年，世界上约 40%的计算能力都在袖珍计算器上运行，那时候，所有个人计算机的处理能力之和还没有所有袖珍计算器处理能力之和高。但是因为数字数据的快速增长，整个局势很快就颠倒过来了。按照希尔伯特的说法，数字数据的数量每三年多就会翻一倍。相反，模拟数据的数量则基本上没有增加。

到 2013 年，世界上存储的数据达到约 1.2 ZB，其中非数字数据只占不到 2%。这样大的数据量意味着什么？如果把这些数据全部记在书中，这些书可以覆盖整个美国 52 次。如果将之存储在只读光盘上，这些光盘可以堆成五堆，每一堆都可以伸到月球。

事情在快速发展。人类存储信息量的增长速度比世界经济的增长速度快 4 倍，而计算机数据处理能力的增长速度则比世界经济的增长速度快 9 倍。难怪人们会抱怨信息过量，因为每个人都受到了这种极速发展的冲击。

4. 量变导致质变

物理学和生物学都告诉我们，当改变规模时，事物的状态有时也会发生改变。以纳米技术为例，纳米技术专注于把东西变小而不是变大。其原理就是当事物到达分子级别时，它的物理性质就会发生改变。一旦知道这些新的性质，就可以用同样的原料来做以前无法做的事情。例如，铜本来是用来导电的物质，但它一旦到达纳米级别就不能在磁场中导电了。银离子具有抗菌性，但当它以分子形式存在的时候，这种性质就会消失。同样，当增加所利用的数据量时，就可以做很多在小数据量的基础上无法完成的事情。

大数据的科学价值和社会价值正是体现在这里。一方面，对大数据的掌握程度可以转化为经济价值的来源；另一方面，大数据已经撼动了世界的方方面面，从商业科技到医疗、政府、教育、经济、人文以及社会的其他各个领域。

1.1.2 大数据的发展

音 频

大数据的发展

如果仅仅从数据量的角度来看，大数据在过去就已经存在了。例如，波音的喷气发动机每 30 min 就会产生 10 TB 的运行信息数据，安装有 4 台发动机的大型客机，每次飞越大西洋就会产生 640 TB 的数据。世界各地每天有超过 2.5 万架的飞机在工作，可见其数据量是何等庞大。生物技术领域中的基因组分析以及以 NASA（美国国家航空航天局）为中心的太空开发领域，从很早就开始使用十分昂贵的高端超级计算机来对庞大的数据进行分析和处理。

1. 大数据的时代背景

如今，数据不仅产生于特定领域，而且还产生于人们的日常生活中，脸书、推特、领英

(LinkedIn)、微信、QQ 等社交媒体上的文本数据就是最好的例子。而且，尽管我们无法得到全部数据，但大部分数据可以通过公开的 API（应用程序编程接口）相对容易地进行采集。在 B2C（商家对顾客）企业中，使用文本挖掘和情感分析等技术，就可以分析消费者对于自家产品的评价。

（1）硬件性价比的提高与软件技术的进步。计算机性价比的提高，存储设备价格的下降，利用通用服务器对大量数据进行高速处理的软件技术 Hadoop 的诞生，这些因素大幅降低了大数据存储和处理的门槛。因此，如今无论是中小企业还是大企业，都可以对大数据进行充分的利用。

（2）云计算的普及。随着云计算的兴起，大数据的处理环境现在在很多情况下并不一定要自行搭建。例如，使用亚马逊的云计算服务 EC2 和 S3，就可以按用量付费的方式，来使用由计算机集群组成的计算处理环境和大规模数据存储环境。利用这样的云计算环境，即使是资金不太充裕的创业型公司，也可以进行大数据分析。

实际上，在美国，新的 IT 创业公司如雨后春笋般不断出现，它们利用亚马逊的云计算环境对大数据进行处理，从而催生出新型的服务。例如，提供预测航班起飞晚点等“航班预报”服务、对消费电子产品价格走势进行预测等。

（3）从交易数据分析到交互数据分析。对从像“卖出了一件商品”“一位客户解除了合同”这样的交易数据中得到的“点”信息进行统计还不够，我们想要得到的是“为什么卖出了这件商品”“为什么这个客户离开了”这样的上下文（背景）信息。而这样的信息，需要从与客户之间产生的交互数据这种“线”信息中来探索。以非结构化数据为中心的大数据分析需求的不断高涨，也正是这种趋势的一种反映。

例如，像亚马逊这样运营电商网站的企业，可以通过网站的点击流数据，追踪用户在网站内的行为，从而对用户从访问网站到最终购买商品的行为路线进行分析。这种点击流数据，正是表现客户与公司网站之间相互作用的一种交互数据。

一般来说，网络数据比真实世界中的数据更容易收集，因此来自网络的交互数据也得到了越来越多的利用。随着传感器等物态探测技术的发展和普及，在真实世界中对交互数据的利用也将不断推进。进一步讲，今后更为重要的是对连接网络世界和真实世界的交互数据进行分析。

2. 大数据作为 BI 的进化形式

BI（商务智能）的概念是 1989 年由时任美国高德纳咨询公司的分析师霍华德·德斯纳所提出的。德斯纳当时提出的观点是，应该将过去依赖信息系统部门完成的销售分析、客户分析等业务，通过让作为数据使用者的管理人员以及一般商务人员等最终用户来直接参与，从而实现决策的迅速化以及生产效率的提高。

BI 通过分析由业务过程和信息系统生成的数据，让一个组织能够获取企业绩效的内在认识。分析的结果可以用于改进组织绩效，或者通过修正检测出的问题，来管理和引导业务过程。BI 在企业中使用大数据分析，并且这种分析通常会被整合到企业数据仓库中以执行分析查询。如图 1-6 所示，BI 的输出能以仪表板显示，它允许管理者访问和分析数据，且可以潜在地改进分析查询，从而对数据进行深入挖掘。

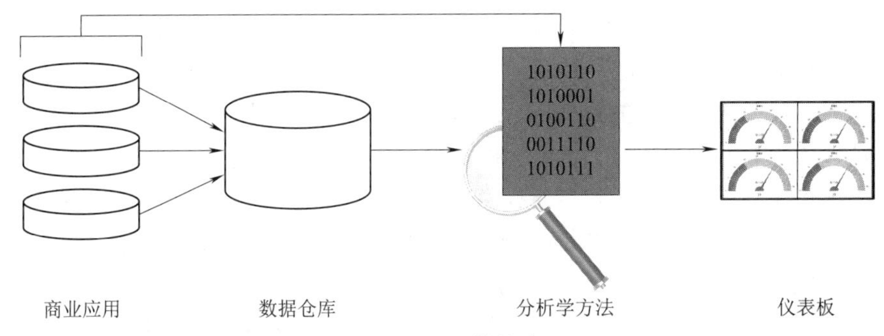

图 1-6　BI 的输出

BI 的主要目的是分析从过去到现在发生了什么、为什么会发生，并做出报告。也就是说，是将过去和现在进行可视化的一种方式。例如，过去一年中商品 A 的销售额如何，它在各个门店中的销售额又分别如何。然而，现在的商业环境变化十分剧烈。对于企业今后的活动来说，在将过去和现在进行可视化的基础上，预测出接下来会发生什么显得更为重要。也就是说，从看到现在到预测未来，BI 也正在经历着不断的进化。

要对未来进行预测，从庞大的数据中发现有价值的规则和模式的数据挖掘是一种非常有用的手段。为了让数据挖掘的执行更加高效，就要使用能够从大量数据中自动学习知识和有用规则的机器学习技术。从特性上来说，机器学习对数据的要求越多越好。

大数据作为 BI 的进化形式。对企业内外所存储的数据进行系统性的集中、整理和分析，从而获得对各种商务决策有价值的知识和观点，这样的概念、技术及行为称为 BI。认识大数据，还需要理解 BI 潮流和大数据之间的关系。大数据作为 BI 的进化形式，充分利用后不仅能够高效地预测未来，也能够提高预测的准确率。

音 频

大数据的定义

1.1.3　大数据的定义

在以前，一旦完成了收集数据的目的之后，数据就会被认为已经没有用处了。比方说，在飞机降落之后，票价数据就没有用了——设计人员如果没有大数据的理念，就会丢失很多有价值的数据。

如今，人们不再认为数据是静止和陈旧的，它已经成为一种商业资本，一项可以用来创造新的经济利益的重要经济投入。事实上，一旦思维转变过来，数据就能被巧妙地用来激发新产品和新型服务。今天，大数据是人们获得新的认知、创造新的价值的源泉，大数据还是改变市场、组织机构以及政府与公民关系的方法。大数据时代对人们的生活，以及与世界交流的方式都提出了挑战。

1. 大数据的狭义定义

所谓大数据，狭义上可以定义为：用现有的一般技术难以管理的大量数据的集合。对大量数据进行分析并从中获得有用观点，这种做法在一部分研究机构和大企业中，过去就已经存在了。与过去相比，现在的大数据主要有三点不同：第一，随着社交媒体和传感器网络等的发展，在我们身边正产生出大量且多样的数据；第二，随着硬件和软件技术的发展，数据的存储、处理成本大幅下降；第三，随着云计算的兴起，大数据的存储、处理环境已经没有必要自行搭建。

所谓“用现有的一般技术难以管理”，是指用目前在企业数据库占据主流地位的关系型数据库无法进行管理的、具有复杂结构的数据。或者也可以说，是指由于数据量的增大，导致对数据的查询响应时间超出允许范围的庞大数据。

研究机构加特纳给出了这样的定义："大数据"是需要新处理模式才能具有更强的决策力、洞察发现力和流程优化能力的海量、高增长率和多样化的信息资产。

世界级领先的全球管理咨询公司麦肯锡说："大数据指的是所涉及的数据集规模已经超过了传统数据库软件获取、存储、管理和分析的能力。这是一个被故意设计成主观性的定义，并且是一个关于多大的数据集才能被认为是大数据的可变定义，即并不定义大于一个特定数字的 TB 才叫大数据。因为随着技术的不断发展，符合大数据标准的数据集容量也会增长；并且定义随不同的行业也有变化，这依赖于在一个特定行业通常使用何种软件和数据集有多大。因此，大数据在今天不同行业中的范围可以从几十 TB 到几 PB。"

随着"大数据"的出现，数据仓库、数据安全、数据分析、数据挖掘等围绕大数据商业价值的利用正逐渐成为行业人士争相追捧的利润焦点，在全球引领了又一轮数据技术革新的浪潮。

2. 大数据的广义定义

狭义的大数据定义着眼于数据的性质，我们从广义层面上再为大数据下一个定义（见图 1-7）："所谓大数据，是一个综合性概念，它包括因具备 3V（Volume/Variety/Velocity，数量 / 品种 / 速度）特征而难以进行管理的数据，对这些数据进行存储、处理、分析的技术，以及能够通过分析这些数据获得实用意义和观点的人才和组织。"

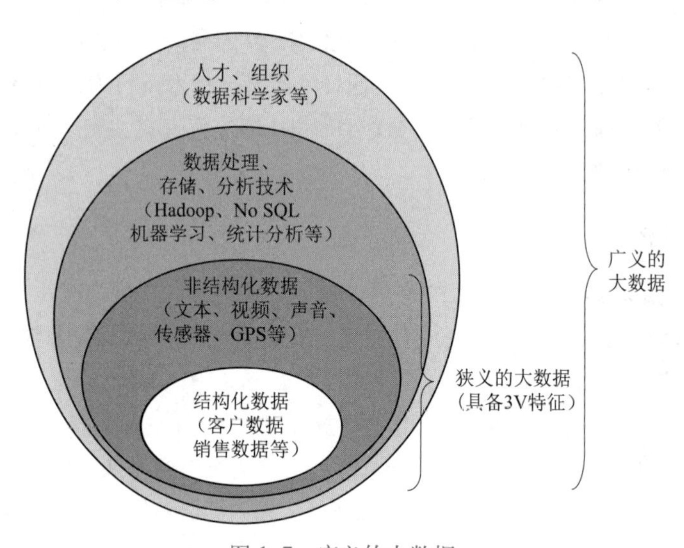

图 1-7　广义的大数据

"存储、处理、分析的技术"，指的是用于大规模数据分布式处理的框架 Hadoop、具备良好扩展性的 NoSQL 数据库，以及机器学习和统计分析等；"能够通过分析这些数据获得实用意义和观点的人才和组织"，指的是目前十分紧俏的"数据科学家"这类人才，以及能够对大数据进行有效运用的组织。

音频

大数据的结构类型

1.1.4　大数据的结构类型

大数据具有多种形式，从高度结构化的财务数据，到文本文件、多媒体文件和基因定位图的任何数据，都可以称为大数据。数据量大是大数据的一致特征。由于数据自身的复杂性，作为一个必然的结果，处理大数据的首选方法就是在并行计算的环境中进行大规模并行处理（Massively Parallel Processing，MPP），这使得同时发生的并行摄取、并行数据装载和分析成为可能。实际上，大数据多数都是非结构化或半结构化的，需要不同的技术和工具来处理和分析。

大数据最突出的特征是它的结构。图 1-8 显示了几种不同数据结构类型数据的增长趋势，由图 1-8 可知，未来数据增长的 80% ~ 90% 将来自于不是结构化的数据类型（半、准和非结构化）。

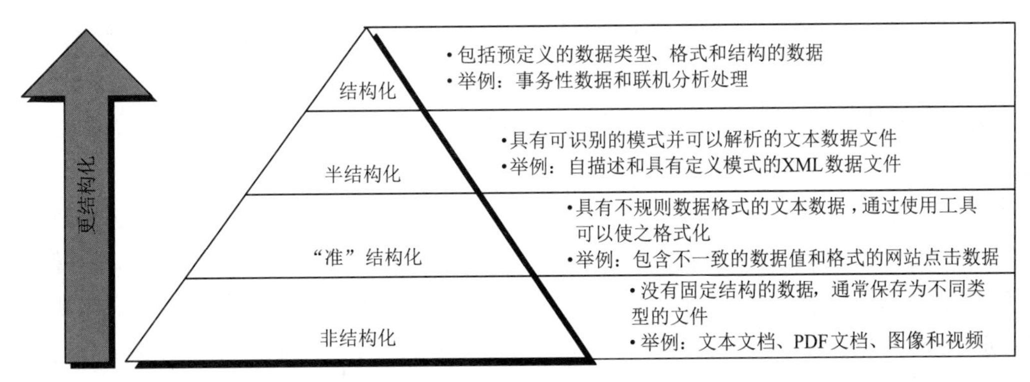

图 1-8　数据增长日益趋向非结构化

实际上，不同的、相分离的这些数据类型有时是可以被混合在一起的。例如，有一个传统的关系数据库管理系统保存着一个软件支持呼叫中心的通话日志，这里面就有典型的结构化数据，比如日期 / 时间戳、机器类型、问题类型、操作系统，这些都是在线支持人员通过图形用户界面上的下拉式菜单输入的。另外，还有非结构化数据或半结构化数据，比如对话形式的通话日志信息，这些可能来自包含问题的电子邮件，或者技术问题和解决方案的实际通话描述。另外一种可能是与结构化数据有关的实际通话的语音日志或者音频文字实录。即使是现在，大多数分析人员还无法分析这种通话日志历史数据库中的最普通和高度结构化的数据，因为挖掘文本信息是一项强度很大的工作，并且无法简单地实现自动化。

人们通常最熟悉结构化数据的分析，然而，半结构化数据（XML）、准结构化数据（网站地址字符串）和非结构化数据代表了不同的挑战，需要不同的技术来分析。

除了三种基本数据类型以外，还有一种重要的数据类型为元数据。元数据提供了一个数据集的特征和结构信息，它主要由机器生成，并且能够添加到数据集中。搜寻元数据对于大数据存储、处理和分析是至关重要的一步，因为元数据提供了数据系谱信息，以及数据处理的起源。元数据的例子包括：

① XML 文件中提供作者和创建日期信息的标签；

② 数码照片中提供文件大小和分辨率的属性文件。

1.1.5　大数据应用改变生活

音频

大数据应用改变生活

未来大数据的大部分利益将体现在大数据应用中。大数据应用程序利用大量数据以及低成本的计算能力对数据进行处理。

1. 大数据应用意义重大

事实上，许多人每天都在使用大数据应用程序，如腾讯 QQ、微信、脸书、谷歌搜索、领英、潘多拉音乐电台（Pandora）以及推特等，它们使用大量数据为人们提供解析，也供人们娱乐。

脸书存储和使用的大数据形式包括用户资料、照片、信息以及广告。通过分析这些数据，脸书能更好地理解用户，并判断该向用户呈现何种内容。推特每天处理的推文超过 5 亿。Topsy 则是一家数据分析的创业公司，主营推文的实时分析。现在，像 Topsy 这样的公司也正在使用这些数据源在推特及其他平台顶部建立应用程序。

谷歌抓取了数十亿网页，并拥有大量的其他大数据源。例如，谷歌地图包含了海量数据——不仅有实际街道位置，也有卫星图像、街道照片，甚至还有许多建筑的内部图。与此同时，领英掌握了数以百万计的在线简历，以及人们如何相互联系的信息。这家公司能使用所有数据，在数百万人当中帮助人们找到想要联系的人。

潘多拉音乐电台利用约 400 首歌曲的特征找出可以推荐的歌曲（见图 1-9）。这家公司雇用音乐家找到几乎每一首新推出歌曲的特征，再将其特征作为音乐基因组计划的一部分存储起来。这家公司的数据库中已经有出自 9 万多名艺术家的 90 万首歌曲。同样，Netflix 公司因其电影预测算法而闻名。借助这种算法，这家公司向观众推荐下一部要看的电影。公司依靠的是一个由约 40 名标签师组成的团队，对每部电影的 100 多项特征做注释，特征则涉及从故事情节到音调的各个方面。

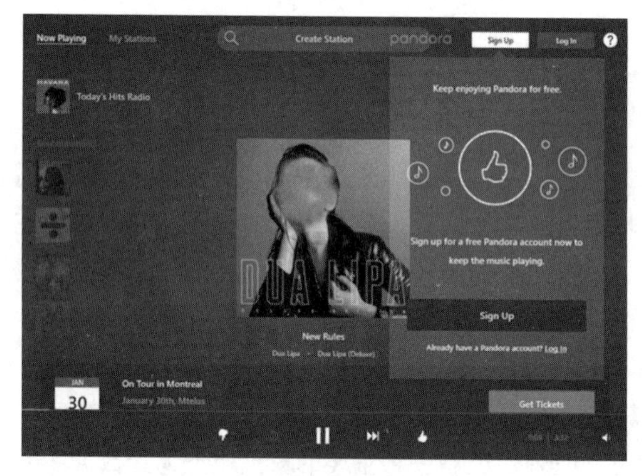

图 1-9　潘多拉音乐电台

这些应用程序的出现是一个预兆，尤其对企业的意义重大。企业过去为了处理大数据需要建立和维护自己的基础设施，还在许多情况下开发自定义应用程序来分析这些数据。但现在，从在线广告一直到运营智能，各个领域发生的这一切都在发生改变。

2. 在线广告应用

为了确定呈现哪种广告，公司利用算法解决方案来实时处理海量数据。基于这种自动分析，它们能够算出哪种广告最适合用户，以及特定广告印象需要花费多少钱。例如 Rocket Fuel 平台每天需要处理约 130 亿次询问，而 Tum 平台日常需要处理约 300 亿次广告询问以及 1.5 万亿顾客属性，同时，AdMeld（现为谷歌的一部分）与出版商合作，帮助他们优化广告投放。这些公司并非仅仅提供基本广告服务，他们还使用先进算法，在一系列数据源中分析各种属性，以优化广告投放。

营销人员将继续把更多的钱转移到在线广告投入中，这表明这一领域很可能会迎来增长和巩固。由于消费者和企业用户在移动设备上花费了大量时间，移动广告和移动分析也成为了最具增长潜力的领域之一。

3. 销售和营销应用

通过推出客户关系管理（CRM）“无软件”托管模式以替代必须在内部部署和运行的产品，Salesforce.com 由此改变了公司开展 CRM 的方式。营销自动化公司，如甲骨文 Eloqua、Marketo 以及 Hubspot 已将公司的领导管理、需求生成以及电子邮件营销方式系统化。

但是，今天的营销人员面临着一系列新的挑战，他们必须管理并理解客户渠道众多的营销活动和交流互动。如今的营销人员需要确保公司对其网页进行优化，从而在谷歌和必应（Bing）上获得索引，并易于让潜在顾客找到。营销人员也需要确保经常在社会化媒体渠道如脸书、推特以及 Google Plus 上露面。这不仅是因为人们花时间在这些场所获取娱乐和信息，也由于谷歌越发重视社会化媒体，将之视为衡量某项内容重要性的方法。

应用性能监控公司 New Relic 负责市场营销的副总裁帕特里克·莫兰指出，营销人员也需要将其他数据源纳入考虑以充分了解他们的客户。这包括实际产品使用数据、线索来源以及有问题的订单信息。这些数据可以为营销人员提供最重要的信息，让他们知道哪些客户最有价值以及什么活动最有可能扭转局面。这样，他们就能根据相似的特征寻找其他潜在客户。

这一切都意味着将有大量的数据需要营销人员进行可视化处理和操作。晶格科技首席营销官布莱恩·卡登暗示，未来的市场营销将在很大程度上受算法左右。华尔街交易曾经属于人类的职权范围，直到计算机算法交易取代了其位置。卡登设想营销也会有与之相似的未来，到时算法分析所有这些数据源，找到有效的模式，并告诉营销人员下一步要做什么。这种软件可能会告诉营销人员开展哪些活动，发送哪些电子邮件，博客写些什么，何时发出推文以及确定推文内容等。但是，它的功能远不止于此。

最终，大数据营销应用不仅会对所有这些数据源进行分析，而且还将执行大量的工作，以优化基于数据的活动。像 BloomReach 这样的公司早已沿着这条路开发了基于算法的软件，以帮助电子商务企业优化其网站，直至其达到最高转化率。当然，营销创新部分仍然至关重要，营销人员仍然必须做出宏观决策，决定向何处投资以及如何进行产品定位。但是，营销的大数据应用程序将在推动目前与网络营销相关的人工操作系统自动化方面发挥重要作用。

数据分析的历史一直集中在 BI 上。众多组织都依赖 BI 整理和分析大量的企业数据，目标是帮助管理者做出更好的决策。

4. 可视化应用

由于数据访问变得更为普遍，可视化也越来越重要（见图 1-10）。现在，越来越多的公司正在将交互式可视化工具嵌入到网站中。出版商则使用这种可视化服务为读者提供更深入的数据解析。大批企业协作和社交网络公司涌现出来，例如 Jive Software 公司和雅米公司（Yammer），它们让企业通信（包括内部和外部）变得更为社交化。我们期待看到类似的社会功能成为几乎所有数据分析和可视化产品的标准。

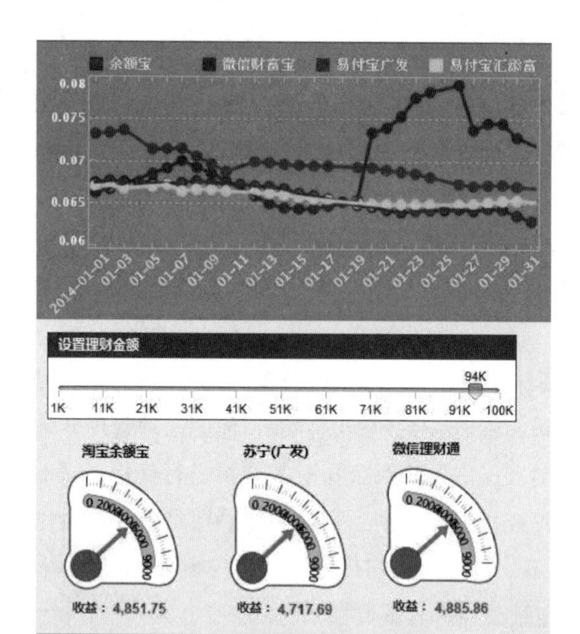

图 1-10　可视化应用仪表盘

鉴于可视化是了解大型数据集和复杂关系的一种重要方式，它将会不断出现新工具。这些工具所面临的挑战和机会，不仅是为了帮助人们做出更好的决策，也会应用到算法（或至少推动算法的发展）当中，进行自动决策而无须人类参与。

5. 运营智能

通过执行搜索和查看图表，公司能够了解服务器故障的原因和其他基础设施问题。但这并不需要建立自己的脚本和软件，因为企业开始依靠 Splunk 这样的新运营智能公司。Splunk 公司提供的软件包括基于内部部署的软件和基于云端的软件两种版本，IT 工程师利用其软件来分析服务器、网络设备和其他设备生成的大量日志数据。Splunk 公司也提供使用案例，涵盖了安全性和遵从性、应用程序管理、网络智能、业务分析等众多方面。

6. 大数据产业前景无限

越来越多的大数据应用程序正在进入市场，作为基础设施供应商，当涉及基于云的基础架构时，亚马逊会提供颇具竞争力的产品，其影响几乎遍及每一个领域。而在不受其影响的领域，规模较大的开源基础设施供应商则可能会迅速抢占并提供基于云计算的产品。

无论是消费者聚焦型公司还是业务聚焦型公司，数据以及针对数据利用而设计的算法都正在成为公司一项特殊的基本资产。鉴于其存储的大量文件，将文件共享和协作解决方案作为大数据应用程序是个不错的考虑。现在出现的越来越多的大数据应用程序都有一个垂直焦点。例如 oPower 公司从电力仪表中获取数据，帮助消费者和企业了解其功耗并采取行动，从而更有效地使用能源。Nest 恒温器是一个学习型恒温器，它能够了解消费者的行为，并将算法应用到收集的数据中，从而更好地为家庭供暖和降温。

期待更多的大数据应用程序涌现，让消费者和企业将数据应用到工作当中。一些应用程序将帮助我们更好地了解信息，无论是发布博客文章以获得最佳读者还是开车去工作，都能实现自动化。

实训与思考 案例企业ETI的背景信息

在本书各个任务的“实训与思考”中，我们虚拟了一个案例企业——成立于50年前的ETI（Ensure to Insure，确保）公司，这是一家专业健康保障的保险公司，有超过5 000名员工，年利润超过3.5亿美元，为全球超过2 500万客户提供健康、建筑、海事、航空等保险计划。

1.ETI公司的发展

在过去30年的不断并购整合中，ETI已经发展成覆盖航空、航海、建筑等多个领域的财产险和意外险的保险公司。各类保险都有一个核心团队，包括专业和经验丰富的保险代理人、精算师、担保人、理赔人等。

精算师负责评估风险，设计新的保险计划并优化现有保险计划，精算师也会利用仪表板和计分板来对场景进行假设评估分析。代理人通过推销保险来为公司赚取利润，担保人评估保险产品并决定附加的保险费，理赔人则主要寻找可能对保险政策不利的赔付声明并且最终决定保险政策。

ETI的一些核心部门包括担保、理赔、客服、法律、市场、人力资源、会计和IT等。潜在的客户和现有的客户均通过客户服务部门的电话联系ETI，同时，通过电子邮件和社交平台的联系近年来也在不断增加。ETI通过提供富有竞争性的保险条款和终生有效的保险客户服务从众多保险公司中脱颖而出。

2. 技术基础和自动化环境

ETI公司的IT环境由客户服务器和主机平台组合构成（见图1-11），支持多个系统的执行，包括政策报价、政策管理、理赔管理、风险评估、文件管理、账单处理、企业资源规划（ERP）和CRM等系统。

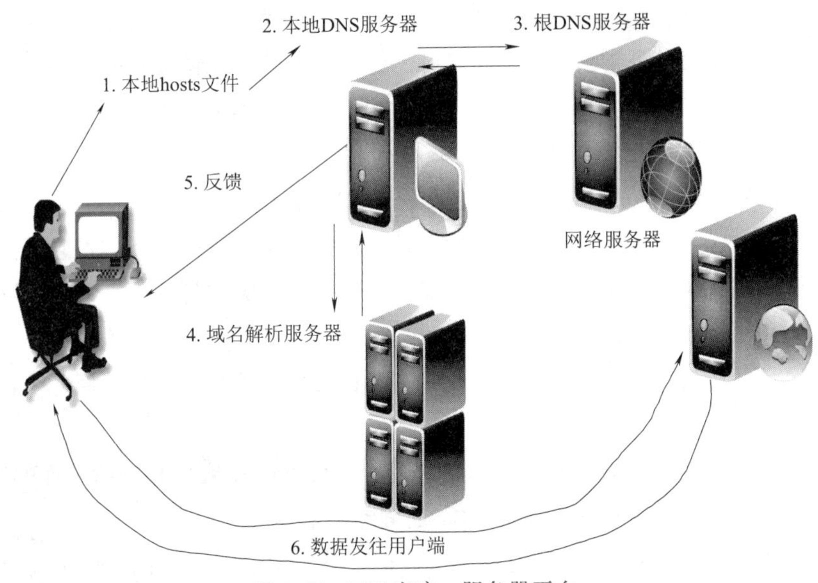

图1-11 ETI客户－服务器平台

政策报价系统用作创建新的保险计划并提供报价给潜在客户，它为网站访问者和客户服务代理提供获取保险报价的能力。政策管理系统处理所有政策生命周期方面的管理，包括政策的发布、更新、续订和取消。理赔管理系统主要处理理赔操作行为。风险评估系统被精算师们用来评估任何潜在的风险，例如一次暴风或者洪水可能导致投保人索赔。风险评估系统使得基于概率的风险评估能利用数学和统计学模型量化分析。文件管理系统是所有文件的存储中心，这些文件包括保险政策、理赔信息、扫描文档以及客户信息。账单系统持续跟踪客户的保险费同时自动生成电子邮件对未交保险费的客户进行催款。ERP 系统用来每日运作 ETI，包括人力资源管理和财务管理。而 CRM 系统则全面记录所有客户的交流信息，从电话到电子邮件等，同时也能为电话中心代理人提供解决客户问题的桥梁。

从这些操作系统中得到的数据将被输送到企业数据仓库（EDW），该数据仓库则根据这些数据生成财务和业绩报告。EDW 还被用于为不同的监管部门生成报告，确保监管的持续有效执行。

3. 商业目标和障碍

有一段时间，该公司的利润一直在递减。于是，董事会任命了一个委员会，对该情况进行调查和提议。委员会发现，财政衰减的主要原因是不断增加的欺诈型理赔以及对这些理赔的赔偿。这些欺诈行为十分复杂，很难检测，因为诈骗犯越来越富有经验和组织化。除了直接遭受金钱损失之外，对诈骗行为的检测流程也造成了相当一部分的间接损失。

另一个需要考虑的因素是，近期多发的洪水、龙卷风和流感等增加了真实赔付案例的赔偿。其他财政衰减的原因还有由于慢速理赔处理导致的客户流失，保险产品不符合消费者现有的需求。此外，一些精通技术的竞争者使用信息技术提供个性化保险政策，这也是该公司目前不具备的。

委员会指出，近期现有法规的更改和新法规出台的频率有所增加，但公司对此反应迟缓，没有能够确保全面且持续地遵守这些法规。由于这些问题，ETI 不得不支付巨额罚金。

委员会强调，公司财政状况恶劣的原因还包括在制作保险计划和提出保险政策时，担保人未能完整详尽地评估风险。这导致了错误的保险费设置以及比预期更高的理赔金额。虽然收取的保险费和支出的亏空与投资相抵消，然而这不是一个长久的解决方案，因为这样会冲淡投资带来的利润。更进一步地，保险计划常常是基于精算师的经验完成的，而精算师的经验只能应用于普遍的人群，一些情况特殊的消费者可能不会对这些保险计划感兴趣。上述因素同样也是导致 ETI 股价下跌并且失去市场地位的原因。

基于委员会的发现，ETI 的执行总裁设定了以下的战略目标：

（1）通过三种方法降低损失：①加强风险评估，最大化平息风险，将这点应用到创建新保险计划中，并且应用在讨论新的保险政策时；②实行积极主动的灾难管理体系，降低潜在的因为灾难导致的理赔；③检测诈骗性理赔行为。

（2）通过以下两种方法降低客户流失，加强客户保留率：①加速理赔处理；②基于不同的个体情况出台个性化保险政策。

（3）通过加强风险管理技术，更好地预测风险，在任何时候实现和维持全面的监管合规性，因为大多数法规需要对风险的精确知识来确保，才能够执行。

咨询了公司的 IT 团队后，委员会建议采取数据驱动的策略。因为在对多种商业操作进行加强分析时，不同的商业操作均需要考虑相关的内部和外部数据。在数据驱动的策略下，决策的产生将基于证据而不是经验或直觉。尤其是大量结构化与非结构化数据的增长对深入而及时的数据分析的良好表现的支持。

委员会询问IT团队是否还有可能阻碍实行上述策略的因素。IT团队考虑到了操作的经济约束。作为对此的回应，小组准备了一份可行性报告用来强调下述三个技术难题：

①获取、存储和处理来自内部和外部的非结构化数据——目前只有结构化数据能够被存储、处理，因为现存的技术并不支持对非结构化数据的处理。

②在短时间内处理大量数据——虽然EDW能用来生成基于历史数据的报告，但处理的数据量非常大，而且生成报告需要花费很长时间。

③处理包含结构化数据和非结构化数据的多种数据——非结构化数据生成后，诸如文本文档和电话中心记录不能直接被处理。其次，结构化数据在所有种类的分析中会被独立地使用。

IT小组得出结论：ETI需要采取大数据作为主要的技术支持来克服以上的问题，并且实现执行总裁所给出的目标。

请分析并记录：

（1）请简单描述，案例企业ETI是一家什么公司？

答：____

____

____

____

（2）ETI公司的IT环境由客户服务器和主机平台组合构成，支持多个系统的执行政策。这些执行系统包括：

答：____

____

____

（3）过去一段时间该公司的利润一直在递减。新任命的委员会对该情况进行调查和提议，委员会发现，财政衰减的主要原因是：

答：____

____

（4）基于委员会的发现，ETI的执行总裁设定了战略目标。

① 通过哪三种方法降低损失：

答：____

____

② 通过哪两种方法降低客户流失，加强客户保留率：

答：____

____

③ 其他战略目标是：

答：____

____

____

(5)请简单阐述:为回复委员会的询问,IT团队准备的一份可行性报告中强调的三个技术难题。

答1: ____________________

____

答2: ____________________

____

答3: ____________________

____

IT小组得出的结论是: ____________________

____

____

实训总结

____

____

教师实训评价

____

____

【作 业】

1. 随着计算机技术全面和深度地融入社会生活，信息爆炸不仅使世界充斥着比以往更多的信息，而且其增长速度也在迅速加快。信息总量的变化导致了（　　）——量变引起了质变。

A. 数据库的出现　　B. 信息形态的变化

C. 网络技术的发展　　D. 软件开发技术的进步

2. 综合观察社会各个方面的变化趋势，我们能真正意识到信息爆炸或者说大数据的时代已经到来。不过，下面（　　）不是本文中提到的大数据典型领域或行业。

A. 天文学　　B. 互联网公司　　C. 医疗保险　　D. 医疗器械

3. 南加利福尼亚大学安嫩伯格通信学院的马丁·希尔伯特进行了一个比较全面的研究，他试图得出人类所创造、存储和传播的一切信息的确切数目。有趣的是，根据马丁·希尔伯特的研究，在2007年的数据中，（　　）。

A. 只有7%是模拟数据，其余全部是数字数据

B. 只有7%是数字数据，其余全部是模拟数据

C. 几乎全部都是模拟数据

D. 几乎全部都是数字数据

4. 如果仅仅是从数据量的角度来看的话，大数据在过去就已经存在了。如今，大数据已经不仅产生于特定领域中，而且还产生于我们每天的日常生活中。但是，下面（　　）不是促进大数据时代到来的主要动力。

A. 硬件性价比提高与软件技术进步　　B. 云计算的普及

C. 大数据作为 BI 的进化形式　　　　　　D. 贸易保护促进了地区经济的发展

5. 所谓大数据，狭义上可以定义为（　　）。

A. 用现有的一般技术难以管理的大量数据的集合

B. 随着互联网的发展，在我们身边产生的大量数据

C. 随着硬件和软件技术的发展，数据的存储、处理成本大幅下降，从而促进数据大量产生

D. 随着云计算的兴起而产生的大量数据

6. 所谓"用现有的一般技术难以管理"，例如是指（　　）。

A. 用目前在企业数据库占据主流地位的关系型数据库无法进行管理、具有复杂结构的数据

B. 由于数据量的增大，导致对非结构化数据的查询产生了数据丢失

C. 分布式处理系统无法承担如此巨大的数据量

D. 数据太少无法适应现有的数据库处理条件

7. 大数据的定义是一个被故意设计成主观性的定义，即并不定义大于一个特定数字的 TB 才叫大数据。随着技术的不断发展，符合大数据标准的数据集容量（　　）。

A. 稳定不变　　B. 略有精简　　C. 也会增长　　D. 大幅压缩

8. 可以用 3 个特征相结合来定义大数据，即（　　）。

A. 数量、数值和速度　　　　　　B. 庞大容量、极快速度和丰富多样的数据

C. 数量、速度和价值　　　　　　D. 丰富的数据、极快的速度、极大的能量

9. 数据多样性指的是大数据解决方案需要支持多种（　　）、不同类型的数据。数据多样性给企业带来的挑战包括数据聚合、数据交换、数据处理和数据存储等。

A. 不同大小　　B. 不同方向　　C. 不同格式　　D. 不同语言

10.（　　）、传感器和数据采集技术的快速发展、通过云和虚拟化存储设施增加的信息链路，以及创新软件和分析工具，正在驱动着大数据。

A. 廉价的存储　　B. 昂贵的存储　　C. 小而精的存储　　D. 昂贵且精准的存储

11. 在广义层面上为大数据下的定义是："所谓大数据，是一个综合性概念，它包括因具备 3V 特征而难以进行管理的数据，（　　）。"

A. 对这些数据进行存储、处理、分析的技术，以及能够通过分析这些数据获得实用意义和观点的人才和组织

B. 对这些数据进行存储、处理、分析的技术

C. 能够通过分析这些数据获得实用意义和观点的人才和组织

D. 数据科学家、数据工程师和数据工作者

12. 实际上，大多数的大数据都是（　　）的。

A. 结构化　　　　　　B. 非结构化

C. 非或半结构化　　　　　　D. 半结构化

13. 人们通常最熟悉结构化数据的分析。除了半结构化、准结构化和非结构化这 3 种基本数据类型以外，还有一种重要的数据类型为元数据，它主要由（　　），能够添加到数据集中。

A. 人工输入　　B. 机器生成　　C. 自然产生　　D. 分析计算

音 频

掌握大数据分析基础知识

音 频

导读案例：数据工作者数据之路：从洞察到行动

任务 1.2　掌握大数据分析基础知识

导读案例　数据工作者的数据之路：从洞察到行动

大数据时代来临，人人都在说数据分析，可是说到未必能做到，真正从数据中获得洞察并指导行动的案例并不多见。数据分析更多的是停留在验证假设、监控效果的层面，而通过数据分析获得洞察的很少，用分析直接指导行动的案例更是少之又少。

从洞察到行动，数据可以发挥更大价值，但前提是我们对数据分析有更深层的认知。

数据分析是分层次的。从开始数据分析到促成行动达成目标，需要经历很多阶段，从上至下对应的分析层次包括：表象层、本质层、抽象层和现实层四个层次（见图 1-12）。

分析的四个层次	任务/关键工作	产出举例	类比
表象层	**看现象** 搭建指标体系，统计分析	问题　机会	仪表盘
本质层	**挖本质** 个案分析，族群研究	规律　动机	诊断仪
抽象层	**出策略** 业务建模	特征 分类（标签）　排序（评分）	指南针
现实层	**促行动** 行动建议	模型 规则/短名单	航标

图 1-12　分析的四个层次

表象层，就像汽车仪表盘，实时告诉你发生了什么，并适时做个警报提示等，是 what。分析师要做的事情就是搭建指标体系，进行各种维度的统计分析。

本质层，像诊断仪，不再停留在观察肉眼可见的表面症状，而是去检测身体内部的问题，这个层面要揭露现象背后的动因，找到规律，是 why。主要做的事情就是进行个案分析，获得需求动机层面的认知，然后对个体进行聚类获得全面的洞察。

抽象层，是从特殊到一般的过程，对业务问题进行抽象，用模型去刻画业务问题，是 how。这个层面做的事情就是把问题映射到模型，然后再用模型去做预测，减少不确定性。其产出主要是分类（标签）和排序（评分）。

现实层，是一般到特殊的过程，将抽象的模型套用到现实中来，告诉大家如何去行动，是 when、where、who 和 whom。就像航标，要时刻为业务保驾护航，指导业务的行动。其产出主要是规则和短名单。

在明确分析的层次后，要想从洞察到行动，需要做到四个层次的穿透和每个层次的深入。首先，分析要能够穿透各个层次，只有上下贯通，数据分析的价值才能立竿见影。其次，在分析的每个层次上要做得深入。

1. 在表象层，看数据要深入。主要体现在两个方面：

（1）从“点”到“线面体”，从看一个点的数据，到看线、看面、看体。一般来讲，想看数据的人潜意识里是要成“体”的数据的，只是沟通过程中变成了“点”的需求，因为“点”简单易懂。但是，这次给不了“体”的数据，下次还会围绕“体”的数据提各种“点”的需求，这时候我们需要延伸一下，提前想需求方之所想，就不用来回往复了。

（2）关注数据之间的逻辑关系。这方面最值得借鉴的就是平衡计分卡了，从数据指标的角度去看，就是一套带有因果关系的指标体系（见图1-13）。

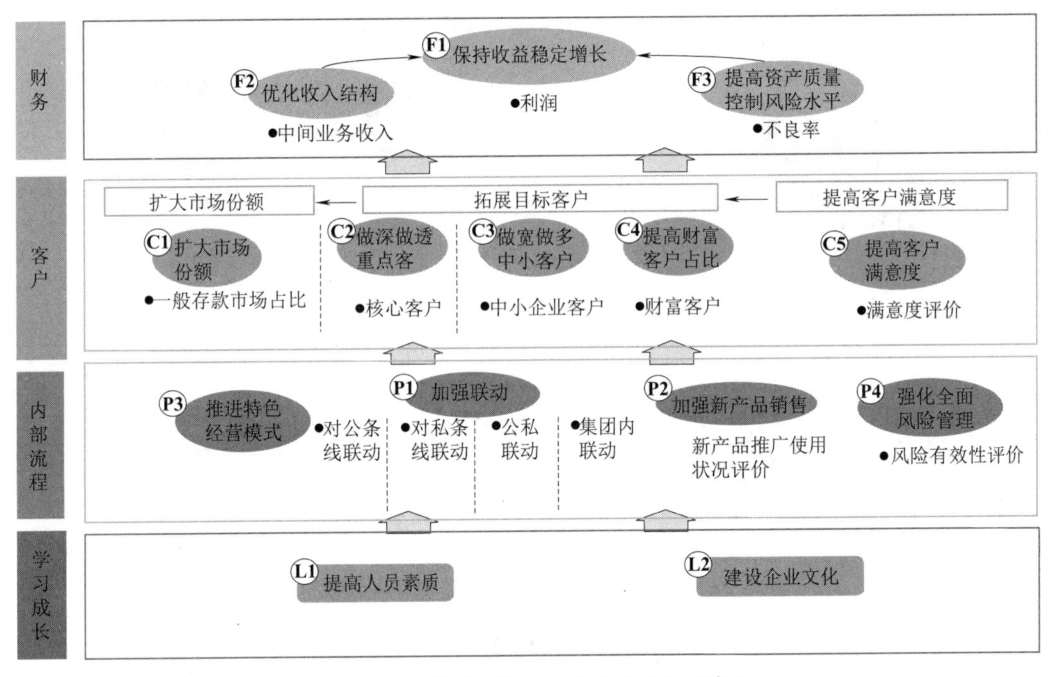

图1-13 某银行平衡计分卡战略地图示意图

平衡计分卡通过战略地图把策略说清楚讲明白，通过KPI进行有效的衡量，被评价为“透视营运因果关系的绩效驱动器”“将策略化为具体行动的翻译机”。

平衡计分卡对我们的启发是：人人可以梳理出一套和自己业务相关的有逻辑关系的数据指标体系，通过它实现聚焦和协同。

2. 在本质层，深入理解业务模式，并跳出既有的思维模式，建立新的心智模型。

比如淘宝，淘宝业务的本质是什么呢？其中一个答案是复杂系统。大家都知道，淘宝是一个生态系统，它是一个典型的由买家、卖家、ISV、淘女郎等各种参与者构成的复杂系统，阿里巴巴是一个更大的复杂系统。

复杂系统对我们的启发是，关注个体（系统内部买家卖家等参与者）的同时，注意分析个体在群体中的位置和角色，分析群体的发展潜力、演化规律、竞争度、成熟度等，分析群体和群体之间的关系。同时，对应的抽象层建模的方法也要与之适配。

3. 在抽象层，微观上构建更加抽象的特征，宏观上构建更加抽象的模型。

（1）在既有的分析和挖掘框架下，构建更加抽象的特征（也可以理解成维度、指标）。这个可以类比现在最火的深度学习技术，如果对一个图片进行识别，即使获取的是像素信息，深度学习可以自动学习出像素背后的形状、物体的特征等中间知识，越上层的特征越接近真相（见图 1-14）。用抽象特征去建模可以提升模型的效果，用抽象的指标去分析可以更贴近业务需求。

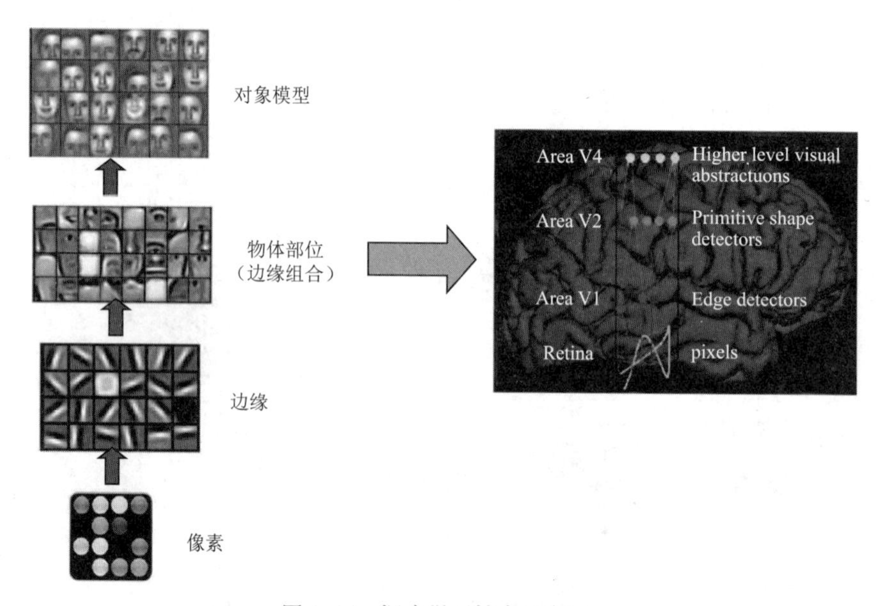

图 1-14　深度学习技术示意图

（2）宏观方面，可以用更加抽象的方式对业务进行建模。淘宝是复杂系统，我们也可以对复杂系统进行建模。如果做些适当的简化，对淘宝做一个高度抽象，那就是一个字“网”。节点是买家、卖家等参与者，线就是购买、收藏、喜欢等行为产生的关系。整个淘宝就是一张大网（见图 1-15）。建立这张大网之后，就可以做深入的分析，比如市场细分、个性化推荐等。

图 1-15　淘宝女装业务的抽象模型示意图

在图 1-15 中，点代表的是店铺或者会员，连线表示会员是店铺的熟客，点的大小对店铺而言代表店铺的熟客数，对会员而言代表常购买的店铺数，越接近图的中心越表示大众化的需求，越接近图的边缘越体现需求的个性化。

4. 在现实层，要深入到业务中去，不断提升对相关业务的认知能力。

心态上不要自我设限，分析无边界，分析师要主动参与到业务模式、产品形态的规划和设计中。要了解业务，在此基础上灵活运用模型的产出，比如：风险控制策略，假如已经有一个风险事件打分模型对风险事件打分排序，分析师可以根据业务需求灵活设计模型的使用策略。例如，对于风险得分最高的时间，机器自动隔离；风险得分偏高的，用机器＋人工审核的半自动方式进行隔离。模型是死的，活用靠人。

资料来源：闫新发（花名算者）阿里巴巴集团OS事业群数据分析专家，2014-11-15

阅读上文，请思考、分析并简单记录：

（1）文章的作者认为“数据是分层次的”。请简述这四个层次：

答：

__________：______________________________

__________：______________________________

__________：______________________________

__________：______________________________

（2）请简述，为什么说“从洞察到行动，数据可以发挥更大价值”？

答：______________________________

（3）文章的作者指出“在分析的每个层次上要做得深入。”请概述：

答：

在表象层：______________________________

在本质层：______________________________

在抽象层：______________________________

在现实层：______________________________

（4）请简单记述你所知道的上一周内发生的国际、国内或者身边的大事：

答：______

任务描述

（1）熟悉大数据对于数据分析的影响，了解数据的内在预测性。

（2）掌握大数据分析的定义。

（3）了解描述性数据分析等四种分析方法。

（4）熟悉大数据分析的行业应用，了解分析团队的文化与建设。

知识准备

大数据技术已经改变了分析的现状。数据分析是数据处理流程的核心，因为数据中蕴藏的巨大价值就产生在分析的需求和过程中，如今的数据分析与以往相比，最重要的差别在于数据量的急剧增长，使得对于数据的存储、查询以及分析的要求迅速提高。

1.2.1 大数据对分析的影响

音 频

大数据对分析的影响

从数据分析的角度为大数据下一个定义：如果数据满足以下任何一个条件，就视其为大数据：

（1）分析数据集非常大，以至于无法匹配到单台机器的内存中。

（2）分析数据集非常大，以至于无法移到一个专用分析的平台。

（3）分析的源数据存储在一个大数据存储库中，例如 Hadoop、MPP 数据库、NoSQL 数据库或者 NewSQL 数据库。

1. 大数据量的影响

当分析师在表格中处理结构化数据时，数据的“数量”意味着更多的行、更多的列或者两者都有。分析师日常使用随机采样记录的数据集，包含数以百万计甚至数以亿计的行或列，然后使用样本来训练和验证预测模型。如果目标是为总体建立单个预测模型，建模行为发生率相对较高，而且在总体中发生较为均匀，采样的效果会非常好。但是使用现代分析技术，采样只是可选择方法的一种，不会因为计算资源有限而成为分析师必须使用的方法。

改善预测模型效果最有效的方法是加入具有信息价值的新变量，但这通常不会事先知道。这就意味着需要使用工具来使分析师能够快速浏览众多变量，进而找到那些能够给预测模型增加价值的变量。

有多个行和列也意味着有更多的方法来确定一个预测模型。为了说明这一点，例如，有一个应答指标和五个预测因子的分析数据集——一个在任何标准下都算小的数据集。五个预测因子有29 个特定组合作为主要影响，如果考虑到预测因子的相互作用和各种转换，将会有许多其他可能的模型形式。可能的模型形式的数量会随着变量的增加而爆炸性增长，因此，那些能使分析师有效搜索到最佳模型的方法和技术就会非常有用。

2. 大数据种类与速度的影响

“种类”意味着所处理的数据不是矩阵或表格形式的结构化数据。大数据趋势下所带来的最重要的变化是分析数据存储中非结构化格式的大规模应用，以及越来越多的人认识到非结构化数据——网络日志、医疗服务提供者记录、社会媒体评论等——为预测建模提供显著价值。这意味着在分析师规划和建立公司分析架构工具时，非结构数据的因素越来越重要。

而“速度”从数据源和目标这两个方面影响着预测分析。分析师处理流数据，例如赛车的遥测或者医院 ICU 监控设备的实时反馈，必须使用特殊的技术来采样和观测数据流，这些技术将连续的流转换成一个独立的时间序列以便于分析。

1.2.2　数据具有内在预测性

音频

数据具有内在预测性

现实中，大部分数据的堆积都不是为了预测，但预测分析系统能从这些庞大的数据中学到预测未来的能力。人们敬畏数据的庞大数量，但规模是相对的，大数据最激动人心的是其增长速度。

世上万物均有关联，这在数据中也有反映。例如：

①人们的购买行为与其消费历史、消费习惯、支付方式以及社会交往人群相关。数据能从这些因素中预测出消费者的行为。

②人的身体健康状况与生命选择和环境有关，因此，可以通过小区环境以及家庭规模等信息来预测其健康状态。

③人们对工作的满意程度与其工资水平、表现评定以及升职情况相关，经济行为与情感相关，因此，数据也将反映这种关系。

通过预测分析不断地从数据集中找到规律。如果将数据整合在一起，尽管不知道将从这些数据里发现什么，但至少能通过观测解读数据语言来发现某些内在联系（见图 1-16）。

图 1-16　数据分析

预测分析系统会综合考虑数十项甚至数百项预测变量。把全部已知数据输入系统，然后等待系统处理，系统综合考量这些因素的核心学习技术正是科学的魔力所在。

1.2.3　大数据分析的定义

音频

大数据分析的定义

典型的传统批处理数据分析场景是这样的：当整个数据集准备好时，在整体中进行统计抽样。然而，出于理解流式数据的需求，大数据可以从批处理转换成实时处理。这些流式数据、数据集不断积累，并且以时间顺序排序。由于分析结果有存储期（保质期），流式数据强调及时处理，无论是识别向当前客户继续销售的机会，还是在工业环境中发觉异常情况后，都需要进行干预以保护设备或保证产品质量，时间都是至关重要的。

在不同行业中，那些专门从事数据搜集、对收集的数据进行整理、对整理的数据进行深度分析，并依据数据分析结果做出行业研究、评估和预测的工作称为数据分析。所谓大数据分析，是指用适当的方法对收集来的大量数据进行分析，从中提取有用信息和形成结论，从而对数据加以详细研究和概括总结，发现一些深层知识、模式、关系或是趋势的过程。或者，顾名思义，大数据分析是指对规模巨大的数据进行分析，它是大数据到信息，再到知识的关键步骤。

大数据分析结合了传统统计分析方法和计算分析方法。如果分析者熟悉行业知识、业务及流程，对自己的工作内容有一定的了解，比如熟悉行业认知和公司业务背景，这样的分析结果就会有很大的使用价值。

我们首先要列出搭建数据分析框架的要求，比如确定分析思路就需要用到营销、管理等理论知识；另一方面是针对数据分析结论提出有指导意义的分析建议。能够掌握数据分析基本原理与一些有效的数据分析方法，并能灵活运用到实践工作中，对于开展数据分析起着至关重要的作用。数据分析的方法是理论，而数据分析的工具就用来实现这些理论。面对越来越庞大的数据，必须依靠强大的数据分析工具完成数据分析工作。

音 频

四种数据分析方法

1.2.4 四种数据分析方法

在大数据分析的生命周期中，通常会对大量非结构化且未经处理过的数据进行识别、获取、准备和分析等操作，从这些数据中提取出能够作为模式识别的输入，或者加入现有的企业数据库的有效信息。

不同的行业会以不同的方式使用大数据分析工具和技术，例如：

①在商业组织中，利用大数据的分析结果能降低运营开销，有助于优化决策。

②在科研领域，大数据分析能够确认一个现象的起因，并且能基于此提出更为精确的预测。

③在服务业领域，比如公众行业，大数据分析有助于人们以更低的开销提供更好的服务。

大数据分析使得决策有了科学基础，现在做决策可以基于实际的数据而不仅仅依赖于过去的经验或者直觉。根据分析结果的不同，大致可以将分析分为四个层次，即描述性分析、诊断性分析、预测性分析和规范性分析（见图 1-17）。

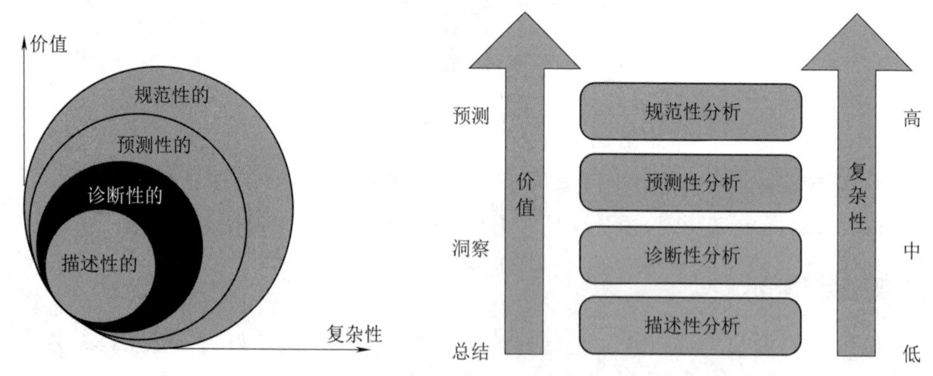

图 1-17　四种数据分析方法的价值和复杂性不断提升

不同的分析类型需要不同的技术和分析算法。这意味着在传递多种类型的分析结果时，可能会有大量不同的数据、存储、处理要求，其生成高质量的分析结果将加大分析环境的复杂性和开销。每一种分析方法都对业务分析具有很大的帮助，同时也应用在数据分析的各个方面。

1. 描述性分析

描述性分析是最常见的分析方法，是探索历史数据并描述发生了什么，是对已经发生的事件进行问答和总结。这一层次包括发现数据规律的聚类、相关规则挖掘、模式发现和描述数据规律的可视化分析，这种方法向数据分析师提供了重要指标和业务的衡量方法。这种形式的分析需要将数据置于生成信息的上下文中考虑。

例如，每月的营收和损失账单，分析师可以通过这些账单，获取大量的客户数据。如图 1-18 所示，从图中可以明确地看到哪些商品的销售达到了销售量预期。利用可视化工具，能够有效地增强描述型分析所提供的信息。

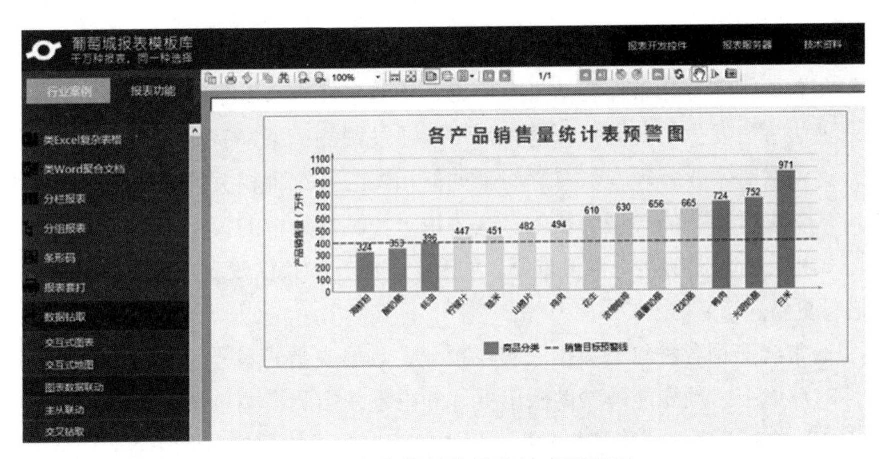

图 1-18　各产品销售量统计表预警图

相关问题可能包括：

①过去 12 个月的销售量如何？

②根据事件严重程度和地理位置分类，收到的求助电话的数量如何？

③每一位销售经理的月销售额是多少？

据估计，生成的分析结果 80% 都是自然可描述的。描述性分析提供了较低的价值，但也只需要相对基础的训练集。

进行描述性分析常常借助 OLTP、CRM、ERP 等信息系统经过描述性分析工具的处理生成的即席报表或者数据仪表板。报表常常是静态的，并且是以数据表格或图表形式呈现的历史数据。查询处理往往是基于企业内部存储的可操作数据。

2. 诊断性分析

诊断性分析旨在寻求一个已经发生事件的发生原因。这类分析通过评估描述性数据，利用诊断分析工具让数据分析师深入分析数据，钻取数据核心。其目标是通过获取一些与事件相关的信息来回答有关的问题，最后得出事件发生的原因。

相关的问题可能包括：

①为什么 Q2 商品比 Q1 卖得多？

②为什么来自东部地区的求助电话比来自西部地区的要多？

③为什么最近三个月内病人再入院的比率有所提升？

诊断性分析比描述性分析提供了更加有价值的信息，但同时也要求更加高级的训练集。诊断性分析常常需要从不同的信息源搜集数据，并将它们以一种易于进行下钻和上卷分析的结构加以保存。而诊断性分析的结果可以由交互式可视化界面显示，让用户能够清晰地了解模式与趋势。诊断性分析是基于分析处理系统中的多维数据进行的，而且，与描述性分析相比，它的查询处理更加复杂。

良好设计的 BI 仪表板能够整合：按照时间序列进行数据读入、特征过滤和钻取数据等功能，以便更好地分析数据。如图 1-19 中的“销售控制台”，从图中可以分析出“区域销售构成”“客户分布情况”“产品类别构成”和“预算完成情况”等信息。

3. 预测性分析

预测分析用于预测未来的概率和趋势，例如基于逻辑回归的预测、基于分类器的预测等。预测性分析通常在需要预测一个事件的结果时使用，预测事件未来发生的可能性、预测一个可量化的值，或者是预估事情发生的时间点，这些都可以通过预测模型来完成。通过预测性分析，信息将得到增值，这种增值主要表现在信息之间是如何相关的。这种相关性的强度和重要性构成了基于过去事件对未来进行预测的模型的基础。这些用于预测性分析的模型与过去已经发生的事件的潜在条件是隐式相关的，理解这一点很重要。如果这些潜在的条件改变了，那么用于预测性分析的模型也需要进行更新。

预测模型通常会使用各种可变数据来实现预测。数据成员的多样化与预测结果密切相关。在充满不确定性的环境下，预测能够帮助做出更好的决定。预测模型也是很多领域正在使用的重要方法。如图 1-19 中的“销售额和销售量”，可以分析出全面的销售量和销售额基本呈上升趋势，借此可推断明年的基本销售趋势。

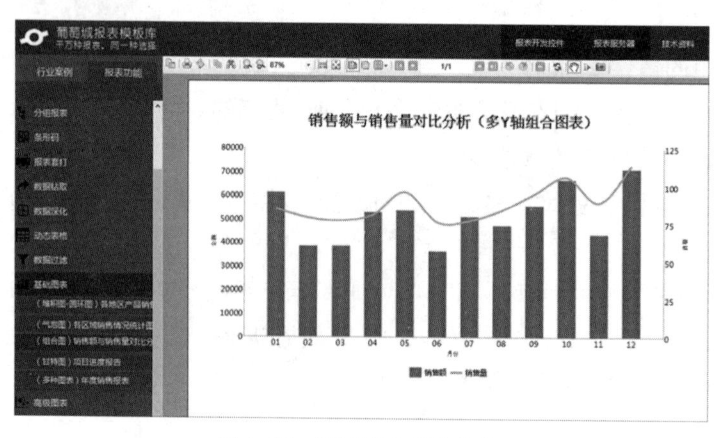

图 1-19　预测基本销售趋势

预测性分析提出的问题常常以假设的形式出现，例如：

①如果消费者错过了一个月的还款，那么他们无力偿还贷款的概率有多大？

②如果以药品 B 来代替药品 A 的使用，那么这个病人生存的概率有多大？

③如果一个消费者购买了商品A和商品B，那么他购买商品C的概率有多大？

预测性分析尝试着预测事件的结果，而预测则基于模式、趋势以及来自于历史数据和当前数据的期望，这将让我们能够分辨风险与机遇。这种类型的分析涉及包含外部数据和内部数据的大数据集以及多种分析方法。与描述性分析和诊断性分析相比，这种分析显得更有价值，同时也要求更加高级的训练集。如图1-20所示，这种工具通常通过提供用户友好的前端接口对潜在的错综复杂的数据进行抽象。

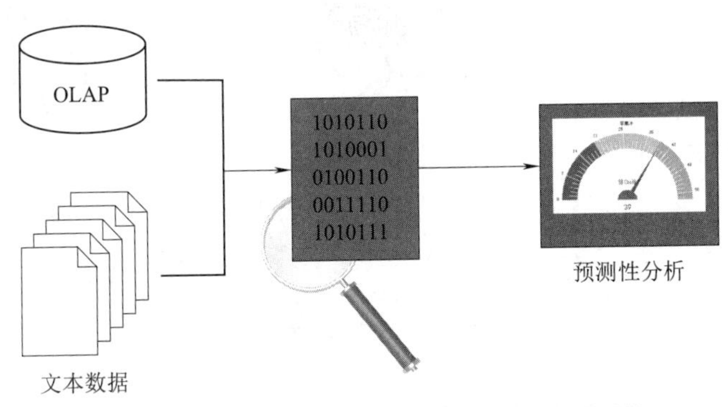

图1-20　预测性分析能够提供用户友好型的前端接口

4. 规范性分析

规范性分析建立在预测性分析的结果之上，基于对"发生了什么""为什么会发生"和"可能发生什么"的分析，规范需要执行的行动，帮助用户决定应该采取什么措施。规范性分析根据期望的结果、特定场景、资源以及对过去和当前事件的了解，对未来的决策给出建议，例如基于模拟的复杂系统分析和基于给定约束的优化解生成。

规范性分析通常不会单独使用，而是在前面方法都完成之后，最后需要完成的分析方法。它注重的不仅是哪项操作最佳，还包括了其原因。换句话说，规范性分析提供了经得起质询的结果，因为它嵌入了情境理解的元素。因此，这种分析常常用来建立优势或者降低风险。

例如，交通规划分析考量了每条路线的距离、每条线路的行驶速度以及目前的交通管制等方面因素，来帮助选择最好的回家路线。

下面是这类问题的两个样例：

①这三种药品中，哪一种能提供最好的疗效？

②何时才是抛售一只股票的最佳时机？

规范性分析比其他三种分析的价值都高，同时还要求最高级的训练集，甚至是专门的分析软件和工具。这种分析将计算大量可能出现的结果，并且推荐出最佳选项。解决方案从解释性的到建议性的均有，同时还能包括各种不同情境的模拟。

这种分析能将内部数据与外部数据结合起来。内部数据可能包括当前和过去的销售数据、消费者信息、产品数据和商业规则。外部数据可能包括社会媒体数据、天气情况、政府公文等。如图1-21所示，规范性分析涉及利用商业规则和大量的内外部数据来模拟事件结果，并且提供最佳的做法。

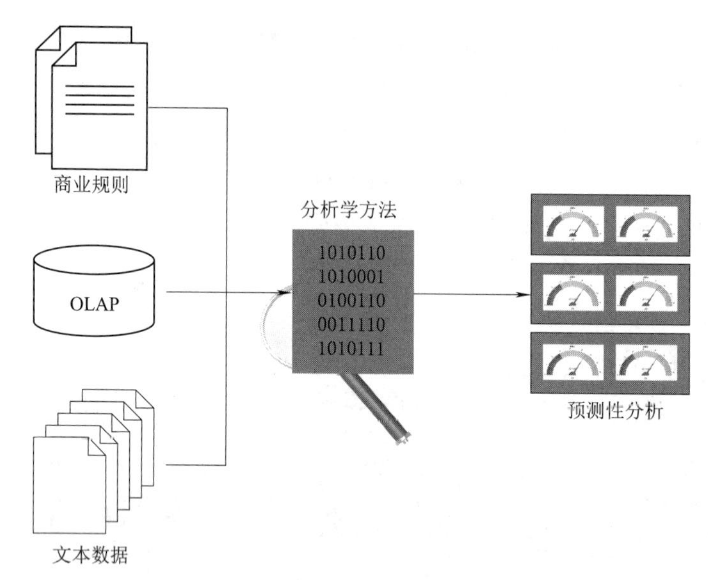

图 1-21　规范性分析

音频
大数据分析的行业作用

1.2.5　大数据分析的行业作用

大数据分析是一种统计或数据挖掘解决方案，可在结构化和非结构化数据中使用以确定未来结果的算法和技术，用于预测、优化、预报和模拟等多种用途。预测分析和假设情况分析可以帮助用户评审和权衡潜在决策的影响力，用来分析历史模式和概率，以预测未来业绩并采取预防措施。

1. 决策管理

决策管理是用来优化并自动化业务决策的一种卓有成效的成熟方法（见图 1-22）。

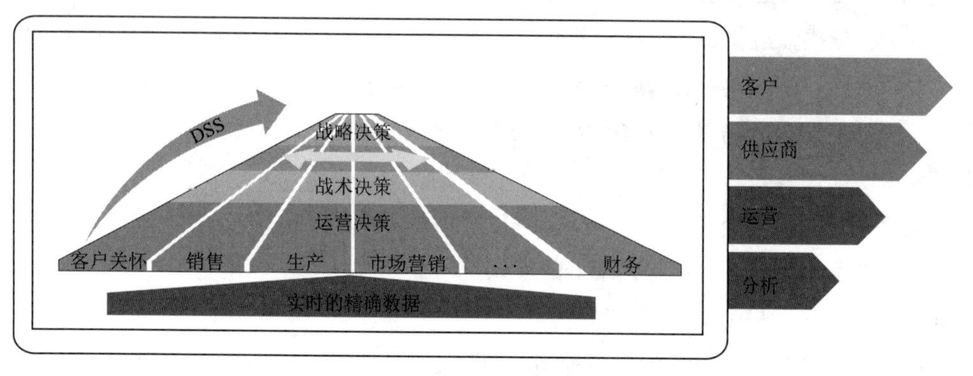

图 1-22　决策管理

决策管理通过预测分析让组织能够在制定决策以前有所行动，以便预测哪些行动在将来最有可能获得成功，优化成果并解决特定的业务问题。

决策管理包括管理自动化决策设计和部署的各个方面，供组织管理其与客户、员工和供应商的交互。从本质上讲，决策管理使优化的决策成为企业业务流程的一部分。由于闭环系统不断将有价值的反馈纳入到决策制定过程中，所以，对于希望针对变化的环境做出即时反应并最大化每个决策的组织来说，它是非常理想的方法。

当今世界，竞争的最大挑战之一是组织如何在决策制定过程中更好地利用数据。可用于企业以及由企业生成的数据量非常高且以惊人的速度增长，而与此同时，基于此数据制定决策的时间段却非常短，并且有日益缩短的趋势。虽然业务经理可以利用大量报告和仪表板来监控业务环境，但是使用此信息来指导业务流程和客户互动的关键步骤通常是手动的，因而不能及时响应变化的环境。

决策管理使用决策流程框架和分析来优化并自动化决策，通常专注于大批量决策并使用基于规则和基于分析模型的应用程序实现决策。对于传统上使用历史数据和静态信息作为业务决策基础的组织来说这是一个突破性的进展。

2. 滚动预测

预测是定期更新对未来绩效的当前观点，以反映新的或变化中的信息过程，是基于分析当前和历史数据来决定未来趋势的过程。为应对这一需求，许多公司正在逐步采用滚动预测方法。

7×24小时的业务运营影响造就了一个持续而又瞬息万变的环境，风险、波动和不确定性持续不断变化。并且，任何经济动荡都具有近乎实时的深远影响。毫无疑问，对于这种变化感受最深的是CFO（财务总监）和财务部门。虽然业务战略、产品定位、运营时间和产品线改进的决策可能是在财务部门外部做出，但制定这些决策的基础是财务团队使用绩效报告和预测提供的关键数据分析。具有前瞻性的财务团队意识到传统的战略预测不能完成这一任务，他们正在迅速采用更加动态的、滚动的和基于驱动因子的方法。

在这种环境中，预测成为一个极其重要的管理过程。为了抓住正确的机遇，为了满足投资者的要求，以及在风险出现时对其进行识别，很关键的一点就是深入了解潜在的未来发展，管理不能再依赖于传统的管理工具。在应对过程中，越来越多的企业已经或者正准备从静态预测模型转型到一个利用滚动时间范围的预测模型。

采取滚动预测的公司往往有更高的预测精度，更快的循环时间，更好的业务参与度和更多明智的决策制定。滚动预测可以对业务绩效进行前瞻性预测，为未来计划周期提供一个基线，捕获变化带来的长期影响。与静态年度预测相比，滚动预测能够在觉察到业务决策制定的时间点得到定期更新，并减轻财务团队巨大的行政负担。

3. 预测分析与自适应管理

稳定、持续变化的工业时代已经远去，现在是一个不可预测、非持续变化的信息时代。未来还将变得更加无法预测，企业员工需要具备更高技能，创新的步伐将进一步加快，价格也将会更低，顾客将具有更多发言权。

为了应对这些变化，CFO（财务总监）需要一个能让各级经理快速做出明智决策的系统。他们必须将年度计划周期更换为更加常规的业务审核，通过滚动预测提供支持，让经理能够看到趋势和模式，在竞争对手察觉之前取得突破，在产品与市场方面做出更明智的决策。具体来说，CFO需要通过持续计划周期进行管理，让滚动预测成为主要的管理工具，每天和每周报告关键指标。同时需要注意使用滚动预测改进短期可见性，并将预测作为管理手段，而不是度量方法。

音频

分析团队的文化与建设

1.2.6 分析团队的文化与建设

一些企业在进行或展开分析研究时走了不少弯路，在进行高价值分析的生产部署时容易陷入无数的复杂细节中。这些复杂的细节可以被分为三种，即人、流程和技术。如果执行不好，这三者是让项目脱轨的重要原因。反之，它们也是帮助实现成功生产部署的促成因素。

1. 管理分析团队的有效因素

决定如何最有效地组建和管理分析团队，需要考虑几个因素。就像任何一个组织架构一样，随着业务目标的不同、业务需求的变化和组织内部对分析使用深度的不同，团队的组织结构会随之发生变化。

数据分析的成熟度在不断演进中，从对过去结果的描述性报告，到后来通过预测分析对未来事件进行积极预测，使用高度复杂的优化技术来进行指导性分析。如今的创业公司经常通过使用预测分析和指导性分析，拥有可以快速超越现有业务的优势。企业开始将预测分析嵌入到业务流程中，要么使决策自动化，要么考虑更多复杂情况，为决策者提供更多的合理建议。

不管是一开始就习惯使用分析手段的创业公司，还是正在提升分析成熟曲线的大型企业，都拥有一种可以包容、培养和陶冶的文化，可以促进分析的繁荣并吸引分析人才。

（1）好奇心。这样的一群人，他们内心充满好奇，喜欢学习并且不断提升自己。培养好奇心的组织允许其员工在公司内部的不同流程、顾客和供应商之间建立关联。将好奇心和解决问题的能力结合起来会非常强大，它能够让跨部门的团队进行合作，分享他们的专业知识，识别并解决业务问题，或是抓住稍纵即逝的机会，为业务开拓新的价值。培养好奇心给了企业一个机会，去实验并尝试新的想法。一个充满好奇心和勇于尝试的企业可以让思维跳出条条框框，创造出颠覆式的创新，带来更显著的商业价值。

（2）解决问题的能力。问题解决者力图通过识别问题、瓶颈、约束并建立让企业达到目标的解决方案，最终实现目标。问题解决型的企业经常将解决问题作为一种方法，实现卓越运营、高绩效和高效执行。这样的企业透过问题表面，挖掘问题根源、瓶颈，然后尝试找到解决方案，来解决问题或使问题最小化。这通常需要企业的不同的团队进行良好的协作和沟通来解决问题，这样的企业寻求的是可持续的提升。

（3）实验。力求创新的企业都会检验新的创新想法，这意味着他们必须容忍失败，因为并不是每个新的想法都会带来成功。从错误和失败中学习，对于演进潜在的解决方案是十分重要的。一个推行实验的企业会寻找创新型和科学型人才，他们具备突破条框的思维模式，拥抱那些非线性和相反的想法。

（4）改变。历史上没有任何一个时代的业务需要像今天这样灵活运作。这是宏观经济因素不断进行结构化转变的结果，使竞争更加全球化。唯一不变的，是变化将成为一种常态，企业必须将灵活作为一种制度，来适应他们身处的这个不断变化的世界。这意味着企业必须从死板的、等级分明的组织转化为更加有机、自组织的企业，从而能够拥抱并利用变革。尽管领先的创新企业经常以他们能够适应市场转变为傲，但是有自省精神的企业会通过采用快速跟随者的执行策略，来从市场的变化中获利。改变并不意味着成为第一，但是它意味着进行与总体商业战略相匹配的改变，并保持企业在市场中时常处于最新和相关的状态。

（5）证明。基于证据或是基于事实进行决策的组织，会通过不断地收集并分析数据来做出商业决策。这意味着要最大程度地使用可获得的数据，用来尽可能快地做出决策，然后继续利用新数据学习并提高。那些成功使用数据来进行决策的组织，从两个方面训练他们的员工，即如何设计准确的业务问题来使用数据得到答案，以及如何使用软件工具来得到答案。

2. 数据工作者队伍

我们需要新一代的分析专家，他们能够从全局出发，懂得如何将众多的分析方法应用到商业问题上来。如今，分析人才是一种稀缺资源，对于想要建立分析团队的公司来说，找到、吸引并保留分析人才是一件相当困难的事情。

数据科学家这个术语是在20世纪60年代被创造出来的，直到2012年大数据这个术语在市场中被广泛采用，这个名词才变得流行起来。现代分析人才可以按领域、经验和相应的技能分成不同类别。当然，理想的是计算机科学、数学和专业知识三位一体的复合型人才，但这在任何一个人身上都很难完全具备。要想找到一个掌握计算机科学技术的人才，又能够使用多种软件语言、不同的软件工具和对软件设计有很深的见解，这是非常困难的。更不要说寻找掌握这些技巧的同时，又对应用数学、统计和运营研究有深刻理解的人才了。这是企业经常放弃最重要的职能或是行业专业知识和商业洞察力的原因，促使组织进一步去改进其对分析角色的定义。

研究机构Talent Analytics（人才分析）开展过一项研究项目，涉及关于技能、经验、教育和数据科学家属性特征的信息，展示了各种分析专业人员的“指纹”。数据科学人才有以下几个标准，譬如好奇心、冒险精神和“用正确的方式做事”这种基于价值的导向。

研究数据表明，分析天才想要研究复杂的、具有挑战性的，能够给他们的组织带来深远影响的项目。分析专业人才在乎的是能够解决有趣、复杂的问题。他们在乎的是能否继续因为他们的好奇心和学习能力而受到重视。

事实上，分析人才经常说，离开一家公司是因为他们觉得工作无聊，而加入另外一家公司的原因是他们能学到更多——数据科学家比起金钱激励更看重精神激励。

一项数据挖掘调查也显示，分析项目中得到更多的认可和在分析项目上的自主性是让分析人才对他们工作满意的最重要的因素。其他的关键因素包括有意思的项目和教育机会，这和Talent Analytics发现分析人才是好奇、活跃的学习者这件事不谋而合。

3. 分析人才的四种角色

Talent Analytics在一次调查中，将分析人才分为四种分析角色：通才、数据准备型人才、程序员和管理者，这些角色在典型分析任务中所花费的时间如图1-23所示。

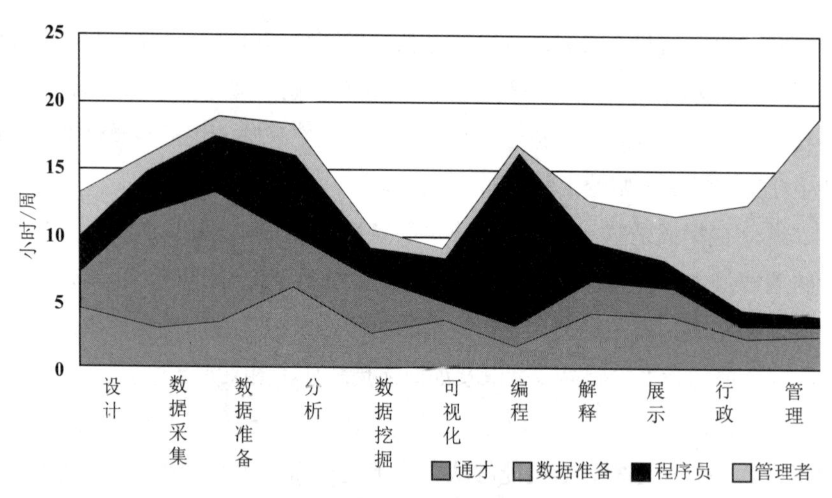

图 1-23　在分析价值链上按功能花费的时间

Talent Analytics 的研究结果揭示了一组关于数据科学家的“原始天才指纹”，其中的一些重点是：

①数据科学家有认知的“态度”，会追寻对万事万物更深的理解。他们具有创造性，不仅愿意去创造解决方案，并且更愿意去得出最优秀的解决方案。例如编程可以更加优化流程，或者是更好的将解决方案可视化。他们会营造一种组织文化，重视不同的方法和创造性的想法。

②数据科学家有很强的“以正确的方式做事”的欲望，并且鼓励其他人也像他们一样做事。他们愿意发声去捍卫他们相信的正确的事情，即使面对争议。他们对质量、标准和细节的要求有非常强的意识，经常会通过这些特点去评估其他事物。他们非常勤奋，对细节方案和复杂任务会一直认真持续跟进。

③数据科学家的情感表达倾向于拘谨和沉默，除非被要求发言或是讨论的问题十分重要，他们在团队或组织会议中会显得有些沉默寡言。

④在经过关于事实、数据和有可能的结果等一系列深思熟虑的分析之后，数据科学家愿意承担通过计算确定的风险。他们通过事实、数据和逻辑而不是情感说服团队的其他人。数据科学家重视项目、系统和工作文化的安全性。

研究最重大的发现之一，是数据科学家的工作角色范围太广，以至于很难依据角色定义进行招聘。数据科学家就像大家所说的“医生”，这个词很容易理解，但是不足以说明它涵盖的不同专业领域。毕竟，有多少医生可以集心脏手术、皮肤科、小儿科和神经科于其一身呢？

数据科学家的分类和子分类有助于帮助确立特定的角色、特长和相应的任务。随着分析工作流被分到具体的工作角色和任务中，相关要求将会更加具体，符合要求的人才库也会逐渐壮大。

四个分析角色都具备的两大特征是：

（1）非常强烈的求知欲（理论驱动）。

（2）有强大的动力去得出具有创造性的解决方案（创新驱动）。

实训与思考　企业大数据准备度自我评价

所谓 DELTTA 模式，即通过数据（data）、企业（enterprise）、领导团队（leadership）、目标（target）、

技术（technology）、分析（analysis）这样一些元素分析，来判断组织在内部建立数据分析的能力。

1. 企业开展大数据应用的记录分析

《大数据准备度自我评分表》可用于判断企业（组织、机构）是否做好了实施大数据计划的准备。它根据 DELTTA 模式，每个因子有 5 个问题，每个问题的回答都分成 5 个等级，即非常不同意、有些不同意、普通、有些同意和非常同意。

除非有什么原因需要特别看重某些问题或领域，否则直接计算每项因子的平均得分，以求出该因子的得分。也可以再把各因子的得分再结合起来，求出准备度的总得分。

用于评估大数据准备度的问题集适用于全公司或特定事业单位，应该要由熟悉全公司或该部门如何面对大数据的人，来回答这些问题。

请记录：你所服务的企业（例如 ETI 或假设）的基本情况：

企业名称：________________________________

主要业务：________________________________

____

____

____

____

企业规模：○大型企业　　　　○中型企业　　　　○小型企业

请在表 1-1 中为你所定义的企业开展大数据应用进行自我评分，从中体会开展大数据应用与分析需要做的必要准备。

表 1-1　大数据准备度自我评分表

评价指标		分析测评结果					备注
		非常同意	有些同意	普通	有些不同意	非常不同意	
资　料							
1	能取得极庞大的未结构化或快速变动的数据供分析之用						
2	会把来自多个内部来源的数据结合到数据仓库或数据超市，以利取用						
3	会整合内外部数据，借以对事业环境做有价值的分析						
4	对于所分析的数据会维持一致的定义与标准						
5	使用者、决策者以及产品开发人员，都信任我们数据的品质						
企　业							
6	会运用结合了大数据与传统数据分析的手法实现组织目标						
7	组织的管理团队可确保事业单位与部门携手合作，为组织决定大数据及数据分析的有限顺序						

续表

评价指标		分析测评结果					备注
		非常同意	有些同意	普通	有些不同意	非常不同意	
8	会安排一个让数据科学家与数据分析专家能够在组织内学习与分享的环境						
9	大数据及数据分析活动与基础架构，将有充足资金及其他资源的支持，用于打造我们需要的技能						
10	会与网络同伴、顾客及事业生态系统中的其他成员合作，共享大数据内容与应用						
领导团队							
11	高层主管会定期思考大数据与数据分析可能为公司带来的机会						
12	高层主管会要求事业单位与部门领导者，在决策与事业流程中运用大数据与数据分析						
13	高层主管会利用大数据与数据分析引导策略性与战略性决策						
14	组织中基层管理者利用大数据与数据分析引导决策						
15	高层管理者会指导与审核建置大数据资产（数据、人才、软硬件）的优先次序及建置过程						
目　标							
16	大数据活动会优先用来掌握有助于与竞争对手差异化、潜在价值高的机会						
17	我们认为，运用大数据发展新产品与新服务业是一种创新程序						
18	会评估流程、策略与市场，以找出在公司内部运用大数据与数据分析的机会						
19	经常实施数据驱动的实验，以收集事业中哪些部分运作得顺利，哪些部分运作得不顺利的数据						
20	会在数据分析与数据的辅助下评价现有决策，以评估为结构化的新数据是否能提供更好的模式						
技　术							
21	已探索并使用运算方法（如Hadoop），或已用它来处理大数据						
22	善于在说明事业议题或决策时使用数据可视化手段						
23	已探索过以云端服务处理数据或进行数据分析，或是实际已这么做						
24	已探索过用开源软件处理大数据与数据分析，或是实际已这么做						
25	已探索过用于处理未结构化数据（或文字、视频或图片）的工具，或是已实际采用						
数据分析人员与数据科学家							
26	有足够的数据科学与数据分析人才，帮助实现数据分析的目标						

续表

评价指标		分析测评结果					备注
		非常同意	有些同意	普通	有些不同意	非常不同意	
27	数据科学家与数据分析专家在关键决策与数据驱动的创新上提供的意见，收到高层管理者的信任						
28	数据科学家与数据分析专家能了解大数据与数据分析要应用在哪些事业范畴与程序上						
29	数据科学家、量化分析师与数据管理专家，能有效地以团队合作方式发展大数据与数据分析计划						
30	公司内部对员工设有培养数据科学与数据分析技能的课程（无论是内部课程或与外面的组织合作开设）						
合　计							

说明："非常同意"5分，"有些同意"4分，余类推。全表满分为150分，你的测评总分为：________分。

请记录：

1. 根据《大数据准备度自我评分表》的分析判断，你认为所调查的企业（组织、机构）是否已经做好了实施大数据计划的准备。请具体分析之。

答：____

____

____

____

____

____

____

2. 实训总结

____

____

____

____

____

____

____

____

____

3. 教师实训评价

____

____

【作　业】

1. 人们从分析角度为大数据下了一个不同的定义：如果数据满足以下任何一个条件，那么就视其为大数据，但是除下列（　　）之外。

A. 分析数据集非常大，以至于无法匹配到单台机器的内存中

B. 分析数据集非常大，以至于无法移到一个专用分析的平台

C. 分析的数据保存在 MySQL 中，运行在 Linux 环境下

D. 分析的源数据存储在一个大数据存储库中，例如 Hadoop、MPP 数据库、NoSQL 数据库或者 NewSQL 数据库

2. 在大数据背景下，数据分析能力的高低决定了大数据中（　　）过程的好坏与成败。

A. 价值发现　　B. 数学计算　　C. 图形处理　　D. 数据积累

3. 预测分析模型不仅要靠基本人口数据，例如住址、性别等，而且也要涵盖近期性、频率、购买行为、经济行为以及电话和上网等产品使用习惯之类的（　　）变量。

A. 行为预测　　B. 生活预测　　C. 经济预测　　D. 动作预测

4. 大数据分析和以往传统数据分析最重要的差别在于（　　）。

A. 处理速度的实时要求　　B. 结构化数据的增加

C. 数据量的急剧增长　　D. 非结构化数据的大量减少

5. 大部分数据的堆积都不是为了（　　），但分析系统能从这些庞大的数据中学到预测未来的能力。

A. 预测　　B. 计算　　C. 处理　　D. 存储

6. 如果将数据整合在一起，尽管你不知道自己将从这些数据里发现什么，但至少能通过观测解读数据语言来发现某些（　　），这就是数据效应。

A. 外在联系　　B. 内在联系　　C. 逻辑联系　　D. 物理联系

7. 数据分析是一个通过处理数据，从数据中发现一些深层知识、模式、关系或是趋势的过程。数据分析的总体目标是（　　）。

A. 做出唯一决策　　B. 做出最好决策

C. 做出更好决策　　D. 产生完整的数据集

8. 数据分析学涵盖了对整个数据生命周期的管理，而数据生命周期包含了数据收集、（　　）、数据组织、数据分析、数据存储以及数据管理等过程。

A. 数据完善　　B. 数据清理

C. 数据编辑　　D. 数据增减

9. 大数据分析结合了（　　）。

A. 传统统计分析方法和现代统计分析方法

B. 传统统计分析方法和计算分析方法

C. 现代统计方法和计算分析方法

D. 传统计算分析方法和现代计算分析方法

10. 大数据分析使得决策有了科学基础。根据分析结果的不同，我们大致可以将分析归为4类，即描述性分析、(　　)、预测性分析和规范性分析。

A. 原则性分析　B. 容错性分析　C. 提炼性分析　D. 诊断性分析

11. 预测分析和假设情况分析可帮助用户评审和权衡(　　)的影响力，用来分析历史模式和概率，以预测未来业绩并采取预防措施。

A. 资源运用　B. 潜在风险　C. 经济价值　D. 潜在决策

12. 大数据时代下，作为其核心，预测分析已在商业和社会中得到广泛应用。预测分析是一种(　　)解决方案，可在结构化和非结构化数据中使用以确定未来结果的算法和技术，用于预测、优化、预报和模拟等许多用途。

A. 存储和计算　B. 统计或数据挖掘

C. 数值计算和分析　D. 数值分析和计算处理

13. 下列(　　)不是预测分析的主要作用。

A. 决策管理　B. 滚动预测　C. 成本计算　D. 自适应管理

音频

熟悉大数据分析的基本原则

音频

导读案例：得数据者得天下

任务 1.3 熟悉大数据分析基本原则

导读案例 得数据者得天下

我们的衣食住行都与大数据有关，每天的生活都离不开大数据。同时，大数据也提高了我们的生活品质，为每个人提供创新平台和机会。通过大数据的整合分析和深度挖掘，发现规律，创造价值，进而建立起物理世界到数字世界再到网络世界的无缝连接。大数据时代，线上与线下、虚拟与现实、软件与硬件跨界融合，将重塑我们的认知和实践模式，开启一场新的产业突进与经济转型。

国家行政学院常务副院长马建堂说，大数据其实就是海量的、非结构化的、电子形态存在的数据，通过数据分析，能产生价值，带来商机的数据。

大数据是“21 世纪的石油和金矿”

工业和信息化部原部长苗圩在为《大数据领导干部读本》作序时，形容大数据为“21 世纪的石油和金矿”，是一个国家提升综合竞争力的又一关键资源。

“从资源的角度看，大数据是‘未来的石油’；从国家治理的角度看，大数据可以提升治理效率、重构治理模式，将掀起一场国家治理革命；从经济增长角度看，大数据是全球经济低迷环境下的产业亮点；从国家安全角度看，大数据能成为大国之间博弈和较量的利器。”马建堂在《大数据领导干部读本》序言中这样界定大数据的战略意义。

马建堂指出，大数据可以大幅提升人类认识和改造世界的能力，正以前所未有的速度颠覆人类探索世界的方法，焕发出变革经济社会的巨大力量。“得数据者得天下”已成为全球的普遍共识。

总之，国家竞争焦点因大数据而改变，国家之间的竞争将从资本、土地、人口、资源转向对大数据的争夺，全球竞争版图将分成数据强国和数据弱国两大新阵营。

苗圩说，数据强国主要表现为拥有数据的规模、活跃程度及解释、处置、运用的能力。数字主权将成为继边防、海防、空防之后另一大国博弈的空间。谁掌握了数据的主动权和主导权，谁就能赢得未来。新一轮的大国竞争，并不只是在硝烟弥漫的战场，更是通过大数据增强对整个世界局势的影响力和主导权。

大数据可促进国家治理变革

专家们普遍认为，大数据的渗透力远超人们想象，它正改变甚至颠覆我们所处的时代，将对经济社会发展、企业经营和政府治理等方方面面产生深远影响。

的确，大数据不仅是一场技术革命，还是一场管理革命。它提升人们的认知能力，是促进国家治理变革的基础性力量。在国家治理领域，打造阳光政府、责任政府、智慧政府建设上都离不开大数据，大数据为解决以往的“顽疾”和“痛点”提供强大支撑；大数据还能将精准医疗、个性化教育、社会监管、舆情检测预警等以往无法实现的环节变得简单、可操作。

中国行政体制改革研究会副会长周文彰认同大数据是一场治理革命（见图 1-24）。他说：“大数据将通过全息数据呈现，使政府从‘主观主义’‘经验主义’的模糊治理方式，迈向‘实事求是’‘数据驱动’的精准治理方式。在大数据条件下，‘人在干、云在算、天在看’，数据驱动的‘精准治理体系’‘智慧决策体系’‘阳光权力平台’都将逐渐成为现实。”

图 1-24　大数据治理

马建堂也说，对于决策者而言，大数据能实现整个苍穹尽收眼底，可以解决“坐井观天”“一叶障目”“瞎子摸象”和“城门失火，殃及池鱼”问题。另外，大数据是人类认识世界和改造世界能力的升华，它能提升人类“一叶知秋”“运筹帷幄，决胜千里”的能力。

专家们认为，大数据时代开辟了政府治理现代化的新途径：大数据助力决策科学化，公共服务个性化、精准化；实现信息共享融合，推动治理结构变革，从一元主导到多元合作；大数据催生社会发展和商业模式变革，加速产业融合。

中国具备数据强国潜力，2020 年数据规模将位居第一。

2015 年是中国建设制造强国和网络强国承前启后的关键之年。今后的中国，大数据将充当越来越重要的角色，中国也具备成为数据强国的优势条件。

马建堂说，近年来，党中央、国务院高度重视大数据的创新发展，准确把握大融合、大变革的发展趋势，制定发布了《中国制造 2025》和“互联网 +”行动计划，出台了《关于促进大数据发展的行动纲要》，为我国大数据的发展指明了方向，可以看作是大数据发展的“顶层设计”和“战略部署”，具有划时代的深远影响。

工信部正在构建大数据产业链，推动公共数据资源开放共享，将大数据打造成经济提质增效的新引擎。另外，中国是人口大国、制造大国、互联网大国、物联网大国，这些都是最活跃的数据生产主体，未来几年将成为数据大国也是逻辑上的必然结果。中国成为数据强国的潜力极为突出，2010 年中国数据占全球比例为 10%，2013 年占比为 13%，2020 年占比将达 18%。届时，中国的数据规模将超过美国，位居世界第一。专家指出，中国许多应用领域已与主要发达国家处于同一起跑线上，具备了厚积薄发、登高望远的条件，在新一轮国际竞争和大国博弈中具有超越的潜在优势。中国应顺应时代发展趋势，抓住大数据发展带来的契机，拥抱大数据，充分利用大数据提升国家治理能力和国际竞争力。

资料来源：数据科学家网

阅读上文，请思考、分析并简单记录：

（1）为什么工业和信息化部原部长苗圩说：“大数据是‘21 世纪的石油和金矿’”？

答：____

____

____

____

（2）中国是人口大国、制造大国、互联网大国、物联网大国，为什么说："中国具备数据强国潜力，2020 年数据规模将位居第一"？

答：

（3）请阐述，为什么说"得数据者得天下"？

答：

（4）请简单记述你所知道的上一周内发生的国际、国内或者身边的大事：

答：

任务描述

（1）熟悉大数据时代数据分析发生的巨大变化。

（2）了解商业 3.0 时代，即侧重自上而下的自动化、基于事实的决策、执行和结果。

（3）熟悉大数据的现代分析九条基本原则。

知识准备

随着大数据时代的到来，数据的容量、速率、多样性都呈爆发式增长。人们开始放弃使用传统的单一数据仓库的想法，因为单一数据库难以驾驭数据的复杂多样性，人们面临着各类令人眼花缭乱的平台以及无处不在的数据：本地的、第三方托管的、云端的。

数据的这种巨变给分析学领域带来了颠覆式的改变：新的业务问题、应用、用例、技术、工具和平台。过去一家软件开发商可以垄断分析软件，而如今在一个关于创业公司信息的主要数据库（例如 CrunchBasc）上就列有 851 家开发分析软件的初创公司，多数分析师都更加喜欢开源分析方式而不只是流行的商业软件。

音频

大数据的现代分析原则

1.3.1 大数据的现代分析原则

大数据时代，企业运转的节奏呈指数级加速，如果还是像过去那样花不少时间才实施一个分析预测模型，企业就会被市场淘汰。其次，因为没有任何一家厂商能够满足所有的分析需求，企业搭建起通过开放标准连接在一起的基于各种商业和开源工具的开放分析平台。相应的，组织必须定义一个独特的分析架构和路线图，以支持现代组织和经营战略的复杂性。

如今的商界正在打造下一代业务模式——商业 3.0 时代，即侧重自上而下的自动化、基于事实的决策、执行和结果（见图 1-25）。这九条分析原则自下而上地重塑分析方法，为组织绘制了一条通向分析方法的转型和成熟的道路。

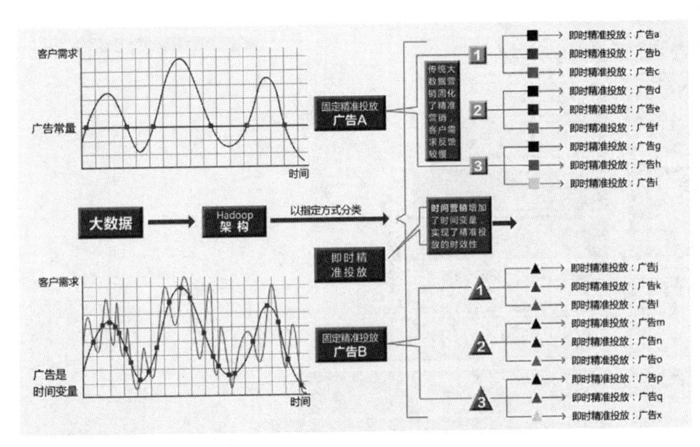

图 1-25　大数据时代的广告精准投放

为了增强自己的竞争优势，企业必须为自己的商业战略建立一个独特的分析路线图，以产生一些新的推动力，实现从信息时代向下一个新时代的转型，这是业务升级实现繁荣的关键因素。这个独特的分析框架还可以让企业系统性地识别各种机会，发现商业中的隐藏价值，这与其特定的商业策略和目标是一致的。

为此，大数据分析专家提出了九项核心原则作为建立现代分析方法的基础，这九项原则是：

①实现商业价值和影响——构建并持续改进分析方法，以实现高价值业务影响力。

②专注于最后一公里——将分析部署到生产中，从而实现可复制的、持续的商业价值。

③持续改善——从小处开始进而走向成功。

④加速学习能力和执行力——行动、学习、适应、重复。

⑤差异化分析——反思你的分析方法从而产生新的结果。

⑥嵌入分析——将分析嵌入业务流程。

⑦建立现代分析架构——利用通用硬件和下一代技术来降低成本。

⑧构建人力因素——培养并充分发挥人才潜力。

⑨利用消费化趋势——利用不同的选择进行创新。

1.3.2　原则 1：实现商业价值和影响

音 频

原则 1：实现商业价值和影响

现代分析方法的原则之一，就是聚焦分析那些具有潜在的改变组织游戏规则价值的项目。要保证组织能够实现价值，需要评估目前的状态来确定基线，并设定初始的、可以量化的和持续的业务目标。例如，目前的收入是每年 1 亿元，复合增长率是 4%。初步设定实现 15% 的新增收入，并且希望未来每年贡献 10% 的新增业务收入。

这样的指标可以很容易地识别和衡量，而那些潜在的指标在识别和衡量上就有一定难度，需要确定商业决策通常是由哪些因素决定的。首先要衡量这些因素的影响，然后有目的地建立对业务有直接影响的指标。过去，公司常常只是想有一个收益指标或者是一个运营成本指标，而如今，成熟的分析型组织通常会建立起兼顾资产负债表两头的衡量标准，即实现收益增长的同时必须有效地控制成本。

精明的企业可以通过逆向思维找到潜在的分析机遇（见图 1-26）。

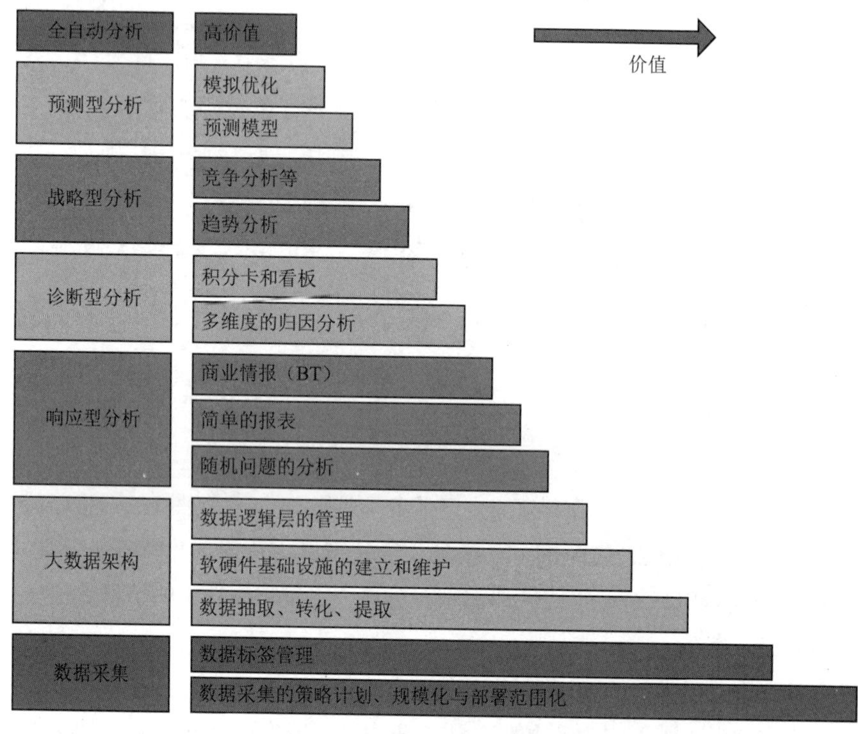

图 1-26　数据分析框架

通常情况下，在一个行业或公司内最难以解决的、根深蒂固的问题长时间存在，员工们已经把这些问题看作是工作中最难改变的限制条件。然而，在过去看似不可能解决的问题，其壁垒可能已不复存在，从瓶颈中释放出来后通常会创造出大量的商业价值。分析驱动型的组织敢于打破条条框框，并在他们所面临的行业或企业中寻找出最具挑战性的问题。要做到这一点，就将开始确定如何通过创新数据、技术手段来解决或减少这类问题。例如分析团队会寻找潜在的新资源——数据、共生关系的合作者或技术来帮助他们实现业务目标，而不是使用样本或回溯测试来找到解决方案。

要在最初和一段较长时间内实现商业价值，需要将分析应用到生产，在任何分析展开之前验证分析模型结果的准确性。以往这项研究经常在一个“沙箱”中进行。所谓“沙箱”是使用原始数据的一个有限子集，在一个人工的、非生产的环境中进行演练。但一个十分普遍的现象是：“沙箱”分析模型能够满足甚至超过各项业务测试指标，在实际生产环境中却表现得不尽如人意，所以，要争取在实际实施的环境中对分析模型进行评估。现在，部署是全生命周期分析过程的一部分。一旦所有的潜在技术部署确定之后，在投入生产前要获得批准或程序确认。分析模型部署后，评估最初的业务影响并确定快速方法以便不断改善结果。

音频

原则 2：专注于最后一公里

1.3.3　原则 2：专注于最后一公里

事实上，现实中很少有团队实现了将分析结果部署到生产环境和承诺为组织实现改变游戏规则后的商业价值。为了实现这个终极目标，我们可以进行逆向思维。通过与一线工人交流从战略到执行的每一个细节，了解组织中每一层级、每一天面临的挑战。这些领域的专家能敏锐地意识到制约他们成功的问题，清楚地认识到取得成功的代价。有了这样的认识，就为你的分析方法建立起量化的、远大的目标。例如：

(1) 要获得的企业目标价值是多少？

①收益提高 3%？

②库存每年节省 1 000 万元？

③部署的第一年总费用节省 1 亿元？

(2) 业务预期的服务水平是什么？

①隔夜重新评估信用等级？

② 5 分钟内完成投资组合评价？

(3) 运作模式是什么？

①如何将模型运用到生产？

②这个分析模型需要与其他业务系统结合吗？如果需要，操作流程和决策如何改变？

③分析模型是否由其他商业系统引发？

④这个分析模型部署在一个地点还是多个地点？

⑤是否有跨国或本地的要求？

⑥模型更新的频率是多少？

(4) 什么是衡量商业影响的关键成功因素？

①如何衡量成功？

②什么是失败？

③团队要经历多长时间才能取得成功？

(5) 什么是模型的准确性？

①模型准确性是否“足够好”可以马上实现商业价值？

②模型需要多少改进以及在什么时间改进？

传统上，一个团队的定量分析师、统计人员或数据挖掘人员负责模型的创建，而第二个团队，通常是信息技术团队来负责生产部署。因为这往往会跨越组织边界，所以有可能在模型创建和模型部署或评分之间存在较长时间的滞后和割裂。这两个团队必须像一个团队一样发挥作用，即使组织边界存在且会持续下去。完整的生命周期方法可以使这两个团队进入合作状态，要求分析方法不仅仅是创建和评估初始分析模型，还要涵盖分析模型的实际生产部署和为了实现企业的经营目标而持续地重新评估。

运用现代分析方法，团队专注于提供快速的结果，而不是等待打造出“完美的”分析模型。他们通常以概念性验证或原型开始，虽然项目范围有局限，但是可以帮助团队加快实现商业价值。他们迅速完善并改进概念性验证或原型，使其可以进行生产部署，取得系统性的收益。

音频

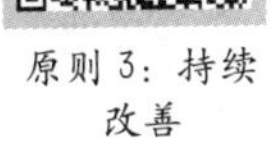

原则 3：持续改善

1.3.4　原则 3：持续改善

持续改善，即在生产活动中不断提高，其核心是：

①从小处入手。

② 去除过于复杂的工作。

③进行实验以确定和消除无用之处。

重点在于快速实现价值。测试和学习可以带来许多小的改进并通向最终目标，这与花费较长的开发周期建设“完美”模型的现状形成鲜明的对比。构建和部署分析方法是十分复杂的定制项目，涉及多个不同的功能领域。现代分析团队要转变传统分析方法，消除项目周期中不必要的耗时步骤，这有助于提高在将商业反馈纳入流程的过程中的灵活性和响应能力，从而改善结果。

有持续改善作为指导原则，现代分析团队可以立即构建、部署模型，然后在很短的周期内提高模型在分析和信息技术方面的应用，从而不断地提供商业价值。因此，分析团队经常使用混合型敏捷或快速应用开发方法来缩短周期，降低与跨部门团队合作的障碍。

音频

原则 4：加速学习能力和执行力

1.3.5 原则 4：加速学习能力和执行力

现代分析团队需要通过新的组合的方法、工具、可视化以及算法来揭示不断增长的数据中的模式。通过尝试新的事物，将一个产业和问题的经验运用到完全不同的另一个产业和问题中去，现代分析团队将加快学习过程并创造出新的商业价值。但是，要孵化通过实验进行创新的水平，必须培养容错文化以便不断鼓励学习和改进。

例如，随着数据量的增加，分析团队从局限的、仅依靠统计的方法转移到有预测性的、机器学习的方法，这样可以完全利用所有数据。随着数据的剧增，应注意基础工具和基础设施需要尽可能减少数据的移动来实现商业目标。

根据行业标准，一个分析师 60% ~ 80% 的开发时间将花在数据的准备和加工上。分析工作中，前期的手动数据加工应尽量减少，取而代之的是：数据准备工作实现自动化，这也可以作为分析过程的一部分进行处理。且与企业加快发展步伐并在竞争中领先的需求相吻合。组织尽可能建立近乎实时学习的能力是一个越来越强的发展趋势。现代商业世界需要这样的能力，即能够实时发现规律并迅速采取措施，然后继续挖掘更深刻的洞察来改进下一周期。

音频

原则 5：差异化分析

1.3.6 原则 5：差异化分析

企业力求将推向市场的产品、客户服务和运营过程组合起来创造差异化竞争。分析可以通过简单地提供可比较的竞争分析洞察来支持每项独立活动。或者，也可以用来高度差异化竞争策略，这也许意味着成为一个先行者——第一个在行业中使用分析方法，也可能意味着你的分析方法或你将分析部署到生产环境中的速度是差异化的。

许多企业在市场上观察并尝试学习其他企业的竞争格局。然而，这种典型的山寨做法通常意味着将自己置于市场的次要位置而不是领先地位。相反，要分析领导型企业并观察其他行业，思考他们如何使用分析方法。通过借鉴其他行业的问题，并与其所处行业的问题进行类比，发现其他公司是如何使用分析来解决问题的。他们开始寻找组织之外的新数据和方法，结成新的共同联盟以获得有利于组织的数据和方法，在行业或业务问题上应用新知识。要做到这一点，他们要超越自己的团队、部门或地域范围，找机会与其他数据和流程整合，建立对组织影响更广泛的分析解决方案。需要摒弃一直以来所遵守的约束规则，并找到新的方法来激发创新性分析。他们利用可用的组合分析方法的全部来创造改变游戏规则的价值，这不只是创建预测，而是用自己的预测模型并通过优化预测模型确定最佳行动方案，以达到系统的最佳执行状态。通过这样持续不断地驱动最佳的行动方向，帮助他们实现差异化竞争优势。

音频

原则6：嵌入分析

1.3.7 原则6：嵌入分析

按需分析或专案分析是被偶尔执行的分析模型，它提供一次性洞察来帮助人们决策并采取行动。尽管这种方法是有用的并提供了价值，却由于人工交互而速度缓慢。例如，过去金融交易员通过交易大厅的桌面工具来理解复杂的金融市场的相互依存关系。该工具会产生一个时点的市场状况，交易员用这些信息决定买或卖。如今，资本市场由“算法交易”主导，这是一个在桌面工具中体现了新一代算法的复杂程序，可以自动进行交易。淘汰人为交互和在复杂的金融市场中嵌入分析消除了整个系统中的摩擦。当分析模型内置于流程中，就可实现可重复性和可扩展性，这种强制性的执行带来了不可估量的市场商业价值。

音频

原则7：建立现代分析架构

1.3.8 原则7：建立现代分析架构

经过数十年的发展，分析架构经历了从独立的桌面到企业级数据仓库再到大数据平台的实质性转变。高性能计算环境，如集群和网格曾经被认为是专业环境，正逐渐演变成为主流的分析环境，这在全球的数据中心创造了一个综合的硬件和软件财富。该模式正朝着全面建设精简分析架构的方向转变，基于简单性和开放标准，充分利用便宜的硬件和开源软件，降低架构成本，提供平台的可扩展性和创新性（见图1-27）。

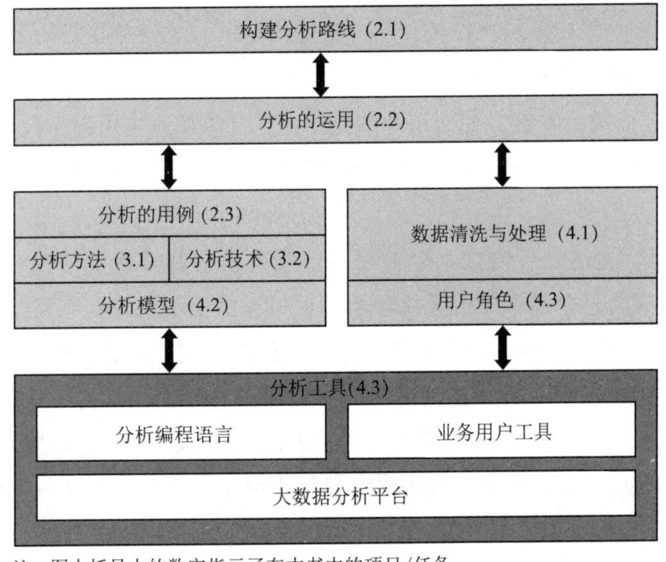

注：图中括号内的数字指示了在本书中的项目/任务

图1-27 现代分析框架

这一创新支持数以千计的计算和数据密集型预测模型在生产部署上的执行，且具有不同的分析和服务水平需求的大型用户群。建设、管理和支持实现这些需求的生态系统意味着需要集成许多不同的硬件和软件产品，包括开源和专有的。即使只有一个单一的供应商，由于软件版本和并购，产品也常常不能无缝集成。精简分析架构使用私有的硬件解决方案，这些解决方案有着独特的价值，同时架构坚持开放性原则，提供可以与其他解决方案进行集成的接口。这种精简降低了复杂的管理和维护成本，同时为分析以及从数据中发掘洞察创造了效率。

音频

原则 8：构建人力因素

1.3.9 原则 8：构建人力因素

随着分析领域逐渐成熟，分析在组织中的应用广度和影响范围有所增加。在一个企业中，不再只有一个类型的角色需要建立、使用和理解分析方法。相反有多个角色或身份，各有不同的技能和责任。深谙分析的组织在组织中建立人力资源，了解他们现在有什么技能和人才，以及需要什么样的技能和人才来实现业务目标。各种角色和技能对业务的贡献不同，而且所有的技能对实现业务目标都很重要。当技能存在缺口时，这些组织就会通过培养个人或团队来提升效率。分析角色重视新知识，这是保持稀缺资源的关键。通过拓宽和提升兴趣、意识和专业分析技能，可以保持团队参与感并激发创新性。

作为一群特殊的分析人才，数据科学家（数据工作者）在计算机科学（软件工程、编程语言和数据库技术）、分析（统计、数据挖掘、预测分析、仿真、优化和可视化技术）和特定领域（行业、功能或流程的专业知识）有深厚的专业知识。人们越来越认识到，数据科学家实际上是一个团队，他们共同扮演数据科学家的角色。这些团队通常包括少数跨学科的数据科学家，他们同时也是高层领导。对于成熟的分析型组织，这是显而易见的，并反映了它们成长为分析型成熟组织的过程。

音频

原则 9：利用消费化趋势

1.3.10 原则 9：利用消费化趋势

信息技术的消费化在市场上势头正劲。当今的消费化有几种形式，其中包括“应用商店”（APP）、众包和“自备”（BYO，Bring Your Own）。

具有分析应用程序的 B2B 应用商店和市场正不断涌现。有些应用程序属于受众窄且分散的案例，如信用评估模型；也有些其他应用程序则是更全面的端到端的案例，如多渠道营销模型。尽管没有哪个案例是 100% 契合，但可以作为加快理解和降低成本的起点。

众包是一种外包，通过这种方式，企业可以征集来自在线社区的建设性意见，以执行特定任务。众包分析模型或算法对于很难或无法负担的项目提供了利用外部专家的机制。

BYO 自助服务时代已经来临，分析专家正迫不及待地使用他们喜欢的工具、数据源和模型而不是标准的信息技术或指定的工具。虽然信息技术通常出于成本和易支持性的考量，力求标准化和整合供应商及工具。但是分析人士通常重视其他方面的考虑，比如用户接口的易用性、编程接口的灵活性和分析模型的广度。出于这种需求，已经出现了以下三种自助服务的方式：

①自备数据（BYOD）：（带上自己的数据）是一种可以让组织结合自己的非竞争性数据来发现规律，并从新的丰富数据源中发现深刻见解的方式。

②自备工具（BYOT）：（带上自己的工具）是一种混合搭配开放源代码和专有技术工具的方式，以处理具体的服务水平协议的要求。

③自备模型（BYOM）：（带上自己的模型）是一种利用应用商店和众包导出价值的方式。

实训与思考　熟悉大数据规划方法

ETI 公司的高级管理委员会调查了公司的财务衰退状况，认识到如果战术层的管理者能够有更清醒的意识，可以提早采取措施来避免损失，许多问题本可以早些检测到。这种提前警醒能力的缺乏是由于 ETI 未能察觉市场动态已经发生变化。同时，ETI 缺乏欺诈检测系统这一缺陷也被不道德的客户甚至是有组织的犯罪集团所利用。

高管团队向行政管理团队报告了他们的发现，接下来，为了实施之前制定的战略目标，一套新的公司转型与创新优先顺序被制定，它们将被用来指导和分配公司资源，产生将来会提高 ETI 盈利能力的解决办法。

考虑到转型，将会采用新的业务流程模型，来记录、分析和提升业务处理。新的业务流程管理系统（BPMS）是一个流程自动化框架，保证流程的持续和自动化执行。这会帮助 ETI 展示法规遵从性。使用 BPMS 的另外一个好处是业务处理的可追踪性，使得追踪哪位员工处理了哪项业务成为可能。比如某个欺诈性业务可能追踪到试图破坏公司规定的内部员工。换句话说，BPMS 不仅仅会提升满足外部法规遵从性的能力，还会加强 ETI 内部操作流程的管控。

风险评估和欺诈检测的能力将会由于新型大数据科技的应用而获得提升，而这些大数据科技能够产生相关分析结果，帮助做出基于数据驱动的决策。风险评估结果将会通过提供风险评估度量的方式来帮助精算师减少他们对于直觉的依赖。此外，欺诈检测的输出将会被引入自动索赔业务处理流程。欺诈检测的结果同样将被用来将可疑的索赔引入有经验的索赔调整器。

ETI 的决策者们做的最后一个决定是：创建一个新的负责创新管理的组织角色。

现在，决策者和高级管理团队相信他们已经解决了组织协调问题，形成了合理的计划来采用业务流程管理条例和科技，并成功地使用了大数据技术，旨在提升感知市场的能力，因此会更好地适应不断变化的环境。

请分析并记录：

（1）通过调查，ETI 高级管理委员会认识到公司的哪些问题“本可以早些检测到”“本可以提早采取措施”？这种提前警醒能力的缺乏，原因是什么？

答：____

____

____

____

（2）为了实施公司的战略目标，高管团队需要制定一套新的公司转型与创新优先顺序，他们采取的措施是什么？

答：____

____

____

____

（3）ETI 的决策者们最后做了一个决定，请简单阐述并分析这一决定。

答：____

实训总结

教师实训评价

【作　业】

1. 提出大数据的现代分析原则，下列（　　）不是需要考虑的因素。

A. 大数据时代，企业运转的节奏呈指数级加速，需要迅速建立和实施一个分析预测模型

B. 企业需要寻觅一家技术企业以建立统一、完善的分析平台

C. 企业搭建起通过开放标准连接在一起的基于各种商业和开源工具的开放分析平台

D. 企业必须定义一个独特的分析架构和路线图，以支持现代组织和经营战略的复杂性

2. 一个基于九项核心原则的方法成为建立现代分析方法的基础，但下列（　　）不是这些原则之一。

A. 实现商业价值和影响　　B. 专注于最后一公里

C. 加速学习能力和执行力　　D. 标准化统一分析

3. 一个基于九项核心原则的方法作为建立现代分析方法的基础，但下列（　　）不是这些原则之一。

A. 持续改善　　B. 嵌入分析　　C. 组合应用　　D. 差异化分析

4. 现代分析方法的原则之一就是（　　）那些具有潜在的改变组织游戏规则价值的项目。

A. 聚集分析　　B. 持续改善

C. 嵌入分析　　D. 差异分析

5. 精明的企业可以通过逆向思维找到（　　）分析机遇，解决那些在过去看来不可能解决的问题。

A. 现成的　　B. 不存在的　　C. 潜在的　　D. 丢失的

6. 在现代分析环境中，所谓“沙箱”是（　　）。

A. 装满沙子的实验箱　　B. 使用原始数据的一个有限子集

C. 一个人工的生产环境　　D. 标准的分析软件环境

7. 现实中（ ）团队实现了将分析结果部署到生产环境和承诺为组织实现改变游戏规则后的商业价值。

A. 没有　　B. 一些　　C. 许多　　D. 很少有

8. 持续改善，即在生产活动中不断提高，其核心不包括（ ）。

A. 增加产量，团结员工　　B. 从小处人手

C. 去除过于复杂的工作　　D. 进行实验以确定和消除无用之处

9. 通过尝试新的事物，将一个产业和问题的经验运用到完全不同的另一个产业和问题中去，现代分析团队将（ ）并创造出了新的商业价值。

A. 增加更多人手　　B. 加快学习过程

C. 联系更多专家　　D. 组织更多活动

10. 在现代分析活动中，企业力求将推向市场的产品、客户服务和运营过程组合起来创造( ) 竞争。

A. 一致性　　B. 统一性　　C. 差异化　　D. 完全性

11. 经过数十年发展，分析架构经历了从独立的桌面到企业级（ ）的一个实质性转变。

A. 数据仓库再到大数据平台　　B. 大数据平台到数据仓库

C. 大数据平台到数据挖掘　　D. 数据挖掘到数据仓库

12. 在现代分析活动中，“数据科学家”实际上是一个（ ）。

A. 专家　　B. 英雄　　C. 领导　　D. 团队

13.BYO 自助服务时代已经来临，但以下（ ）不属于现代分析活动中的自助服务方式。

A. 自备数据　　B. 自备资金　　C. 自备工具　　D. 自备模型

项目 2

分析应用与用例分析

任务 2.1 构建大数据分析路线

音 频

构建大数据分析路线

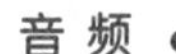

导读案例：大数据时代，别用“假数据”自嗨

导读案例 大数据时代，别用“假数据”自嗨

2008 年全球金融危机后，德、美、日、中等国家都不约而同地制订了振兴制造业的国家战略。虽然各国战略的侧重点不同，但通过物联网、大数据等技术，实现赛博世界（Cyberspace，指在计算机以及计算机网络里的虚拟现实）与物理世界深度融合，提升制造企业的竞争力，却是这些国家战略的共同目标。

世界著名的未来发展趋势学者，牛津大学教授维克托·迈尔·舍恩伯格在 2012 年出版的《大数据时代》中前瞻性地指出：“大数据带来的信息风暴正在变革我们的生活、工作和思维，大数据开启了一次重大的时代转型，将带来大数据时代的思维变革、商业变革和管理变革，大数据是云计算、物联网之后 IT 行业又一次颠覆性的技术革命。”

舍恩伯格还说：“大数据时代将改变商业与管理模式，大数据的分析将会使决策具有信息基础，大数据能令决策更准确，比以前更加明智”。

对于中国广大制造型企业（见图 2-1）来讲，在竞争激烈、成本飙升的经济转型困难期，利用大数据等先进技术，充分挖掘企业内部潜力，对各类数据进行及时采集、科学分析，将是企业从粗放管理成功转型升级的一条有效途径。

图 2-1　制造业

数据真实是前提

马云说：“数据是生产资料”，但数据的准确真实是前提。为此，DADA 模型指出：“基于准确真实的数据，通过各种算法进行数据处理与分析，然后根据分析结果和所需目标，找出最优的解决方案，即决策。最后是按照科学的决策进行精准的行动，形成闭环的迭代过程。”在这个模型中，如果数据不准确、不真实，得到的决策就不可能科学，就不能很好地应用于实际工作。

但在制造企业实际的运营过程中，由于习惯、技术手段等限制，很多场景下的数据都是靠人工汇报等形式进行采集，这就必然存在数据不及时、不客观、不准确、不全面等情况发生。这种情况下得出的结论往往是偏差的，甚至是错误的，不仅不能解决问题，反而增加了问题的复杂度与不确定性，很难看清问题所在，更谈不上科学管理了。

管理大师德鲁克说:“你无法度量它，你将无法管理它”。即便是拥有很多数据，即便是花费了大量人力物力，如果数据不准确，管理仍然是不科学，企业竞争力也就难以提升。

引以自豪的“假数据”

在传统管理模式下，往往因为数据的不准确、不真实而误导了管理者的判断和决策。某坐落于我国工业重镇武汉的大型国有企业，近年来企业发展快速。看到繁忙的生产车间，企业的李总感到非常满意，并常常自豪地向来宾介绍他们快速增长的业绩与各类先进的软硬件系统设备。

第一次与兰光创新技术团队进行交流时，李总提到他们的设备有效利用率（OEE）都在60%以上。兰光创新的售前经理非常惊讶，因为在多品种、小批量的离散制造企业，即便是管理非常精细的日本，也很难超过80%，欧美国家能达到70%就算是很优秀了，国内一般企业的OEE大多徘徊在30%～40%之间，这是兰光创新实施四万多台数控设备后的统计结果。

当获知这些数据都是统计员人工统计的时候，经验丰富的售前经理就猜到了大概的原因。几个月后，兰光创新为他们实施了设备物联网系统，通过该套系统可以实时、自动、准确地采集到每台设备的状态，包括开关机、故障信息、生产件数、机床进给倍率等众多详实信息，每台设备都处于24小时全天候的监控过程中，企业管理者可在办公室随时查看设备状态、任务生产进度。

同时，通过系统的大数据分析功能，从海量数据中分析出各种图形与报表，设备的各种数据、运行趋势、异常情况一目了然，管理者可以很好地进行生产过程实时、透明化管理。

数据精准，提效明显

项目实施完成后不久，当李总从系统查看设备利用率时，脸色突然变得异常难看。原来，他查看到的设备平均利用率只有36.5%，和他之前设想的60%有巨大的偏差！经过耐心解释，李总终于明白了原因:这个数据才是准确的，系统已经将调试、空转、等待、维修等无效时间全部去除，体现的是机床真正的切削时间，36.5%才是企业真实的设备利用率！而以前人工统计的时间比较粗糙，只是记录了加工开始与结束时间，期间大量的等待、调试等时间也被计算在内，而这些时间，恰恰是企业可以通过管理或技术手段进行压缩的，是企业挖掘潜力之所在。

系统运行一年后，当工程师回访时，李总高兴地说:“现在，我们的设备利用率已经平均达到60%以上了，比去年提升了65%！统计科由原来的4人减少到了1人，并且这个人也不用现场统计，所有的数据全是系统自动采集，他只负责每周将统计分析的结果整理汇报，工作也高效多了。”最后，李总感慨地说:“这套软件系统让我对生产过程‘看得见、说的清、做的对’，对我们的生产管理帮助非常大!”

结语

从李总由衷的感慨中，我们真切地感受到，工业4.0与智能制造的浪潮已经来临，制造企业应该充分发挥设备自动化、管理数字化的优势，积极借鉴工业互联网、大数据技术等先进理念，将决策建立在准确、真实的数据基础上，避免以前在“假数据”基础上进行管理的尴尬现象。只有这样，管理与决策才是科学有效的，企业才会有更强的竞争力，企业才能转型成功。

大数据应用，应从“真数据”开始！

资料来源：朱铎先，兰光创新，2020-1-5

阅读上文，请思考、分析并简单记录：

（1）文中提及：“实现赛博世界与物理世界深度融合，提升制造企业的竞争力”，请通过网络搜索，进一步了解“赛博世界”的内涵。请简单描述，什么是“赛博世界”？

答：＿＿＿＿＿＿＿＿＿＿＿＿＿＿＿＿＿＿＿＿＿＿＿＿＿＿＿＿＿＿

（2）请分析，文中所述的“假数据”是怎么产生的？

答：＿＿＿＿＿＿＿＿＿＿＿＿＿＿＿＿＿＿＿＿＿＿＿＿＿＿＿＿＿＿

（3）请阐述：大数据时代，如何才能保证数据精准，避免“假数据”自嗨？

答：＿＿＿＿＿＿＿＿＿＿＿＿＿＿＿＿＿＿＿＿＿＿＿＿＿＿＿＿＿＿

（4）请简单描述你所知道的上一周发生的国际、国内或者身边的大事：

答：＿＿＿＿＿＿＿＿＿＿＿＿＿＿＿＿＿＿＿＿＿＿＿＿＿＿＿＿＿＿

任务描述

（1）了解商业竞争从 1.0 到 3.0 其中的发展轨迹与进步成果。

（2）熟悉什么是分析路线，如何创建一个独特的分析策略？

（3）了解利用分析手段设计、建立自己独特的分析路线图的 8 个步骤。

知识准备

即将到来的是一个崭新的更加智能的自动化时代，新一代的信息化应用会利用从聪明的大脑中得到的知识，与大量数据结合，快速地综合复杂的因素，并且识别出预测或规划最佳行为的模式。现代的大数据分析会紧密结合主要和次要的商业战略，同时具备主动调整的特性，使企业实现“飞跃”，或者以一种具备行业或企业特色的方式更快、更智慧地发展。

音 频

什么是分析路线

2.1.1　什么是分析路线

商业竞争的 1.0 时代是传统的围绕企业之间开展的竞争，表现为谁家的产品好、营销强、渠道多等。这时，企业就好比一个有机体，企业间的竞争本质上还是一维竞争。

升级为产业链之间的竞争，就进入到 2.0 时代，这时的整个产业链效率更高、反应更快。中国制造业能够处于全球领先地位，关键在于国内和出口市场规模巨大，产业链规模优势极为明显：成本低、速度快、覆盖全，这就好比是种群间的竞争。从单体的竞争升级为种群间的竞争，是二维竞争。

3.0 时代是三维竞争，类似为群落间的竞争、甚至是生态系统间的竞争（见图 2-2）。例如淘宝的 C2C、B2C 生态强调种类繁多，京东的“京东到家”将社区店卷入，与之构建 B2C 生态，强调体验和物流，突显 1 小时送达——竞争仍在角力中。企业如果不能尽快转型、布局生态，就很有可能被其他生态系统吃掉。

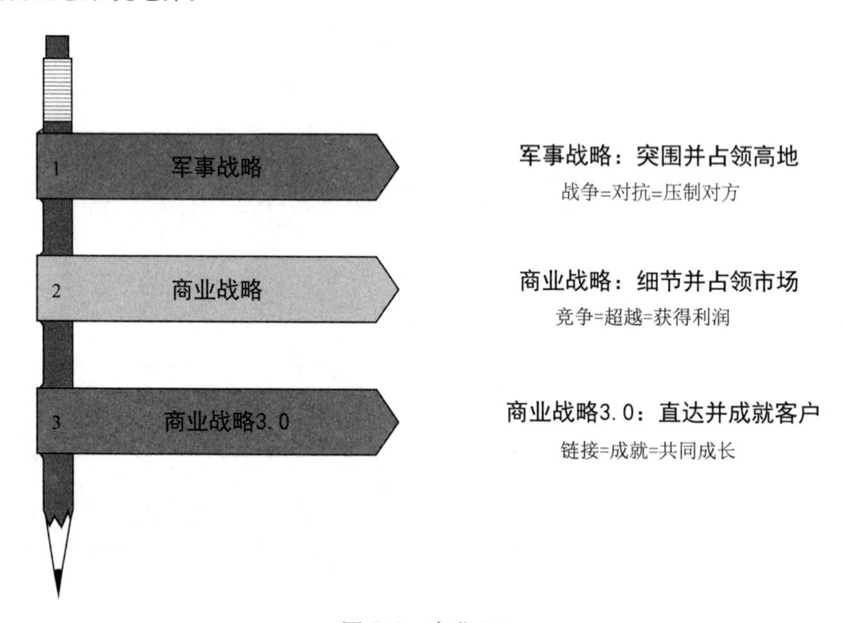

图 2-2　商业 3.0

1. 商业竞争中的沃尔玛

在竞争 1.0 时代，沃尔玛不断提升企业自身经营效率，努力做到极致。1969 年，沃尔玛成为最早采用计算机跟踪库存的零售企业之一；1980 年，沃尔玛最早使用条形码技术提高物流和经营效率；1983 年，沃尔玛史无前例地发射了自己的通信卫星，随后建成了卫星系统。

不仅如此，沃尔玛在提升自身能力的同时，也与上下游企业共同构筑产业链竞争力，进入竞争 2.0 时代。1985 年，沃尔玛最早利用 EDI（电子数据交换）与供货商进行更好的协调；1988 年，沃尔玛是最早使用无线扫描枪的零售企业之一；1989 年，沃尔玛最早与宝洁公司等供应商实现供应链协同管理。

可以看出，在每一个历史阶段，沃尔玛总是扮演了先进生产技术领先应用的典范。沃尔玛依托自身规模与制造商形成低价战略，依靠自身的物流和信息流构建卓越的供应体系，成为那个时代的巨无霸。

进入竞争 3.0 时代，沃尔玛（见图 2-3）却被阿里的电商业务超越了，这就是商业生态系统与产业链之间的竞争。沃尔玛在新时代面前，高维打低维（三维打两维），曾经的优势不再，结果也不言自明。

图 2-3　沃尔玛超市

沃尔玛企业的发展之路在现实社会中并不少见。我们经常可以看到，很多企业，特别是同一个行业的企业，他们生产类似的产品，甚至使用相同的工艺流程，但是，他们中间有一些企业成功了，而有的却停滞不前甚至干脆破产。我们感兴趣的，是那些成功企业做了什么从而创造了独特性，并且他们是如何做到这一点的。“What（什么）”描述了他们的经营战略，而“How（如何做）”或者说是他们业务战略的运营执行创造了他们在市场上的价值主张。成功企业执行上的差异优势创造了独特的价值主张，形成了可持续的差异化竞争。

2. 创建独特的分析路线

企业试图通过组织中有序的执行来创建独特的优势。然而，全球市场正朝着比历史上任何时候都更快、更复杂的方向发展。当企业处于越来越多的数据和决策的“围城”之中时，如何寻找一个可持续发展的优势呢？企业可以量身定制其分析战略来支持他们独特的经营策略，以帮助实现业务目标；可以利用数据，或者转向更快的基于事实的决策执行。

要创建一个独特的分析策略，企业必须充分利用各种资源、专业知识和技术来创造出独特的分析路线图，推动其进入分析快车道，加速企业独特经营策略的运营执行。要创建一个独特的分析思路，企业需要突破条条框框，并确定如何利用分析来加强竞争优势。

如今，分析应用还处于起步阶段。要释放一个企业分析技术的全部潜力，需要商业与技术在资产和能力上都匹配的系统发现方法，在发现的过程中考虑如何应用各种能力。

（1）业务领域。考虑如何将分析应用到一个新的业务领域或问题中。第一代的分析在客户与营销分析、供应链优化、风险和欺诈等业务领域获得了成功的应用。如今，随着第二代更强大的分析功能的问世，企业的各个方面都有利用分析的机会，如销售、市场营销、运营、分销、客户支持、财务、人力资源、风险、采购、合规、资产管理等，这意味着组织的每一项工作都可以从分析洞察中获益。企业核心价值主张中最重要的业务领域——“重大”和“微小”的基本策略，将从定制分析中获益最大，量身定制的分析将巩固独特的业务战略的运营执行。对于其他业务领域，市场上已经存在的分析解决方案可用于驱动非核心业务的竞争价值。这种组合为组织提供了一个独特的分析路线图（定制开发和购买的分析解决方案的组合）来巩固其独特的业务战略。

（2）数据。考虑利用新的数据源来充实我们的分析洞察力。分析策略需要帮助企业超越自身的“围城”——利用企业传统事务处理系统以外的新兴数据源，丰富企业创造新的、高价值的洞察能力，同时驱动整个企业增长收入、降低成本，而不仅仅是在商业的某一领域。

当前的问题不是“如何利用已有的数据”，而在于“我想知道通过什么以及如何利用洞察力来增加企业的价值”。利用新的、强大的数据源很重要，但也要抓住机会通过已有信息点的连接来推导无法获得的信息。通过这些丰富的新数据组合，企业能够获得更加显著的商业价值。

（3）方法。考虑采用创新的分析方法来发现新的模式和价值，发现和利用隐藏的模式。数据科学家是新一代的多学科科学家，他们剖析问题，用科学的方法采用分析技术的独特组合来发现新的模式和价值。数据科学家不是将问题仅仅看成简单的统计问题或运筹学问题，而是要理解业务问题并应用分析技术的正确组合（例如，数据挖掘加上仿真和优化）来解决问题和推动组织的巨大商业价值。但是，很难找到具备所有这些技能的个体，更常见的是找到一个数据科学团队——具有来自数学、统计、科学、工程、运筹学、计算机科学和商学的混合技术、经验和观点，这些奇思妙想和团队间的密切合作产生了一种独特的方法来解决问题。这样的团队不仅存在于互联网企业，如谷歌和脸书等，而且还存在于大型银行、零售商和制药公司等。

（4）精准。考虑如果能够识别个体（人、交易或资源）而不是群体，那么会实现什么样的额外价值？精准或细粒度控制是洞察到个人，而不是群体或汇总数据。例如，从传统的人口细分转化到一个体现精准营销的细分。例如，精准涉及理解某女士的购买行为与其邻居的购买行为是显著不同的，尽管她们的家庭收入和年龄几乎是相同的。该女士的购买行为由她是一个少年的单身母亲这样的事实驱动，而其邻居却是由两个可爱幼儿的祖父母驱动。

更通俗地讲，精准是关于理解人员、流程或事件中驱动个性化行为的独有特点。通过了解个性化的行为，可以更精确地预测未来的行为。

(5)算法。创建或使用尖端的算法来取得优势。算法是一个以特定目标计算结果的步骤的组合。几乎任何你可以想到的问题都能有算法，从最简单的问题（比如求平均值）到复杂的、高度专业化的算法（如自动提取和分析化学位移差的自组织神经网络）。

在那些使用分析方法已经有很长一段时间的行业里，使用新的、创新的而且往往是专业化的算法，有助于推动淘汰竞争对手所需要的增量值。这在金融服务行业的体现最明显，算法交易依赖于高度专业化算法技术的日益成熟。

(6) 嵌入。将分析嵌入到自动化的生产和操作流程中，来系统化我们的洞察，不断改善业务流程。这是用基于分析洞察力的持续执行，来达到实现组织最高价值的目的。通常，嵌入是通过用于评估和改进模型的连续闭环过程或自学习和自适应技术来实现的。通过不断学习和改进过程，来改善通常被认为过于复杂而难以执行的运营活动，但也正是这种技术为组织带来了持续不断的价值。

（7）速度。加快分析洞察力的步伐，超越竞争对手。速度可以让你始终如一地超越竞争对手：当你使用分析速度来驱动洞察时，实际上打造了一个灵活且无摩擦的环境，让你的企业锲而不舍地超越自己的核心价值主张。

总之，独特的分析路线图利用这些方法的正确组合来驱动游戏规则的变革，产生组织的最高商业价值。分析路线图是创建统一、全面视角的关键，使得在不同阶段的分析项目都能够与企业的总体商业战略、目标相匹配。分析路线图形成后，可以作为一个组织的沟通机制。

利用分析手段设计、建立自己独特的分析路线图，可按照 8 个步骤来操作。

2.1.2 第 1 步：确定关键业务目标

音频

第 1 步：确定关键业务目标

分析路线图从一开始就要确定目标，也就是说需要清楚地了解企业的业务目标是什么。这样，分析应用才能够帮助企业实现最终目标。我们使用基本价值原则作为指导来创建一个简单的路线图。

例如：关键工作目标。我们要与一个顾问公司合作，为一家矿业公司完成咨询任务。这家矿业公司的第一原则是运营卓越，第二原则是客户至上。三个关键的业务目标是：

（1）通过运营流程提高效率；

（2）减少浪费；

（3）增加市场的灵活性。

2.1.3 第 2 步：定义价值链

音频

第 2 步：定义价值链

在确定了主要的工作目标后，下一步就是定义公司的价值链。价值链在所有活动中识别出最主要或者最核心的活动，这为关注如何通过分析来增加商业价值提供了一个简便的框架。核心活动是商业项目中必须要使用定制的分析方案提供有竞争差异化的领域。辅助活动是分析的第二优先级领域，其作用仅仅是提供一些判断的依据。辅助活动分析一般采用市场上现成的分析解决方案，其中提供了通用的功能，而不是高价值的分析方案。

例如：采矿业的价值链（见图 2-4）。核心活动主要是勘测、开采、销售、市场营销以及产品运输，辅助活动是一系列业务及后台支持服务。

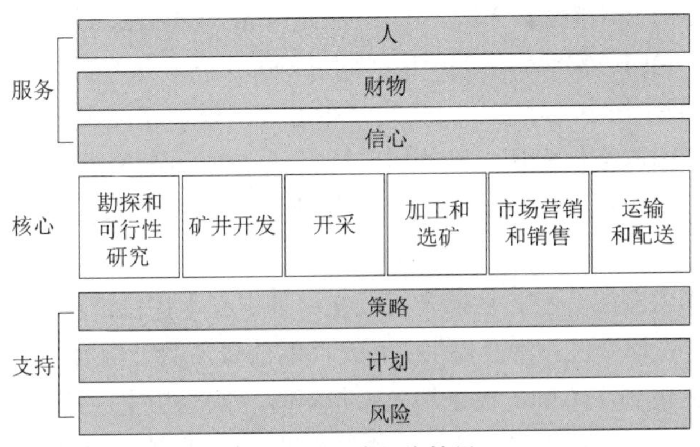

图 2-4 采矿业价值链

当我们把重点原则、重点业务目标和价值链结合在一起时，能够为核心活动创造出有差异化竞争优势的分析路线图。对于核心活动，分析方法需要高度定制以贴合商业流程，而在辅助的商业服务和支持领域，可以采用市场上通用的或现成的分析解决方案。

一个高阶的价值链被确定后，下一步是将价值链分解，直到达到限定的价值链步骤。通常情况下，三层就足够了。

例如：分解采矿业价值链中的核心活动。在采矿业核心活动的分解中，第一级包括项目启动、开采及加工、物流和销售（见图 2-5）。第二级包括勘探以及运输和航运的可行性研究。第三级是进行下一步特定的分解，以便开启头脑风暴，找到可以达成价值链上关键工作步骤业务目标的分析解决方案。

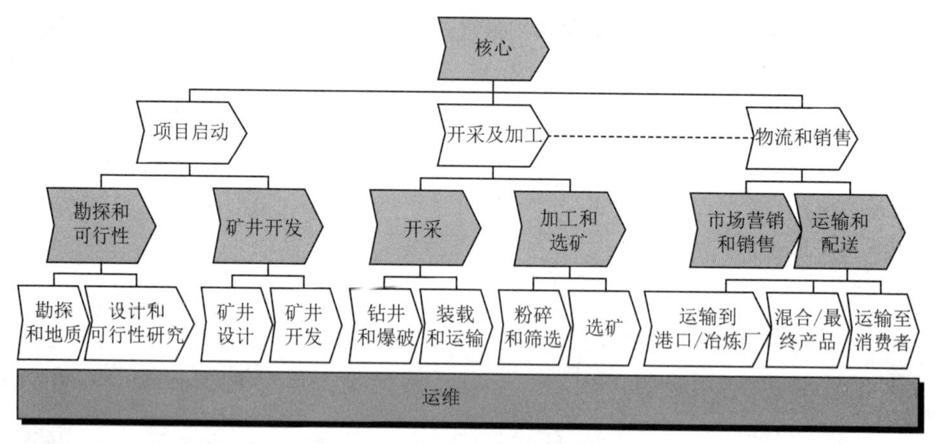

图 2-5　价值链的分解

第 3 步：头脑风暴分析解决方案机会

2.1.4　第 3 步：头脑风暴分析解决方案机会

下一步是集思广益，想出价值链上每一个环节潜在的分析解决方案。价值链的每一个环节上都存在着多种可能的分析方案，包括战略、管理、运营、面向客户和科学。每种类型的分析解决方案在时间跨度、周转时间和部署上都不尽相同。

1. 应用描述

下面是每一类分析应用的描述：

（1）战略。战略分析并不频繁，但这类不经常使用的分析方法通常可以提供高价值，并在线下决策或流程中执行。它们通常对将来的一段时间（例如 1 ～ 3 年）提供预测全景图。

例如：设计战略性网络时，对整个网络的分布进行了分析和优化，以减少资本资产的支出，降低运营成本，并预测由网络扩张所带来的新市场、新需求。网络设计将定期进行评估（例如每年一次或每三年一次），以确定是否需要改进。重新评估不会频繁进行，因为任何改变都将对整个供应链产生影响。

（2）管理。这类不常用的分析方法通常可以在中期规划中提供价值。往往通过半自动或全自动流程实现这类分析。管理分析通常会提供更短时间的前景预估（例如三个月至一年）。

例如：需求规划考虑到了不同的需求输入，包括客户购买历史、库存水平、交货时间、未来的促销活动。更重要的是，预测购买需求并预测整个供应链相应的生产过程和产出。

（3）运营。这类分析方法已经嵌入到公司的流程并作为日常运作的一部分被执行。运营分析适用的范围从实时（现在的）到短期内（今天或本周）。

例如：实时广告定向技术使用流媒体、实时网络、移动数据结合历史购买情况以及其他行为信息来即时在网站上播放有针对性的广告。

（4）面向客户。这类分析方法的价值在于能够提供针对客户的调查，它们的范围也是实时或短期的。

例如：个性化医疗的分析使用个人生物识别技术、相关疾病知识的巨大资源库和匿名患者信息，帮助消费者认识到他们日常的行为对健康产生直接和长期的影响。

(5) 科学。这类分析法通常以知识产权的形式为公司增加新的知识。频率可以是周期性的（每年）或临时的（每隔几年）。

例如：药物发现分析根据已有的药物和疾病相关的信息确定现有药物的新应用。此外，科学分析法还可用于发现在分子水平上治疗疾病的潜在新衍生药物。

2. 分析手段

通过头脑风暴活动，为价值链的每个环节想出不同的分析方法，通过分析来解决不同的商业问题。这一过程中要了解每种分析手段可以帮助解决的问题类型。分析手段包括：

(1) 描述性分析——这类分析手段描述发生在过去的事情。

①发生了什么事？

②为什么会发生？

(2) 预测性分析——这类分析手段利用历史数据并从中发现有价值的联系和洞察，进行未来情况的预测。

① 什么事可能发生？

②什么时候发生？

③为什么会发生？

④如果照此趋势继续下去，会发生什么？

⑤在一些特定特征和可能的结果之间的关系是什么？

(3) 模拟——这类分析手段反复模拟随机事件，借此发现各种结果的可能性。

①还有什么可能发生？

②如果我们改变某些条件，会发生什么？

(4) 规范性分析——这类分析手段评估许多（或者全部）潜在的情况，确定最佳或一组最佳方案，以在各种约束条件下达到给定目标。

①什么是最好 / 最坏的情况？

②什么是最好结果之间的权衡？

③什么是最好的执行计划？

为了获得灵感，现在开始在价值链上每一个环节都探寻问题。探寻的问题包括：

①如果你能……将会怎么样？

②在工作中有什么事你希望今天就知道，而不是未来才知道？

③什么将是一个有益的预警信号？哪些数据将构成预警信号？

④你觉得哪里有隐藏的模式能够使你的公司受益？

⑤尽可能做出最好的决定将使你的公司哪方面受益？

⑥理解可能的最好决定中的权衡将对哪方面有利？

⑦缩小最佳结果的范围将对哪方面有利？

⑧了解各种场景将对哪方面有利？

⑨知道需求多少和哪里有需求将对你哪方面有利？

⑩知道接下来会发生什么将对你哪方面有利？

⑪知道什么是可能发生的最好的情况将对你哪方面有利？

⑫通过连接新的数据和系统你可以学到什么？需要哪些数据？需要整合哪些系统？通过系统

连接这些点的好处是什么？

⑬如何推动新的收入来源？

⑭怎么提高盈利能力？

⑮如何鼓励创新？

⑯什么是可以超越竞争对手的正确投资？

⑰怎么知道什么时候去做……？

⑱如何提高高利润客户的忠诚度？

⑲如何找到更多的客户，并发展成最盈利的客户？

⑳谁是最有可能干……的人？

㉑关于客户的事你有什么想知道，它将有助于你发掘新的商机或给客户提供更好的服务？

㉒什么是做某事的最佳方式？

㉓如果能预测到……你会怎样？

很多著名的头脑风暴技巧都可以帮助激发活跃思维，包括：

①名义群体：是指在决策过程中对群体成员的讨论或人际沟通加以限制，群体成员是独立思考的。像召开传统会议一样，群体成员都出席会议，但群体成员首先进行个体决策。

②定向头脑风暴。

③有引领的集体讨论。

④思维导图。这是一个创造、管理和交流思想的通用标准，其可视化的绘图软件有着直观、友好的用户界面和丰富的功能，帮助有序地组织自己的思维、资源和项目进程。

⑤问题献计献策。

对于参与头脑风暴的团队使用其中的一种或者几种适合的方法。

例如：识别分析解决方案。图 2-6 显示了一个有两个价值链环节的集体讨论会的结果。在这个例子中，我们使用分析应用法的一部分（即战略、管理和运营）来说明，你可以把集体讨论的范围聚焦到部分可能的分析应用，或者也可以全范围使用。

	开采	加工与选矿
战略	• 战略综合规划优化	
管理	• 战术综合规划优化 • 矿井开发规划优化 • 基坑设计优化 • 地质建模 • 灾难恢复规划优化 • 运营训练驾驶舱模拟 • 装载、运输优化 • 矿井效益优化 • 移动设备优化	• 研磨优化 • 粉碎和筛选优化 • 选矿工艺的优化
运营	• 作业调度优化 • 地质矿床模型协调优化 • 装载、运输调度优化	

图 2-6　分析解决方案

2.1.5　第 4 步：描述分析解决方案机会

音频

第 4 步：描述分析解决方案机会

经过集思广益收集所有可能的分析方法之后，下一步就要详尽地阐述每个想法。这通常是对潜在方案的一个简单总结，提到的关键要素能够简洁地解释该想法。关键要素包括：

（1）描述——对于潜在分析解决方案的总体解释。

（2）可以解决的问题——根据经验，这部分总结最好以表格列举潜在可以解决的问题。

（3）数据来源——提供关于方案的数据或数据来源的初始想法。

（4）分析技术——提供关于方案用到的分析技术的初始想法。

（5）对于价值链的影响——对价值链潜在的定性或定量影响的初步总结。

例如：分析解决方案描述。当开始将设想具体化时，一些合并或取消自然会出现。

2.1.6　第 5 步：创建决策模型

音频

第 5 步：创建决策模型

如果时间或预算允许，大多数企业都能够识别很多的潜在分析解决方案。因此，企业需要确定最急需处理的解决方案，拟定一个路线图。一个简单的决策模型可以帮助整个组织和利益相关方同时考虑到不同的决策标准并达成共识。

例如：评价标准。要建立一个简单的决策模型，需要建立可用于评估潜在分析解决方案的评价标准。评价标准可以是严格的定量分析，但通常定性和定量的组合标准往往就可以达到令人满意的效果。每个标准应根据与其他评分标准之间的比较而被赋予权重，从而确定其在整体决策上的重要性（见表 2-1）。

表 2-1　评估标准

评估标准	评估标准的描述	权重
商业价值契合度	解决问题的相关价值主张	35%
行业需求契合度	相关的复杂水平，不确定性（经常与时间成比例），流程之间的相互关系	20%
价值原则契合度	与价值原则的契合度	15%
技术契合度	与解决问题相关的工具和人的能力	15%
数据契合度	数据的相关适用程度	10%
应用能力契合度	解决方案的相关需求和使用	5%

表 2-1 所示的评价标准的样例中，矿业公司为分析解决方案的潜在投资回报率赋予了一个高权重，而为数据可用性赋予了一个较低的权重，因为该公司具有生成或获取新数据的能力。其他组织则可能对标准赋予的权重非常不同。

例如：评估规则。接下来的任务是为评价标准开发一个规则，这为潜在的分析解决方案进行评分提供了一致性。表 2-2 说明了定性的标准是如何被确定的。定量标准通常会基于范围进行评分。需要注意的是矿业公司在现阶段选择使用定性标准评估商业价值，因为它不希望通过执行一个正式的商业计划规定严格的投资回报率，这会减缓整个流程。

表 2-2　评分规则

分数	商业价值契合度	行业需求契合度	价值原则契合度	技术契合度	数据契合度	应用能力契合度
1	没有回报或没有成本、产出或恢复驱动力	众所周知的问题与精确定义的解决方案	只满足三级驱动	无知识	大部分数据来源未知	
2	重要成本、产出或恢复驱动			了解领域知识或技术方法	一些数据来源未知	战略
3		高度复杂性和许多变量	满足二级驱动	存在软件模型	大部分数据来源已知	管理
4	高产出或恢复驱动性	决策具有高度不确定性	只满足一级驱动	存在书面模型	已知或可识别的数据源	
5	高风险 / 回报（产出、恢复或成本）驱动	流程相互关系中高层次取舍	满足一级和二级驱动	软件可用并且不需要开发	已知并且可用的数据源	运营

音 频

第 6 步：评估分析解决方案机会

2.1.7　第 6 步：评估分析解决方案机会

在制定好评分规则之后，可以同利益相关者一起对潜在的分析机会给出评分。可以通过集体共同完成，或通过个人单独评分最后将结果进行合并这样的过程来完成。

例如：得分决策模型。将应用加权标准来确定每个潜在的解决方案的加权得分，潜在的解决方案列表可以按照加权得分的顺序进行排列（见表 2-3）。

表 2-3　分数决策模型

机会	商业价值契合度	行业需求契合度	价值原则契合度	技术契合度	数据契合度	应用能力契合度	总加权得分
研磨优化	5	5	5	2	5	5	4.55
资产维护优化	4	5	5	4	5	5	4.5
库存管理优化	5	3	3	4	4	5	4.05
短期矿井规划优化	4	4	5	2	5	5	4
资产投资优化	4	3	4	4	4	5	3.85
资本资产组合优化	4	5	5	2	3	2	3.85
移动设备优化	4	3	5	2	5	5	3.8
勘探和前期开发投资组合优化	5	4	4	1	4	2	3.8
入库物流优化	3	5	4	4	4	2	3.75
粉碎和筛选优化	4	3	4	2	5	5	3.65
销售机会优化	3	4	4	4	4	3	3.6
人员名册优化	3	5	2	4	5	3	3.6
综合规划优化	2	5	5	5	2	2	3.5
地质统计建模	4	3	3	2	5	5	3.5
市场模拟	5	2	3	4	2	2	3.5
选矿工艺优化	3	4	5	1	5	5	3.5
矿井寿命优化	3	5	5	1	4	2	3.45
场景规划优化	3	5	4	2	4	2	3.45

既然同利益相关者之间已经达成共识，下一步就要考虑预算和时间的因素。为了做到这一点，可以采用以下几种方法：

（1）自上而下法——在这种方法中，管理人员建立一份预算和时间表。例如，一个1千万美元的三年期预算。

（2）自下而上规划——这种方法会审视和评估每一个潜在的解决方案，来建立一个时间表和总预算。

（3）自上而下和自下而上相结合——这种方法会设定一个最大预算和时间表，会调整潜在的解决方案来“契合”预算和时间表。

以下是在一些场景中需要解决的问题清单：

①在整体业务方案中场景的上下文是什么——现状、难题、解决办法？

②场景的目标是什么？

③存在哪些业务问题？

④如果有的话，什么是预先存在的条件、约束和依赖性？

⑤什么是场景的触发器？

⑥如果有的话，什么是瓶颈？

⑦适用的业务规则有哪些？

⑧如果有的话，有什么可被触发的替代方案？

⑨什么是显著的商业结果？

⑩如果有的话，什么是集成点？

⑪在该场景下谁是关键的利益相关者？

⑫包括来自内部和外部的哪些业务部门或利益相关者会受到场景的影响？

⑬什么是经济和运营效益？

2.1.8　第7步：建立分析路线图

音频

第7步：建立分析路线图

利用预算和时间安排的限制，描述高层次解决方案，对于每一个潜在的分析解决方案，可以创建一个关于预算和项目进度的粗略估算。方法之一是使用螺旋方法创建更小范围内的项目，当这些更小范围的项目取得成功后，在这些初步成功的基础上继续进行下一阶段。通过使用这种方法，可以提前开始并完成更多的项目，可以更快地实现业务影响力和总结经验教训。

2.1.9　第8步：不断演进分析路线图

音频

第8步：不断演进分析路线图

独特的分析路线图应该是不断演进的，不断地通过实施并使用分析作为一个战略杠杆来推动业务价值和实现对业务的影响。为了坚定不移地推进这条路线图，需要定期地进行更新和修正。更新的频率取决于你的业务按照路线图的执行速度。如果是一个快速成长的组织，具备一流的执行能力，那么业务的脉搏会跳动得更快，因此需要频繁地更新路线图。当业务需求为了响应市场而不断发生变化时，就可能会影响到路线图，因此需要不断地更新路线图。科技日新月异，而这些变化可能会影响路线图的可行性。在路线图中建立一个闭环的变革管理流程，并一定要与相关团队共享这些变化，使每个人都与路线图的最新状态保持一致。

分析路线图上的每一个项目都具有既定的目标。作为项目实施的一部分，实际业绩和业务影响都要与既定目标进行比较，直到达到或超过目标。生产部署后，应该建立新的目标以推动持续分析的进程。对于任何失败的分析项目，应该对项目失败的原因进行彻底剖析，这样就可以在未来的项目中学习和避免同样的错误。

实训与思考　确定数据特征与类型

ETI 已经确定选择大数据技术作为实现其战略目标的手段，但 ETI 目前还没有大数据技术团队。因此，需要在聘请大数据咨询团队还是让自己的 IT 团队进行大数据训练这两者之间进行选择。最终它们选择了后者。然而，只有高级成员接受了完整的学习，再由他们去训练初级团队，在公司内部继续进行大数据训练。

1. 案例分析

接受大数据学习之后，受训小组的成员强调他们需要一个常用的术语词典，这样整个小组在讨论大数据内容时才能处于同一个频道。其后，他们选择了案例驱动的方案。当讨论数据集的时候，小组成员会指出一些相关的数据集，这些数据集包括理赔、政策、报价、消费者档案、普查档案。虽然这些数据分析和分析学概念很快被接受了，但是一些缺乏商务经验的小组成员在理解 BI 和建立合适的 KPI 上依旧有困难。一个接受过训练的 IT 团队成员以生成月报的过程为例来解释 BI。这个过程需要将信息系统中的数据输入到 EDW 中，并生成诸如保险销售、理赔提交处理的 KPI 在不同的仪表板和计分板上。

就分析方法而言，ETI 同时使用描述性分析和诊断性分析。描述性分析包括通过政策管理系统决定每天卖的保险份数，通过理赔管理系统统计每天的理赔提交数，通过账单系统统计客户的欠款数量。诊断性分析作为 BI 活动的一部分，例如回答为什么上个月的销售目标没有达成等这类问题。分析将销售划分为不同的类型和不同的地区，以便发现哪些地区的哪些类型的销售表现得不尽如人意。

目前 ETI 并没有使用预测性分析和规范性分析方法。然而，下一步他们最终能够使用这些分析方法，正如他们现在能够处理非结构化数据，让其跟结构化数据一同为分析方法提供支持一样。ETI 决定循序渐进地开始使用这两种分析方法，首先应用预测性分析，锻炼了熟练使用该分析的能力后再开始实施规范性分析。

在这个阶段，ETI 计划利用预测性分析来支持他们实现目标。举个例子，预测性分析能够通过预测可能的欺诈理赔来检测理赔欺诈行为，或者通过对客户流失的案例分析，找到可能流失的客户。在未来的一段时间内，通过规范性分析，我们可以确定 ETI 能够更加接近他们的目标。例如，规范性分析能够帮助他们在考虑所有可能的风险因素下确立正确的保险费，也能帮助他们在诸如洪水或龙卷风的自然灾害下减少损失。

请分析并记录：

（1）受训小组首先确定了一个术语词典，请分析它们为什么要这样做？

答: ____

____

____

它们确定的数据集包括哪些内容?

答: ____

____

____

(2) ETI 使用的描述性分析是:

答: ____

____

____

ETI 使用的诊断性分析是:

答: ____

____

____

(3) ETI 是否将使用预测性分析和规范性分析手法?

答: ____

____

____

____

ETI 使用预测性分析的作用是? 例如:

答: ____

____

____

____

ETI 使用规范性分析的作用是? 例如:

答: ____

____

____

____

2. 确定数据特征

IT 团队想要从容量、速率、多样性、真实性、价值这 5 个方面对公司内部和外部的数据进行评估，以得到这些数据对公司利益的影响。于是小组讨论这些特征，考虑不同的数据集如何能够表现出这些特征。

(1) 容量。小组强调，在处理理赔、销售新的保险产品以及更改现有产品的过程中，会有大量的转移数据产生，包括健康记录、客户提交保险申请时提交的文件、财产计划、临时数据、社交媒体数据以及天气信息等，大量的非结构化数据，无论是来自公司的内部还是外部，都会帮助公司达成目标。

（2）速率。考虑所有输入流的数据，有的数据速率很低，例如理赔提交的数据和新政策讨论的数据。但是像网页服务日志和保险费又是速率高的数据。纵观公司外部数据，IT小组预计社交媒体数据和天气数据将以极快的高频到达。此外，预测还表示在进行灾难管理和诈骗理赔检测的时候，数据必须尽快处理，使损失最小化。

（3）多样性。在实现目标的时候，ETI需要将大量多种不同的数据集联合起来考虑，包括健康记录、策略数据、理赔数据、保险费、社交媒体数据、电话中心数据、理赔人记录、事件图片、天气信息、人口普查数据、网页服务日志以及电子邮件等。

（4）真实性。从信息系统和EDW中获得的数据样本显示有极高的真实性。数据的真实性体现在多个阶段，包括数据进入公司的阶段、多个应用处理数据的阶段，以及数据稳定存储在数据库中的阶段。考虑ETI的外部数据，对一些来自媒体和天气的数据阐明了真实性的递减会导致数据确认和数据清洗的需求增加，因为最终要获得高保真性的数据。

（5）价值。针对这个特征，从目前的情况来看，IT团队的所有成员都认同他们需要通过确保数据存储的原有格式以及使用合适的分析类型来使数据集的价值最大化。

请分析并记录：

IT团队是从哪5个方面对公司内部和外部的数据进行评估，以得到这些数据对公司利益的影响。这5个方面分别表现出什么特点？

答：____

____

① ____

____

② ____

____

③ ____

____

④ ____

____

⑤ ____

____

3. 确定数据类型

IT小组成员对多种数据集进行了分类训练，并得出如下列表：

- 结构化数据：策略数据、理赔数据、客户档案数据、保险费数据；
- 非结构化数据：社交媒体数据、保险应用档案、电话中心记录、理赔人记录、事件照片；
- 半结构化数据：健康记录、客户档案数据、天气记录、人口普查数据、网页日志及电子邮件。

元数据对于ETI现在的数据管理过程是一个全新的概念。同样的，即使元数据真的存在，目前的数据处理也没有考虑过元数据的情况。IT 小组指出其中一个原因，公司内部几乎所有的需要处理的数据都是结构化数据。因此，数据的源和特征能很轻易地得知。经过一些考虑后，成员们意识到对于结构化数据来说，数据字典、上次更新数据的时间戳和上次更新时不同关系数据表中的用户编号可以作为它们的元数据使用。

请分析并记录：

（1）什么是元数据？

答：____

____

____

（2）公司内部能找到哪些元数据？

答：____

____

____

4. 实训总结

____

____

____

5. 教师实训评价

____

____

【作　业】

1. 在现实社会中，我们经常可以看到，成功企业执行上的（　　）创造了独特的价值主张，形成了可持续的差异化竞争。

A. 人才优势　　B. 资金优势　　C. 差异优势　　D. 技术优势

2. 当企业处于越来越多的数据和决策的“围城”之中时，为寻找一个可持续发展的优势，可以（　　）来支持他们独特的经营策略，以帮助实现业务目标。

A. 量身定制其分析战略　　B. 加大生产规模

C. 引进人才提高研究水平　　D. 厉行节约减少成本

3.（　　）这种竞争形式类似为群落间的竞争、甚至是生态系统间的竞争。

A. 商业 1.0　　B. 商业 4.0　　C. 商业 2.0　　D. 商业 3.0

4. 要创建一个独特的（　　）策略，企业必须充分利用各种资源、专业知识和技术来创造出独特的分析路线图。

A. 竞争　　B. 学习　　C. 分析　　D. 发展

5. 如今随着第二代更强大的分析功能的问世，在企业的（　　）方面都有利用分析的机会。

A. 销售　　B. 各个　　C. 财务　　D. 采购

6. 数据科学家是新一代的（　　），他们剖析问题，用科学的方法采用分析技术的独特组合来发现新的模式和价值。

A. 教育家　　B. 计算机专家　　C. 多学科科学家　　D. 数学家

7. 精准或细粒度控制是洞察到个人，而不是群体或汇总数据。通过了解（　　）的行为，可以更精确地预测未来的行为。

A. 个性化　　B. 群体化　　C. 创新性　　D. 独特性

8. 分析路线图从一开始就要确定目标，也就是说需要清楚地了解企业的（　　）是什么。

A. 员工水平　　B. 资金能力　　C. 盈利目标　　D. 业务目标

9. 在确定了主要的工作目标后，下一步就是定义公司的价值链。价值链在所有活动中识别出（　　）的活动。

A. 最漂亮　　B. 最核心　　C. 最廉价　　D. 最值钱

10. 经过集思广益收集所有可能的分析方法之后，下一步就要详尽地阐述每个想法，其中的关键要素不包括（　　）。

A. 数据来源　　B. 分析技术　　C. 价值等级　　D. 价值链影响

11. 企业需要确定最急需处理的解决方案，拟定路线图。一个简单的（　　）可以帮助整个组织和利益相关方同时考虑到不同的决策标准并达成共识。

A. 加权模型　　B. 决策模型　　C. 价值模型　　D. 时间模型

12. 建立分析路线图之后，对于每一个潜在的分析解决方案，可以创建一个关于预算和项目进度的（　　）。

A. 粗略估算　　B. 精确计算　　C. 混合运算　　D. 四则运算

任务 2.2　运用大数据分析方法

音 频

运用大数据分析方法

音 频

导读案例：数据驱动≠大数据

导读案例　数据驱动≠大数据

数据驱动这样一种商业模式是在大数据的基础上产生的，它需要利用大数据的技术手段，对企业的海量数据进行分析处理，挖掘出其中蕴含的价值，从而指导企业进行生产、销售、经营、管理（见图 2-7）。

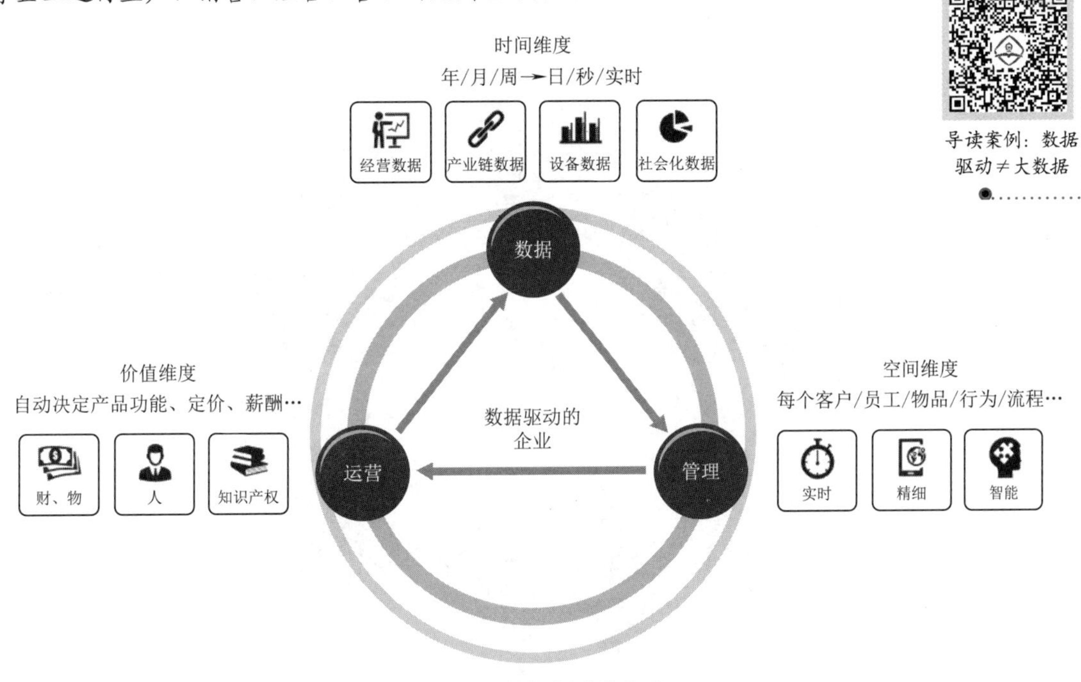

图 2-7　数据驱动的企业

1. 数据驱动与大数据有区别

数据驱动与大数据无论是从产生背景还是从内涵来说，都有很大的不同。

（1）产生背景不同。21 世纪第二个十年，伴随着移动互联网、云计算、大数据、物联网和社交化技术的发展，一切皆可数据化，全球正逐步进入数据社会阶段，企业也存储了海量的数据。在这样的进程中，曾经能获得竞争优势的定位、效率和产业结构，均不能保证企业在残酷的商业竞争中保证自身竞争优势，比如诺基亚，索尼等就是很好的例子。在这样的背景之下，数据驱动产生了，未来谁能更好地由数据驱动企业生产、销售、经营、管理，谁才有可能在残酷的竞争中立于不败之地。

大数据早于数据驱动产生，但是都出现于相同的时代，都是在互联网、移动互联网、云计算、物联网之后。随着这些技术的应用，积累了海量的数据。单个数据没有任何价值，但是海量数据则蕴含着不可估量的价值，通过挖掘和分析，可从中提取出相应的价值，而大数据就是为解决这一类问题而产生的。

可见，数据驱动与大数据产生的背景及目的是有差别的，数据驱动并不等于是大数据。

（2）内涵不同。数据驱动是一种新的运营模式。在传统商业模式下，企业通过差异化的战略定位、高效率的经营管理以及低成本优势，可以保证企业在商业竞争中占据有利位置，这些可以通过对流程的不断优化实现。而在移动互联网时代以及正在进入的数据社会时代，这些优势都不能保证企业的竞争优势，只有企业的数据才是企业竞争优势的保证，也就是说，企业只有由数据驱动才能保证其竞争优势。

在这样的环境之下，传统的经营管理模式都将改变以数据为中心，由数据驱动（见图 2-8）。数据驱动的企业，这实际上是技术对商业界，对企业界的一个改变。消费电子产品经历了一个从模拟走向数字化的革命历程，与此类似，企业的经营管理也将从现有模式转向数据驱动的企业。这样的转变，实际上也是全球企业面临的一场新变革。

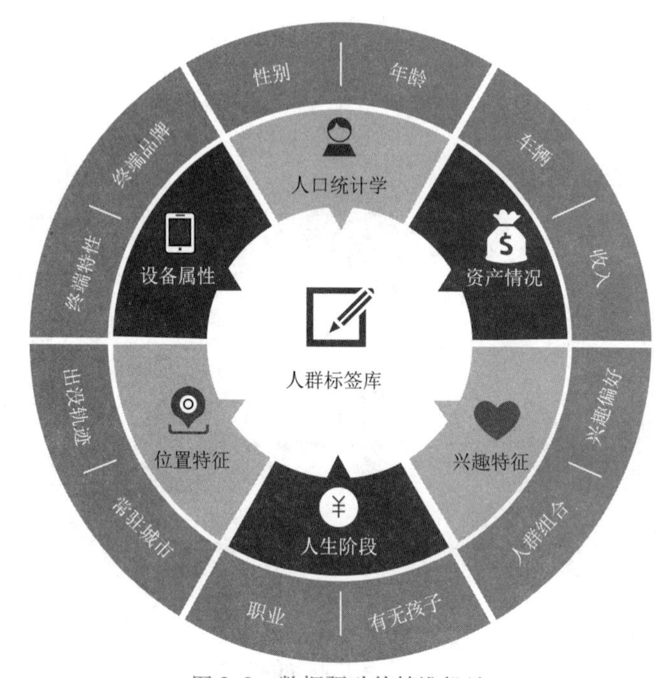

图 2-8　数据驱动的精准投放

2. 数据驱动与大数据有联系

数据驱动是一种全新的商业模式，而大数据是海量的数据以及对这些数据进行处理的工具的统称。二者具有本质上的差别，不能一概而论。

虽然数据驱动与大数据有许多不同，但是由上面的阐述我们可以知道，数据驱动与大数据还是有着一定的联系。大数据是数据驱动的基础，而数据驱动是大数据的应用体现。

如前所述，数据驱动这样一种商业模式是在大数据的基础上产生的，它需要利用大数据的技术手段，对企业海量的数据进行分析处理，挖掘出这些海量数据蕴含的价值，从而指导企业进行生产、销售、经营、管理。

同样的，再先进的技术，如果不用于生产时间，则其对于社会是没有太大价值的，大数据技术应用于数据驱动的企业这样一种商业模式之下，正好体现其应用价值。

资料来源：佚名，畅想网，2013/12/20

阅读上文，请思考、分析并简单记录：

（1）请在理解的基础上简单阐述：什么是数据驱动？

答：____

____

____

（2）请简单阐述：本文为什么说“数据驱动≠大数据”？

答：____

____

____

（3）请简单分析数据驱动与大数据的联系与区别。

答：____

____

____

（4）请简单描述你所知道的上一周内发生的国际、国内或者身边的大事：

答：____

____

____

任务描述

（1）理解根据分析使用者在组织中的角色来描述不同类型的分析。

（2）熟悉战略、管理、运营、科学和面向客户的分析内涵与方法。

（3）了解商业决策研究的部分案例。

知识准备

对企业的分析有一些不同的分类方法。下面我们针对不同类型分析的基本要求，研究需求将如何影响组织对分析方法和工具的选择。由于没有任何一个单一的方法和工具能够满足每一个需求，因此，对于所有层面分析决策的关键问题是：我们该怎样应用分析结果（参见图 2-9）。

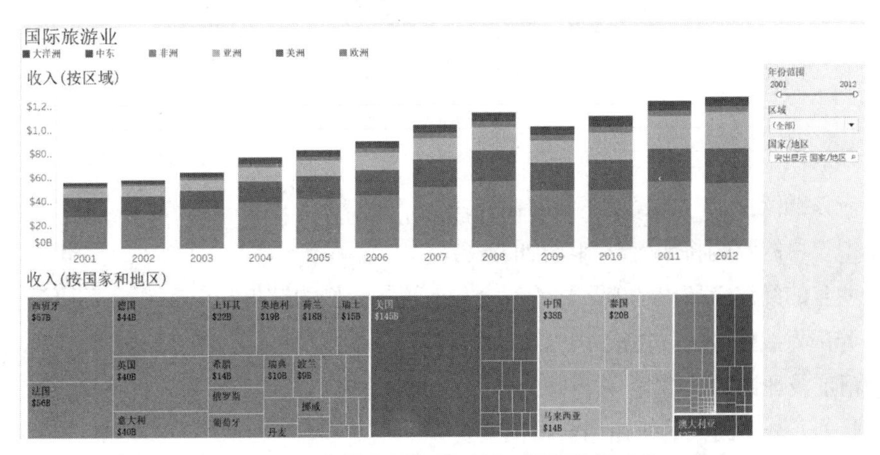

图 2-9 应用分析结果示例：旅游数据分析

音 频

企业分析的分类

2.2.1　企业分析的分类

我们将企业分析归为五类：

①战略分析——为高层管理人员服务的分析。

②管理分析——为职能领导服务的分析。

③运营分析——支持业务流程的分析。

④科学分析——支持发展新知识的分析。

⑤面向客户的分析——针对最终消费者的分析。

根据分析使用者在组织中的角色来描述不同类型的分析，讨论分析使用者的角色是如何影响分析项目的关键特征，包括时效性和可重复性，以及这些特性如何影响工具和方法的选择。在每个分析项目开始时，分析师一定要清楚的是：谁将使用这个分析？

音 频

战略分析

2.2.2　战略分析

组织的战略分析主要针对高层管理人员的决策支持需求，解决战略级的挑战与问题。

战略问题（见图 2-10）有四个鲜明的特点。首先是风险高，如果战略方向不对会造成严重后果；其次，战略问题常常会突破现有政策的约束；第三，战略问题往往是不可重复的，在大多数情况下，组织解决了一个战略问题，不会再解决同样的另一个；第四，以何种方式推进是最好的，对此领导层没有就此达成共识，有很多不确定性，管理层对事实有不同的认识。换句话说，如果没有异议也就没有必要进行分析。

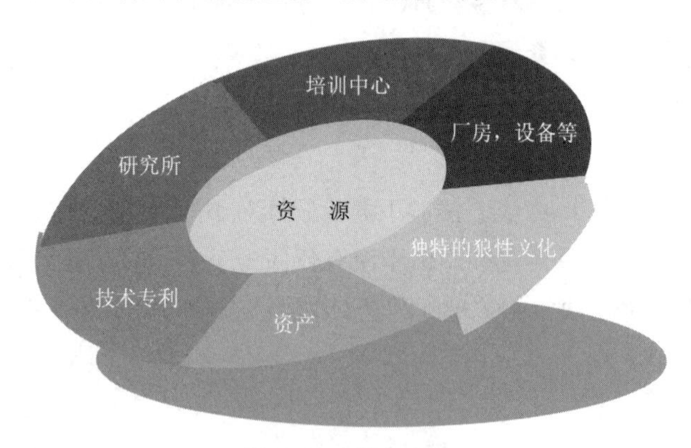

图 2-10　战略分析

战略问题的例子包括：

①是否应该继续投资一条表现不佳的业务线？

②一个拟议中的收购将如何影响现行的业务？

③预计明年的经济大环境是怎么样的？会如何影响我们的销售？

由于高管依靠战略分析以达成共识，分析的价值更多地取决于信誉和该分析师的既往成就（而不是方法的精度或理论的缜密）。分析师的独立性也是关键，尤其是因为分析将用于解决管理层之间的异议。此外，分析结果的快速出台也很重要。

虽然某个问题对于某一家公司来说可能是一次性的，但其他公司却可能已经经历过类似情况。

与内部分析师相比，曾经处理过类似情况的经验使得外部顾问的价值大大提升。此外，回答战略问题通常需要使用一些不太容易获得的数据，例如是组织外部的数据。

由于上述原因，基于独立性、可信性、过往成就的纪录、紧迫性和外部数据，企业更多地倾向于依赖外部顾问进行战略分析。但是，分析型领导者会建立一个内部团队进行战略分析，这个团队一般在传统职能部门之外独立运行。

1. 专案分析

专案分析是指针对一个特定的问题收集相关新数据并进行相对简单的分析：连接表、汇总数据、简单统计、编制图表等。企业会投入大量的时间和精力做专案分析。

传统商务智能很难或无法解决不可重复的问题和需要管理层关注的问题。那些基于数据仓库的商务智能系统非常适合重复的、基于历史的和在政策框架内操作的低层面的决策，而专案分析可以弥补高层管理人员的需求和商务智能系统能力之间的差距。

专案分析这种类型的工作往往会吸引具有丰富经验和能力的分析师，他们能够在压力下快速、准确地工作，团队专家的背景往往也是各种各样。例如，一家保险公司有一个战略分析团队，其中就包括人类学家、经济学家、流行病学家和具有丰富经验的索赔专家。

发展分析领域、业务和组织方面的专业知识可以增进战略专案分析师工作的可信度。更重要的是，成功的分析师会对数据持怀疑态度，为获得答案而进行很多次主动的探索，这往往意味着要攻克更多的困难，例如使用编程工具和细分数据来找到问题的根本原因。

因为专案分析需要灵活性和敏捷性，因此，成功的分析团队会突破标准流程而在 IT 部门之外运作，并允许分析师在组织和管理数据时具有更大的灵活性。

战略分析中分析工具的选择往往反映了不同的分析背景，因此差异可能很大。战略分析家使用 SQL（结构化查询语言）、SAS（统计分析软件）或 R（程序语言）进行工作并使用标准的办公软件工具（如 Excel）展现其成果。由于战略分析团队往往较小，要求严格使用单一工具的意义不大。此外，多数分析师都会想用最好的工具并且喜欢使用为一种特定问题而优化过的工具。

对一个战略分析团队来讲，最重要的是具备能够快速获取和组织任何来源及任何格式数据的能力。许多组织都习惯使用 SAS，一些分析团队使用 SAS 获取和组织数据，却使用其他工具执行实际的分析工作。不断增长的数据量对传统的 SAS 架构的性能提出了挑战，因此分析团队越来越关注数据仓库厂商提供的一体机解决方案，如 IBM、Teradata、Pivotal 或者 Hadoop。

2. 战略市场细分

市场细分既是组织高层所追求的战略，也是用于支持制定战略的分析方法。企业可以运用分析技术来进行战术性的针对营销，在这种情况下，内部客户是初级管理人员，而战略市场细分分析的客户则是首席营销官（CMO）和企业高级管理层的其他成员。

当企业进行如下几类活动时，需要对市场进行细分：开发新产品投放市场、进入新市场，或者重新激活已经进入市场饱和状态的产品线。通过将一个广阔的市场分割成有不同需求和沟通习惯的不同人群，企业可以找出更有效地解决消费者问题的方法并建立起消费者的忠诚度。

在大多数情况下，战略市场细分的目的是寻找更好的方法来挖掘还不是企业客户的消费者。细分分析通常包括从调查中捕捉的外部数据或者二手资料来源。外部顾问往往承担这一工作，因为他们有进行可靠的细分分析所需要的专业知识，也因为细分分析的工作总体而言并不经常进行，建立起内部分析团队并不划算。

3. 经济预测

在许多组织中，周期性的计划和预算通常从经济环境评估开始，这并不是简单地猜测未来。管理层在很大程度上依赖于计量经济学预测中对于经济增长、通货膨胀、货币走势等指标的基准线预测。

计量经济学家使用数学、统计学以及高性能计算机来构建复杂的经济模型，然后使用这些模型对关键指标进行预测。因为建立和维护这些模型是十分昂贵的，所以只有较大的企业才建立自己的经济计量模型。相反，大多数企业购买由专业公司所产生的预测数据，然后利用分析建立其自身的关键指标与购买的经济指标之间的联系。

4. 业务模拟

计量经济模型是指利用数学理论方法来构建复杂的大体量体系的模型。当预测的关键指标与主要经济指标走势一致时，这些模型非常有效。例如，一家全国性的百货连锁企业可能会发现自己的零售销量与家庭总消费支出的预测非常吻合。

尽管通过计量经济预测所产生的预测点估计对于战略规划是有用的，但在许多情况下，管理层更关心的是一系列可能的产出结果，而不仅仅是简单的一项预测。管理者们可能会关心某些明确定义的流程所带来的影响（如生产制造操作），或一些资产所带来的影响（如一套保险政策或一个投资组合）。在这种情况下，业务模拟是一个有效的应用方法。

业务模拟是一个随时间变化的真实世界体系的数学表现。模拟取决于代表着被模拟系统或流程的关键特征和行为的数学模型的初始结构。这个模型就代表这个系统，而一个模拟过程则表示在一系列假设下随时间变化的系统运作。

因为管理者可以调整假设，所以业务模拟是进行“假设”（what-if）分析的一个很好的工具。例如，一家人寿保险公司可以基于投保人行为、死亡率和金融市场情况等不同假设模拟自己的财务结果。管理者们就可以根据模拟的结果对是否要进入某一业务线、是否收购另一家运营商、对投资组合进行再保险或对其他具有战略影响的问题进行决策。

例如，北方信托是一家全球型的金融机构，它使用蒙特卡罗模拟来评估运营风险，蒙特卡罗模拟能够帮助人们从数学上表述物理、化学、工程、经济学以及环境动力学中一些非常复杂的相互作用。受到法律和国际标准的管理，风险评估是一项有很大影响的工作。因此高层管理人员依靠这种分析来为资产质量和投资组合战略制定策略。而风险分析师使用一个开源的R语言工具（Revolution R Enterprise），在一系列的经济场景下模拟财务运营结果。在每一个场景中，分析师运行的模拟计算都包含数以百万计的迭代。

音频

管理分析

2.2.3 管理分析

为中层管理者需求服务的分析应用专注于具体的功能问题（见图2-11）。

①管理现金的最佳方式是什么？

②产品XYZ是否能够按照预期运营？

③营销计划的有效性怎么样？

④在哪里可以找到开设新零售店的最佳机会？

不同的功能问题有不同的专业术语，不同的专业分析也有其独特的分析时机或分析条件（如商店位置分析、营销组合分析、新产品的预测等）。而管理分析问题则一般分为三类：

① 测量现有实体（如产品、项目、商店、工厂等）的结果。

②优化现有实体的业绩。

③ 规划和开发新的实体。

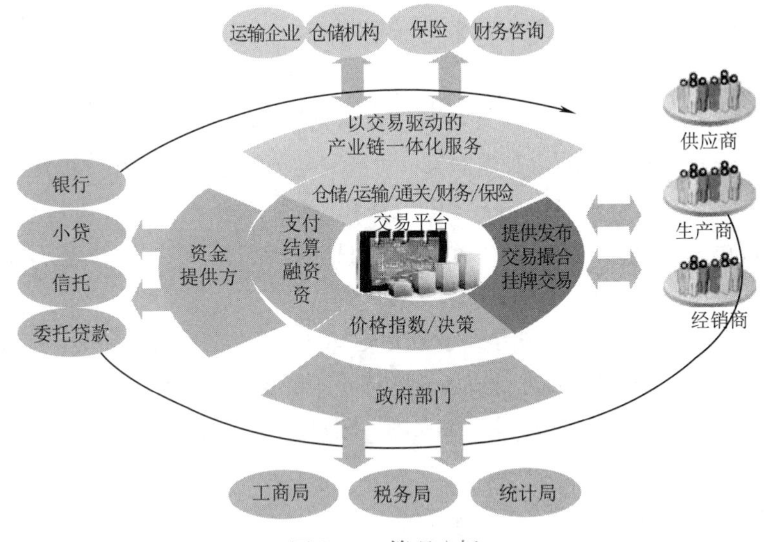

图 2-11　管理分析

为企业开发报表工具、商务智能仪表盘、多维数据钻取等测量工具是当前商务智能（BI）系统的主要功能。在数据及时可信、报告易于使用的情况下，这样的系统将会十分高效，并且该系统反映了一个有意义的评估框架。这意味着活动、收入、成本和利润这些指标反映了业务功能的目标，而且能确保不同实体间的比较。

在 BI 技术的现状下，内部功能（销售、承保、店面运营等）分析团队往往要花费很多时间为经理们准备例行报告。例如，一个保险客户要求的一个评估报告实际由超过 100 个 SAS 用户组成的一个工作组完成。在一些情况下，报告会花费分析师大量的时间，因为企业缺少在必要的工具和引擎上的投资，不过这是一个很容易解决的问题。通常情况下，产生这种情况的根本原因是缺乏一致的评估标准。在缺乏计量准确的组织中，评估将成为一件困难的事情，在这种混乱的情况下，单个项目产品的经理要寻求能够展现他们项目或产品最大优势的定制分析报告也会很困难。因为在这样的评估环境下，每个项目或者产品都是最优的，并且分析失去了管理的意义。对于这个问题至今没有合适的技术性解决方案，它需要领导者为组织制定清晰的目标并且建立其一致认可的评估框架。

对于规划和发展新的实体（如程序、产品或门店）的分析通常需要组织外部的信息，并可能需要一些现有员工中无人掌握的技能。由于这两个原因，组织通常将这种分析外包给拥有相关技能和数据的分析供应商。在组织内的分析师看来，这种分析的技术要求很像做战略分析所需要的。这种能力能够快速地从任何融合了灵活敏捷的编程环境和功能支持的资源中快速获取数据，从而服务于广泛的通用性分析问题。

营销归因分析就是管理分析的一个很好的例子。归因分析利用历史数据和高级分析将消费者的购买行为与市场营销方案和效果关联起来。在电子商务和数字营销大规模出现前的单一市场中，营销依赖于对媒体市场的综合分析，来评估广告的影响力。随着营销组合手段从传统媒体转向数字媒体，市场营销人员开始依赖建立在单个消费者层面的归因分析来衡量各个营销活动和沟通的有效性。归因分析使企业能够节省资金，增加每个营销活动的收入，并且个性化地定义消费者与企业间的关系。

音 频

运营分析

2.2.4 运营分析

运营分析是为提高业务流程效率或效益的分析。管理分析和业务分析之间的区别有时是很小的，总体而言，可以归结为汇总的程度和分析频率的差别。例如，首席营销官对所有营销方案的效果和投资回报率感兴趣，但是不太可能对某个项目运营细节感兴趣。而一个营销项目的经理会对该项目的运营细节十分感兴趣，但是不会太关注其他营销项目的运营效果。

在汇总程度和分析频率上的差异导致了相关类型的分析之间巨大的差异。一个首席营销官的关注重点应该在一个项目是“继续进行或者立即停止”的层次上：如果这个项目有效果的话就要继续为这个项目提供资金支持，如果没有效果则该项目应立即停止。这种类型的问题很适合使用融合了可靠利润指标和投资回报率指标的“仪表盘”模式的商务智能系统处理。另一方面，对于项目经理来说，他们感兴趣的一系列洞察指标不仅仅是这个项目的运营效果，而且是为什么这个项目能达到现在的运营效果以及能够怎样改进该项目。并且，这个例子中的项目经理会深入参与运营决策，如选择目标、选择目标受众、确定哪方提供分配资源、处理出现的异常反应，以及管理交付计划和预算，这是运营分析要达到的效果。

尽管任何一个 BI 软件包都可以处理不同层次和类型的运营问题，整个业务流程中不同性质的操作细节仍然使问题变得更加复杂。一个社交媒体营销方案的实施依赖于数据源和运营系统，这与网页媒体和邮件营销方案完全不同。预先批准和非预先批准的信用卡采集程序使用不同的系统来分配信贷额度。这些过程的一部分或者全部都是可以外包出去的，只有极少数的企业能够成功将他们所有的运营数据集成到单一的企业数据存储中。因此，通常商务智能（BI）系统很难全面地支持管理和业务的分析需求，更为常见的是，由一个系统来支持管理分析（对于一个或多个准则），而其他不同的系统和专案分析来支持运营分析。

在这种情况下，问题往往可以特定于某个领域，而分析师也能够在该领域中进行非常专业的分析。一个在搜索引擎优化方面很专业的分析师不一定擅长信用风险的分析。这与分析师使用的分析方法无关，而是有些类似于不同业务之间的区别，并且与在特定业务中使用的语言和术语以及在特定领域中使用的技术和管理问题有关。就像一个生物统计学家一定很了解常见的医疗数据格式和 HIPAA 法规（健康保险携带和责任法案）；一个消费者信用风险分析师一定很了解 FICO 评分、FISERV 格式和公平信用报告法（FCRA）。在这两个例子中，分析师都必须对组织的业务流程有深刻理解，因为这对识别改进项目的时机和确定分析项目的优先次序是十分重要的。

对进行分析报告的工作而言，能够迅速地从运营数据源（内部和外部）攫取数据的能力是至关重要的，正如将报告发布到一个通用的报表和 BI 展示系统中的能力也是很重要的。

2.2.5　科学分析

战略、管理和运营分析涵盖了各种不同类型的分析，管理者在不同层次依靠不同的分析来做出决策。科学分析被用来帮助实现一个完全不同的目标：新知识的产生（见图 2-12）。

科学知识有两种完全不同的类型。其中一种是由大学和政府资助的公共知识可以免费获得，而另一种私人知识则不同，知识产权法保护知识产权和为了开发商业产品而投资于知识的私人资本投资。由于成功知识产权的高潜在回报，对专用知识分析（如生物技术、制药和临床研究）的投资在分析总支出上占了很大的份额。

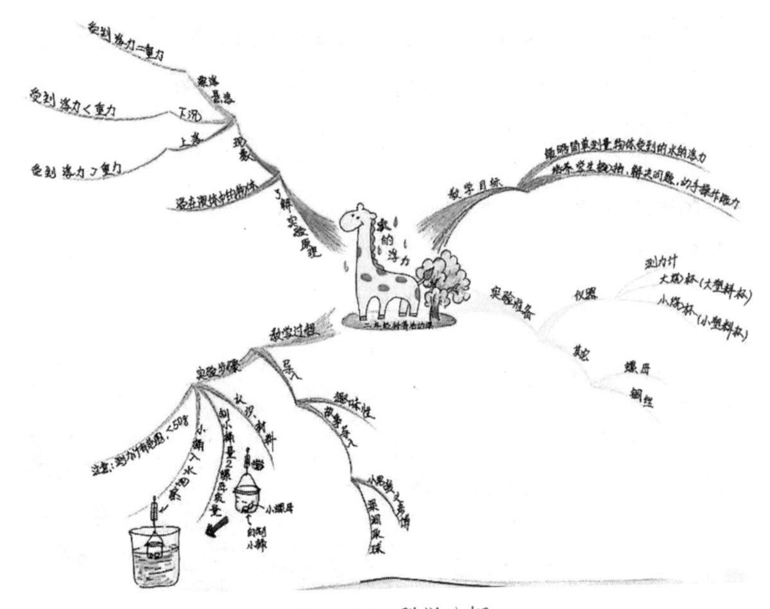

图 2-12　科学分析

科学分析师十分重视使用能够经受住同行评议审查的分析方法，这种关注往往会影响他们对于分析技术的选择。比起预测结果，他们也往往更关心对方差产生原因的认识。这与其他商业应用形成了鲜明的对比，因为在其他商业应用中，预测结果是首要关心的问题。

例如，纽约州立大学布法罗分校拥有一家世界领先的多发性硬化症（MS）研究中心，团队研究来自 MS 患者的基因组数据，来识别那些变异后能够降低 MS 发病率的基因。由于基因产物需要与其他基因产物和环境因素相互作用而生效，因此该研究团队对于研究相互作用的基因组合十分感兴趣。

在基因组研究中使用的数据集是非常大的，并且分析计算十分复杂，因为研究人员要寻找数千万基因与环境因素之间的相互作用。由于基因组合数量呈爆炸式增长，有可能要以百亿级的数量级来衡量可能的作用。纽约州立大学布法罗分校的团队使用 R 语言企业集成软件与 IBM 的专家集成系统一同来完成分析应用，以便简化和加速对于大数据集的复杂分析。

音频

面向客户的分析

2.2.6 面向客户的分析

面向客户的分析是针对最终消费者解决问题而细分产品的分析。面向客户的分析区分产品与替代品，用于企业在市场上创造独特的价值，例如预测服务、分析应用和消费分析。

1. 预测服务

传统的分析咨询服务出售和交付的“产品”是一个分析项目，咨询价格取决于完成项目所需要的咨询时间和所消耗资源的时间价值。对于预测服务而言，产品销售和交付给客户的是一种预测的过程，其价格取决于使用的预测事务结果的数量。信用评分是预测服务最著名的案例，在销售、市场营销、人力资源以及保险承保领域也有许多其他预测服务的案例。

组织能够通过内部开发或购买模型来满足预测服务的需求。但是，外部进行的预测服务往往有与内部不同的工作方式。外部开发者将预测模型的成本分摊到很多项目上，这样可以使广大的小微型企业市场也从预测分析中受益，否则它们根本无法负担。预测服务供应商也能够实现规模经济并且可以经常访问可能原本不能够获取的企业数据源。

2. 分析应用

分析应用系统是预测服务的一个自然延伸，这是使用数据驱动的预测并支持一个业务流程所有或部分的商业应用系统（见图 2-13）。

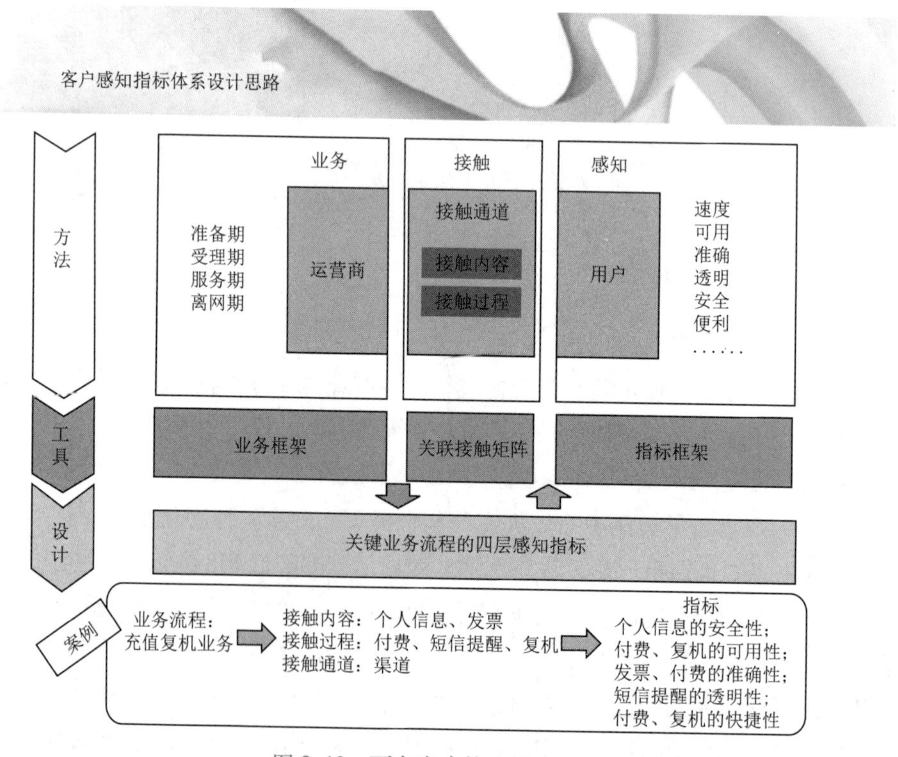

图 2-13 面向客户的分析

例如：

①抵押贷款申请的决策系统（使用申请人偿还贷款倾向的预测）。

②保险承保系统（使用一个保险策略预期损失的预测）。

③欺诈案件管理系统（使用单个或一组索赔是欺诈的可能性的预测）。

开发商经常采用“剃须刀 + 刀片”策略来销售和交付这些应用系统。所谓“剃须刀 + 刀片”盈利模式，是指一种经典的低进入门槛，高重复消费门槛的盈利模式。在这种策略下，应用系统本身的固定价格与提供预测服务的长期协议是关联在一起的。

3. 消费分析

面向客户分析的前两类分析产品很相似，并且会与内部团队交付的战略、管理和运营分析产生冲突。而第三类，即消费分析，可能是最具冲击性并能够为企业带来最大潜在回报的分析。消费分析通过解决消费者的问题来以更有意义的方式区分企业的产品。

①消费者查找信息有困难。谷歌的搜索引擎——大规模的应用文本挖掘解决了这个问题。

②消费者寻找他们想要看的电影有困难。Netflik 的推荐引擎解决了这个问题。

这些例子都是利用机器学习技术在这些问题上直接使客户受益。然而，那些提供间接受益服务的企业，则是通过建立网站流量，销售更多的产品，或以竞争对手不能轻易复制的方式来满足消费者需求。

2.2.7　案例：大数据促进商业决策

音频

案例：大数据促进商业决策

分析是帮助创建独特价值的工具之一，可以描述商业行为，掌握行业动向。但更重要的是，分析通过发现数据的规律，帮助揭示未知，使那些常常被忽视的机遇大放异彩，从而赋予人们去发现潜在的事情并赋予其自动化的能力，实现商务战略需要和节省运营成本。即使目标相互冲突，在大量可靠的数据支持下，分析也可以辅助进行复杂和更好的决策。

1. 分析，助你无限可能

想象一下我们可以做到以下几点：

①推出新产品，并用现在所需时间的一半使之开始盈利。

②不断地聘用具有合适技能和其他特定角色所需成功特质的人才，大大提高企业绩效，降低员工流失和培训成本。

③在竞争对手做出决策之前，先确定他们的可能动向，并通过引入自己的战略行动，抢占市场先机，主动减缓竞争对手动向所带来的冲击。

④为所有客户定制个性化的激励措施，实现利润最大化并提高客户忠诚度。

⑤主动预测高昂的生产停机的可能性，做到未雨绸缪，消除或减少其影响。

⑥不断地推出新产品以满足市场中潜在的、未被满足的需求。

⑦对特定的微市场不断设定定价策略，最大限度地提高盈利能力。

⑧发现目标区域产品的空白市场，采取合适的战术部署，驱逐竞争对手，赢得客户。

那些了解如何系统性地推进分析应用并产生结果，并且具有高度分析成熟度的组织，是毋庸置疑的市场赢家。建立更好的前瞻性模型并从中提取价值，能够影响他们的业务战略并巩固其业务执行，这些分析驱动型的顶级执行组织正从先行者优势中收获回报，同时他们建立技术壁垒，使其竞争对手越来越难以与之匹敌。

以谷歌为例，分析使之成为在线广告界的霸主。还有沃尔玛，通过供应链优化赢得“大箱零售大战”的胜利。再看看 Capital One，通过分析创造并赢得了次级信贷市场。同时通过算法交易，金融市场已经无可挽回地被颠覆了。

许多分析方法在现在的市场中都获得了成功应用，但他们如何取得成功的细节往往被认为是商业秘密。这些例子是关于将分析应用到新的业务领域和问题上，采用创新的方法并往往与新的数据相结合，在整个业务范围内推动分析洞察到一个新的精度水平。

2.Gartner 察觉跨行业的行为分析

道格·兰尼是 Gartner 公司负责信息创新的副总裁，负责业务分析解决方案、大数据用例、信息学和其他数据治理的相关问题。作为一个研究者，兰尼访谈了很多高效地利用分析进行业务创新的客户。兰尼知道一旦拥有分析技术和大数据，提升业务就有无穷的可能性，所以他鼓励客户向行业之外的革新者进行学习，以获取适合他们的灵感和应用。例如：他们使用的是什么类型的数据？什么类型的分析？他们解决了什么样的业务问题？他们优先考虑什么事？他们是用一种新的方式看待问题吗？

Express Scripts 药房（见图 2-14）想要帮助那些可能不会正确地使用治疗药方的患者。高血压、糖尿病、高胆固醇症、哮喘、骨质疏松症和多发性硬化症（MS）的治疗药物需要及时和持续地使用，防止危及生命。Express Scripts 构建一个模型，分析了 400 个变量，包括处方史和病人所在地区的经济结构，预测病人是否会按规定服药。该模型对于预测患者是否按规定服药或是否实际会服药具有 90% 的准确性，这使得 Express Scripts 可以制定人工干预监督，包括电话提醒和签订自动补充药物的合约。Express Scripts 采用了带声音的瓶盖，从而使得患者的服药率提高了 2%，公司还为健忘的病人提供了一个提醒计时器，使得病人服药率增加了 16%。

图 2-14　药房

黑暗数据是为了一个目的收集的数据，而未用于其他的用途。另一个有趣的案例研究是 Infinity Insurance，该公司意识到其坐拥黑暗数据的金矿：历史索赔调整报告。它挖掘历史索赔调整报告，并通过对报告中涵盖或排除的词汇和语言执行文本分析，使用数据来与已知的欺诈活动进行比较。通过执行这种类型的分析，该公司能够将其欺诈性索赔识别成功率从 50% 提高到 88%。这削减了其索赔调查时间，并导致代位追回款的净利润增加了 1 200 万美元。代位追偿是保险人从第三方追回债权损失的一种权利。此外，公司在其营销应用中使用了这些相同的洞察力，防止针对个人和组织可能提交的欺诈性索赔。

麦当劳给出了关于嵌入式操作分析的一个例子。麦当劳通过利用多媒体分析技术来显著改变流程，减少了大量浪费。麦当劳因其质量的一致性而享誉世界，但是使用包括色卡和卡尺在内的手工流程衡量汉堡包大小、颜色和汉堡包上的芝麻分布，需要耗费大量的时间。现在麦当劳在汉堡从烤箱出来时对其进行图像分析，并且可以自动调节烤箱。这种新的嵌入、实时分析流程，通过自动调整烤箱来保持公司的一致性和质量标准，每年减少了成千上万产品的浪费。

实训与思考 IT团队采用的大数据分析技术

ETI企业目前同时使用定性分析和定量分析。精算师通过不同统计技术的应用进行定量分析，例如概率、平均值、标准偏差和风险评估的分布。另一方面，承保阶段使用定性分析，其中一个单一的应用程序进行详细筛选，从而得到风险水平低、中或高的想法。然后，索赔评估阶段分析提交的索赔，为确定此声明是否为欺诈提供参考。现阶段ETI的分析师不执行过度的数据挖掘。相反，他们大部分的努力都面向通过EDW的数据执行商务智能。

IT团队和分析师用了广泛的分析技术发现欺诈交易，这是大数据分析周期中的一部分。

（1）相关性分析。值得一提的是，大量欺诈保险索赔发生在刚刚购买保险之后。为了验证它，在保险的年份与欺诈索赔的数目上应用相关性分析。结果显示两个变量之间确实存在关系：随着保险时间增长，欺诈的数目减少。

（2）回归性分析。基于上面的发现，分析师想要找到基于保险年份，多少欺诈索赔被提交，因为这个信息将会帮助他们判断提交的索赔是骗保欺诈的几率。相应地，回归性分析技术设定保险年份为自变量，欺诈保险索赔为因变量。

（3）时间序列图。分析师想查明欺诈索赔是否与时间有关。他们对是否存在欺诈索赔数目增加的特定时期尤其感兴趣。基于每周记录的欺诈索赔数目，产生过去5年欺诈索赔的时间序列。时间序列图的分析能够揭示一个季节性的趋势，在假期之前，欺诈索赔增加，一直到夏天结束。这些结果表明，消费者为了有资金度过假期而进行欺诈索赔，或在假期之后，他们通过骗保来升级他们的电子产品以及其他物品。分析师还发现一些短期的不规则的变化，仔细观察后，发现它们和灾难有关，例如洪水、暴风。长期趋势显示欺诈索赔数目在未来很有可能增加。

（4）聚类。虽然欺诈索赔并不一样，但分析师对查明欺诈索赔之间的相似性很有兴趣。基于很多性质，如客户年龄、保险时间、性别、曾经索赔数目和索赔频率，聚类技术被用于聚合不同的欺诈索赔。

（5）分类。在分析结果利用阶段，利用分类分析技术开发模型来区分合法索赔和欺诈索赔。为此，首先使用历史索赔数据集来训练该模型，在这个过程中，每个索赔都被标上合法或欺诈的标号。一旦训练完毕，模型上线使用，新提交、未标号的索赔将被分类为合法的或欺诈性的。

请分析并记录：

（1）请填空：ETI目前同时使用的分析手段是：① ______________________ 和② ______________________。精算师通过 ______________________ 进行①，______________________。另一方面，承保阶段使用②，其中一个单一的应用程序进行了详细筛选，从而得到 ______________________ ______________。然后，索赔评估阶段分析提交的索赔，为确定此声明是否为欺诈提供参考。

（2）IT 团队和分析师用了广泛的分析技术来发现欺诈交易，这些分析技术是：

① ____________。作用是：____

____。

② ____________。作用是：____

____。

③ ____________。作用是：____

____。

④ ____________。作用是：____

____。

⑤ ____________。作用是：____

____。

实训总结

____

教师实训评价

____

【作　业】

1. 由于没有任何一个单一的方法能够满足每一个需求，所以，对企业的分析有一些不同的分类方法。但下列（　　）不是这些分析方法之一。

A. 战略分析　　B. 管理分析　　C. 战术分析　　D. 运营分析

2. 面向客户的分析，是指针对（　　）的分析。

A. 业务伙伴　　B. 企业中层　　C. 产品下游　　D. 最终消费者

3. 战略问题有四个鲜明的特点，但下列（　　）不属于这些特点之一。

A. 盈利显著　　B. 风险高

C. 战略问题不可重复　　D. 对推进方式缺乏共识

4. 下列（　　）例子不属于组织的战略问题。

A. 是否应该继续投资一条表现不佳的业务线

B. 一个拟议中的收购将如何影响现行的业务

C. 如何处理某个 SUV 翻车的事故

D. 预计明年的经济大环境会如何影响我们的销售

5. 基于独立性、可信性、过往成就的纪录、紧迫性和（　　），企业倾向于更多地依赖外部顾问进行战略分析。

A. 内部数据　　B. 核心数据　　C. 外部数据　　D. 重要数据

6. 专案分析是指针对一个（　　）问题收集相关新数据并进行相对简单的分析。组织会投入大量的时间和努力做专案分析。

A. 重大的　　B. 特定的　　C. 新的　　D. 旧的

7. 成功的分析师会对数据持（　　）态度，为获得答案而进行很多主动的探索，这往往意味着要攻克更多的困难。

A. 怀疑　　B. 信任　　C. 重视　　D. 忽略

8. 对一个战略分析团队来讲，最重要的是具备能够快速获取和组织任何来源及任何格式数据的能力。不断增长的数据量对（　　）架构的性能提出了挑战。

A. 传统的 Word　　B. 现代的 Windows

C. 现代的 Excel　　D. 传统的 SAS

9. 战略市场细分分析的客户是首席营销官（CMO）和企业（　　）的其他成员。

A. 财务部门　　B. 中层干部　　C. 基层领导　　D. 高级管理层

10. 为中层管理者需求服务的分析应用专注于（　　）功能问题。

A. 重要的　　B. 具体的　　C. 现实的　　D. 严重的

11. 运营分析是为（　　）或效益的分析。

A. 提高业务流程效率　　B. 降低生产成本

C. 提高生产线速度　　D. 降低生产现场浪费

12. 科学分析帮助实现一个完全不同的目标，即（　　）的产生。

A. 新技术　　B. 新产品　　C. 新知识　　D. 新质量

音频

建立大数据分析用例

音频

导读案例：疫情之后的变化

任务 2.3　建立大数据分析用例

导读案例　疫情之后的变化

新型冠状病毒成了 2019 年年末飞入新年伊始的一只黑天鹅（见图 2-15），它的出现让多少企业 / 多少人乱了阵脚？但是，一切偶然的背后都是必然！哪里越有危险，哪里就越有机会！

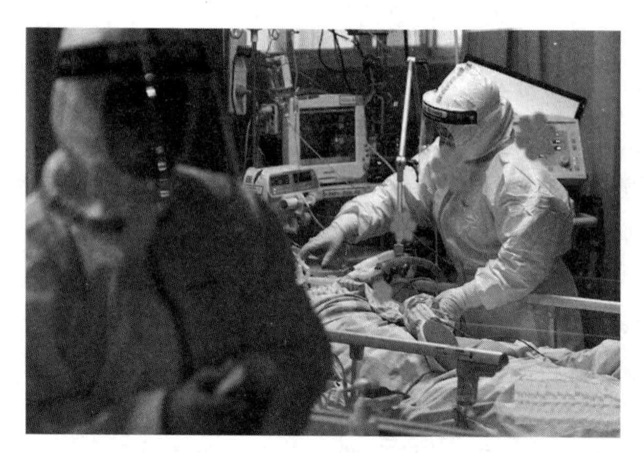

图 2-15　2020 新年伊始发生的疫情

举一个例子：2003 年的非典，由于大家都不敢出门，刘强东把中关村的（京东）实体店搬到了线上，马云看到了 C 端购物的需求，顺势创立了淘宝！

2020 年，因为这次病毒大家又闭门不出，实体店空荡荡，但大街上依然有快递员和外卖员在奔波，像盒马鲜生、叮咚买菜、每日优鲜这样的平台，每天稍微晚一点都抢不到青菜。所以，每一次大波折，都会倒下一批人，新站起来一批人！这是历史的铁律。

那么，这只黑天鹅会对中国经济产生怎样的影响呢？

还是以非典做一个对比。2003 年的非典，中国 GDP 水平 12 万亿人民币，但是 17 年后的今天，中国 GDP 总量水平已经 100 万亿。也就是说：中国现在整体的抗风险能力，已经是当年的近 10 倍！正是基于此，可以坚信的是：无论这次病毒怎么折腾，都不可能对中国经济产生动荡性的冲击，只能是带来局部的催促。中国经济本来就处于大调整之中，而这次事件，将使调整的步伐加速。以下是十大加速的变化。

1. “线上购物”对“线下购物”的加速替代

经历这次疫情之后，大家早已形成的线上购物习惯会被深度发掘。比如买菜，之前我们还是经常去菜市场。但是这次疫情之后，很多人将更习惯于在网上买菜了。

未来的购物一定绝大部分都是在线上完成的，即便是线下场景产生的交易，也会在线上进行，就好比你去超市买东西，手机当场就可以下单，然后很快送到你家里。

2. “体验式场景”对“传统实体店”的加速替代

既然购物都是在线上完成，那么实体店的存在价值在哪里？未来的实体店不再是以“销售产品”为中心，而是以“提供体验”为中心。人们去实体店不是为了买东西，而是为了购买各种“体验”。如果实体店依然把自己当作买卖的场所，那么将失去存在的价值。

消费者的需求，已经从对产品的满意度升级成了精神层面的满足感。商家需要营造出一种无与伦比的消费场景，需要构建能够把消费者带入到某种幻想场景的故事！实体店只要能够做到这点，一定大有可为！

3.“线上获客”方式对“传统获客”方式的加速替代

经历这次疫情，很多企业才发现“线上获客”能力的重要性。无论是什么类型的企业，都必须拥有从线上获客的能力，传统的获客方式无非是电话 / 广告 / 分销，等等。但是这些模式的主动权会越来越小，而且成本将越来越高。

线上获客的本质，是靠内容获客，深度一点来讲是靠价值获客。未来各种线上平台会越来越开放，图文 / 短视频 / 音频等各种形式，必须创造出有价值的内容去吸引客户。

4.“线上教育”对“传统教育”的加速代替

经历这次疫情，很多人将习惯于在家里学习，传统的学习 / 培训机构必须加速转型。就像互联网改变了产品的流通路径一样，互联网同样也改变了知识传播的路径。以前知识传播是在教室里发生的，每个老师只能面对几十个最多上百个人授课。而现在，一个老师可以在线上跟上万人乃至几十万人授课，而且这些学生来自全国各地，包括落后山区（只要有网络）。这就是线上教育的核心优势，它使优势的教育资源平民化，而这一点恰恰是解决中国教育的核心问题。

5.“线上办公”对“传统办公”的加速代替

如果疫情持续 2 ~ 3 个月，就会有大量人群习惯于在家办公，而且未来是个体崛起的时代，大量个体都脱离了公司独立发展，比如网红 / 自由职业 / 自媒体等，他们都不需要传统的办公室。

可以预测，2020 年的写字楼租赁行情会进一步萧条，而与此同时，各种线上办公软件会加速盛行，尤其是能够实现个体协同的办公软件，将被加速普及，除此之外个体使用的办公家具也会流行，未来我们的工作将不再受地理空间限制。

社会越发达，人的独立性就越强，未来有能力的人都会变成独立的经济体，而且人与人的协作性也会加强。线上协同工作，是未来工作的主流。

6.“免费”对“收费”的加速取代

疫情期间，徐峥自导自演的电影《囧妈》突然放弃院线，改为线上免费收看，开了中国电影业的先河，彻底颠覆了传统电影行业的盈利模式。这是一种必然，因为线上免费是大势所趋！

随着社会的发展，未来一定有越来越多的商品开始免费，越来越多商品的利润开始无限接近于 0，那么商家靠什么盈利呢？靠收费的后移。今后商品的利润环节越来越后移，甚至是隐藏的，比如《囧妈》虽然免费，但是观看的人更多了，于是广告可以收费更多了，此外电影的衍生品也可以赚钱。

7.“新型医疗”对“传统医疗”的加速代替

这次疫情，让我们看到了科学医疗体系的重要性，至少在初期，从武汉传来的消息都是关于医疗资源紧缺的问题。医疗问题的核心，在于医疗资源更合理的分配，在于关键时刻医疗资源的调度能力，在于医疗资源的协同性和共享性。

我们相信，经历这次疫情，中国医疗体系的改革会被加速推动。比如，国家第一时间就宣布为本次疫情的确诊患者免费提供治疗，那么在接下来的医疗改革中，互联网如何参与？民间资源如何参与？不同区域之间如何打通？需要我们在事后做一个详细探讨。

8. 智慧城市对传统城市的加速代替

城市是人类文明的重要载体，这次疫情，武汉这个人口达到千万级别的城市，而且是九省通衢，在春运期间被封城，确实是人类有史以来的罕见事件。如果武汉的每一位市民的情况都被掌握，每一个人都可以被精确追踪，每一个流出人口都可以被定位，那么处理起来会更加井然有序，这就是智慧城市的价值。

智慧城市包括交通管理、物流供应链、应急灾备、信息溯源等等，都会全面数据化，甚至具备了人工智能的灾备预测等等。这体现整个社会的管理水平，相信经历这次疫情，中国在智慧城市上又会前进一步！

9. “现代化治理”对“传统治理”的加速代替

城市是社会的一分子，有了智慧城市（见图 2-16），就会有更加科学的治理手段。比如经历这次疫情，我们的治理方式，也会被倒逼着改革。比如信息披露的节奏，这次疫情的公开确实慢了一个节拍，当然其中原因是复杂的，但是无论怎么样，确实是晚了。这导致我们在初期对疫情有了疏忽，那么未来我们会采取什么方式规避类似的事情？

图 2-16　智慧城市

现代化治理，一定是以事实为依据，一切以人民群众的生命财产为第一考量，相信这次疫情之后，国家也会吸取经验教训，做好总结，并且落实下去。

10. 新生活方式对旧生活方式的加速代替

之前，我们只顾埋头赚钱，为了钱我们牺牲健康，倡导 996 的作息。但是，经过这场疫情，人们的认知发生了彻底改变。

人只有在两种东西面前才能不把钱当回事：第一是健康，第二是自由，而现在这两种挑战同时摆在我们面前。大家终于发现：免疫力，才是一个人最大的竞争力，才是可以摧毁一切商业逻辑的降维打击。身心健康，将是未来检验一个人价值的关键指标，我们或许从此懂得如何生活了。

以上就是十大变化，它们会加速到来！

中华民族是一个经历多灾多难的民族，也是一个不屈不挠的民族，每经历一次困难，就会坚强一次，成长一次，我们不仅没有被打趴下，反而会变得更加强大。这种敢抗争、不怕输、不服气的性格，就是我们的民族精神，这是一个越挫越勇的民族，它的韧性不可想象。

对于企业来说，世界上所有伟大的公司，基本都经历了两次世界大战，而我们现在经历了两次病毒的洗礼，我相信必然会有一部分企业迈上新的台阶！决定最终高度的，往往并非起点，而是拐点，机遇都在拐点！

2020 年是鼠年，意味着新的起点，相信经历这次疫情，中国一定能站在新的历史拐点！

资料来源：水木然，水木然学社，微信号：smr8700

阅读上文，请思考、分析并简单记录：

(1) 请通过网络搜索，了解“什么是黑天鹅效应？”

答：____

____

____

____

(2) 你怎么看：一切偶然的背后都是必然，越危险越有机会。请简述之。

答：____

____

____

____

(3) 对文中所表述的“十大加速的变化”，你觉得哪些变化最有可能实现？

答：____

____

____

____

____

(4) 请简单描述你所知道的上一周内发生的国际、国内或者身边的大事：

答：____

____

____

____

____

任务描述

（1）熟悉用例与分析用例的定义和作用。

（2）了解按照使用案例以及应用程序分类来组织的分析应用。

（3）熟悉预测、解释、预报、发现、模拟和优化用例。

知识准备

前面，我们从那些需要使用分析洞察力的组织角色出发，熟悉了相关的分析应用场景。接下来，我们换一个角度来看数据分析。关键的用例分析描述了分析师解决的通用问题和用于解决这些问题的方法和技术。由于没有任何一种技术可以解决所有分析问题，因此，了解企业使用分析方法的组成是构建企业分析架构的基础。

音频

什么是用例

2.3.1 什么是用例

计算机开发中的统一建模语言(UML)是一种为面向对象系统的产品进行说明、可视化和编制文档的标准建模语言，它独立于任何具体程序设计语言。

用例（use case），又称需求用例，是 UML 中的一个重要概念，它是软件工程或系统工程中对系统如何反应外界请求的描述，是一种通过用户的使用场景来获取需求的技术，已经成为获取功能需求最常用的手段。每个用例提供一个或多个场景，该场景说明系统是如何和最终用户或其他系统互动，也就是谁可以用系统做什么，从而获得一个明确的业务目标。用例一般是由开发者和最终用户共同创作，使用最终用户或者领域专家熟悉的语言。虽然用例这个概念最初是和面向对象一同提出的，但是它并没有局限于面向对象系统。

一个用例是实现一个目标所需步骤的描述，而分析用例是那些需要定义分析架构的组织所需要的关键要素之一。分析用例和分析应用程序之间存在着一种多对多的关系。在商业应用中，例如个性化营销和信用风险都是预测用例的实例。但是，个性化营销的应用也可能综合其他用例，如市场细分和图形化分析。用例模型是描述组织中的分析师所共用流程的一种简便方式，即使这些分析师可能支持的是不同的业务应用。

由于分析方法存在着很大的不同，我们需要对用例进行区分。例如虽然预测用例和解释用例使用了很多相同的技术，但它们的基本目标和输出是不同的。表 2-4 显示了按照使用案例以及应用程序分类来组织的分析应用。

表 2-4 应用和用例

应　用					
用例	战略用例	管理用例	运营用例	科学用例	面向客户的用例
预测	重大灾难风险分析	市场活动计划	信用评分	副作用预测	体育竞猜
解释	市场占比分析	市场属性分析	质量缺陷分析	基因治疗分析	信用下调原因
预报	战略规划	年度预算	门店排班优化	天气预报	
发现					
文本和文件识别处理		内容管理	接收邮件分发	抄袭监测	文件搜索
分类	战略性市场划分	战术性市场分类		心理研究	
关联		市场容量分析	比对		建议
违规监测			网络威胁监测		
图形和网络分析		社交网络分析	欺诈检测	犯罪学	社交比对
模拟	业务场景分析	风险价值分析	市场活动模拟	天气模型	
优化	资本资产优化	营销组合优化	市场活动优化	粒子群优化	农业产出优化

深入理解组织的分析用例是非常重要的，因为分析架构的效率和有效性取决于对其支撑的业务流程的理解程度。使用相同用例的应用程序可以使用相同的技术，这就提供了一个节约成本的机会。另一方面，特定的用例则需要特定的工具和技术来实现。

音 频

预测用例

2.3.2　预测用例

在预测用例中，我们分别讨论模型建立和模型评分，这两者指向同一个目标且都很重要，但模型评分往往需要组织中不同的人参与，通常有着不同的技术要求。

构建预测模型是分析中的经典用例，它是许多常见应用的基础，比如市场营销、信贷风险管理，以及许多其他商业领域（见图 2-17）。

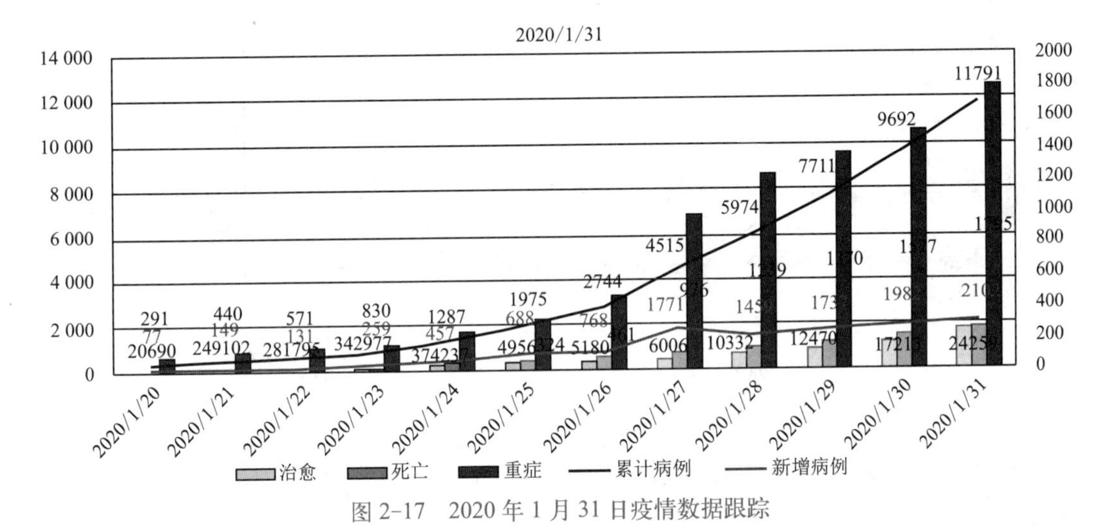

图 2-17　2020 年 1 月 31 日疫情数据跟踪

图中曲线使用左坐标轴，体现累积病例和新增病例；条状图使用右坐标轴，体现治愈 / 死亡 / 重症人数。

大多数人都认为数据越多分析结果就会越好。在许多情况下，通过更大的数据集采样，分析师可以建立一个完美的模型。更大的分析数据集为分析师带来了新的机会和问题，这体现在三个方面：

（1）更多的用例、更多的观察结果、更多的数据行——分析师可以对样本进行分类处理，为每个分类建立特定模型，从而获得更好的整体预测。在使用采样分析方法时，更多的样本数量会减少模型的样本误差，提高模型精度。

（2）更多的变量、更多的特性、更多的数据列——通过搜索更多的潜在预测因子，分析人员可以通过识别信息增量值的变量改善预测模型。

（3）更多小模型——主要是对大量小群体的批量分析，例如商店、持有者或顾客。

这三种类型的问题对分析师需要的工具有不同影响。对于用例增加而带来的工作量增加，可以通过消除数据移动，使用并行处理并采用其他能够提高整体性能的技术来应对。总体模拟技术简化了在总样本中为各个子样本分类构建模型的工作。

从另外一个角度，为了解决字段的拓展，分析师必须使用降维技术（如特征选择或特征提取），或使用专门用于处理多维数据的技术。正则化和逐步回归是针对多维数据集进行回归算法的有效技术。分析软件应该能够支持针对多维数据集的稀疏矩阵运算以获得良好的性能。

分析师越来越多地寻求建立大量的、数以千计的模型。每个模型可能仅使用相对少量的数据，但作为一个整体，所有模型所需的数据集是非常大的（见图 2–18）。

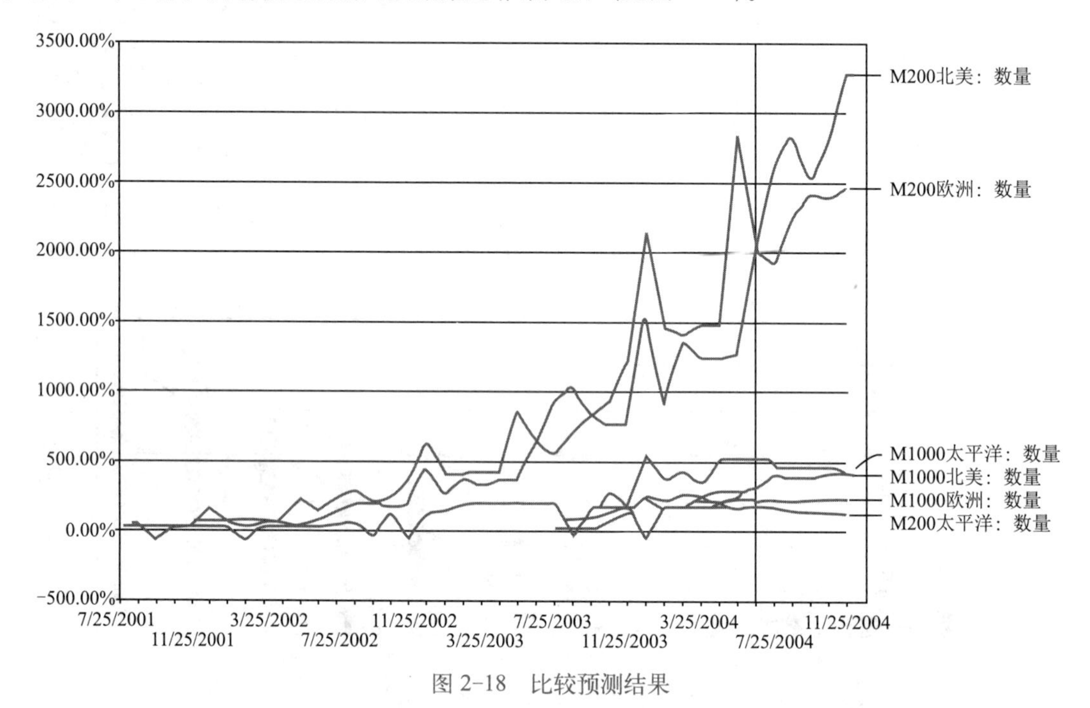

图 2–18　比较预测结果

M200 型号的趋势线特别高，而 T1000 型号的趋势线较低且相对平稳。

例如：

①一个分析服务提供商为其零售客户在 SKU（库存进出计量单位）层面建立了超过一千多个消费者的“购买倾向”模型。

②一家有 3 000 多个门店的零售商为每一位顾客建立各自的基于时间序列的消费预测。

③一家拥有数以百万计信用卡的发卡机构用每个账户的相关信息来评估拖欠和违约倾向。

④一家管理百万计仓位的投资银行用每支证券的历史表现数据来建立各自的走势模型。

在每一个模型层面，用于“很多小模型”的技术基本和用于“一个大模型”的技术是相同的，而且所使用的数据总量可能也是相同的。然而，它们的计算工作量和对特性的影响却有很大的不同。当独立模型的数量非常大的时候，分析师不可能分别建立每一个模型。相反，分析师需要一个模型的自动生成器，使分析师可以同时运行和监控许多模型创建的进程，同时能够对每个模型的有效性有着足够的信心。

评分活动使用预先建立的模型来计算在数据集中每个用例下预测值的数据，可以是单独计算或批量计算。评分是模型的部署，通常是高度并行的。这意味着，一个主进程可以分发任务给众多的工作进程以并行执行，最终结果是对各个分布式进程的输出进行一个简单组合。当有办法将预测模型从分析工作的开发环境传到生产数据仓库时，评分计算在大规模并行处理（MPP）数据库中相对容易实现。

对于评分计算和预测需要注意几个细节问题。首先，用于建立预测模型和用于评分的数据集大小之间没有必然的关系。完全可以通过使用一个大的数据集来建立模型，然后在每笔交易发生时对其进行实时评分。反过来也是如此：分析师可以基于一个样本来建立模型，然后用这个模型对众多的用例进行评分。

其次，分析人员可以从一个数据库建立预测模型，然后使用不同数据库的数据来进行预测。比如说，信用风险分析师可能会使用某个企业数据仓库的数据来建立信用额度管理的违约模型，用于信用额度管理的自适应控制系统。利用这种方法的前提是，分析数据库必须是生产数据库的子集，但不能是超集。

最后，预测不是决策。评分是对新数据基于分析模型的简单计算，预测通常需要将原始评分进行某种形式的变形，转化成有用的形式，而自动决策需要将预测与业务规则相结合。例如：

①对客户个人数据采用拖欠的逻辑回归模型进行计算，将产生一个介于零和一之间的客户拖欠率概率。

②利用历史数据，分析师可以确定在不同的原始评分范围的损失。

③根据以上结果，分析师建议在决策系统中实施一条规则，原始评分在 0.3 以下的客户可以提供信用额度的增加。

音频

解释用例

2.3.3 解释用例

所谓“解释”，泛指由一个指标的变化导致的其他指标的系统性变化。在某些情况下，业务主要关心的是预测——事先估算某种应对措施的价值。在其他情况下，企业寻求理解某种应对措施所产生的影响，但预测不是最重要的。还有一些情况下，企业两者都需要。理解这种区别非常重要，因为一些分析方法支持两个目标，而有一些非常适用于其中一个目标。大多数统计方法对预测和解释都是非常有用的，而机器学习方法主要用于预测。也有一些统计方法，如混合线性模型主要用于解释。

在响应归因分析中，营销人员主要关注的是营销举措（如促销或广告活动）所能带来的效果，预测是这种分析的副产品。许多营销举措是不可重复的，因此预测未来的反应并不重要，重要的是理解过去哪些活动达到了效果，哪些活动没有达到效果以及原因是什么。

信用风险分析是既需要预测也需要解释的一种应用。在决定是否给予客户信贷的过程中，贷款人想要尽可能好的预测。然而，贷款人也必须能够在拒绝时，给客户以合理的解释。

2.3.4 预报用例

音频

预报用例

时间序列分析和预报包括广泛应用于企业的一类独特分析，并且往往嵌入到企业系统中，用于管理制造、物流、门店运营等，有助于发现数据随时间变化的模式。通过识别数据集中的长期趋势、季节性周期模式和不规则短期变化，时间序列分析通常用来做预测。不像其他类型的分析，时间序列分析用时间作为比较变量，且数据的收集总是依赖于时间，一旦确定，这个模式可以用于未来的预测。例如：

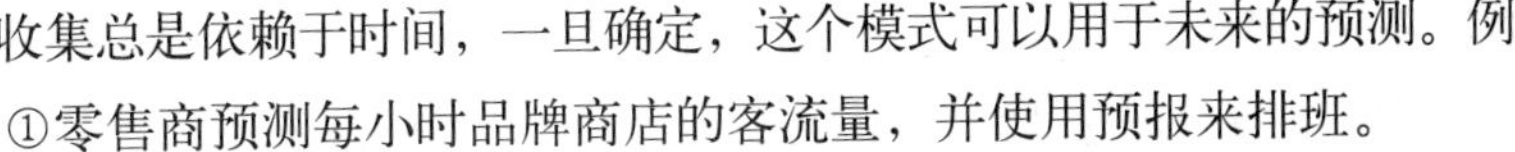

①零售商预测每小时品牌商店的客流量，并使用预报来排班。

②酿酒厂采用为超过 700 项商品和物料预测库存水平，利用预报来调整生产和交付计划。

③投资银行预报其投资组合中超过百万的持仓价格。

④基于历史产量数据，农民应该期望多少产量？

⑤未来 5 年预期人口上涨是多少？

时间序列图是一个按时间排序的、在固定时间间隔记录的值的集合，它充分利用时间序列，可以分析在固定时间间隔记录的数据。时间序列图通常用折线图表示，x 轴表示时间，y 轴记录数据值，例如一个包含每月月末记录的销售图的时间序列（见图 2-19）。

大多数运营时间序列预报系统属于“很多小模型”的范畴，并不一定需要为每个预报处理大量数据。此外，更倾向于使用相对简单和标准化的建模技术，但需要工具来自动化学习和预报过程。

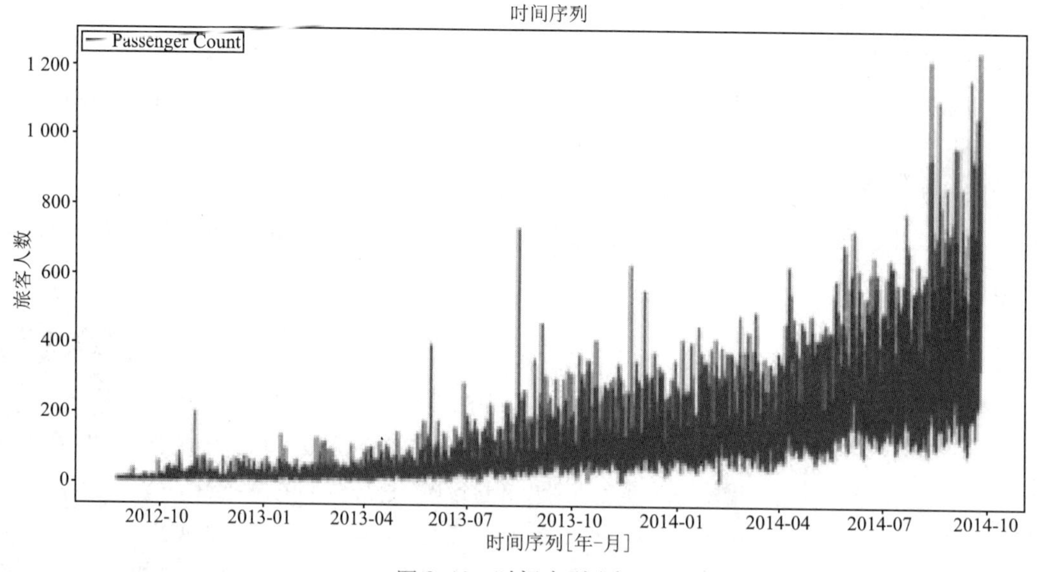

图 2-19　时间序列分析

然而，分析可能需要处理非时间序列形式的原子源数据。在这种情况下，分析人员需要执行数据准备步骤，把带时间标记的交易信息记录到时间序列中，执行日期和时间的计算，并创建延时变量用于自动回归分析。此步骤在 SQL 中执行可能非常困难或无法实现。分析师通常不在数据库中执行这种任务，而是使用专门的有时间序列功能的专业软件。

当处理大量的时间序列时，分析师无法单独处理每个模型，而必须依赖于适合进行时间序列分析的模型自动处理工具。

时间序列分析一般不需要独立评分。分析师可以直接将预测图形化或将它们转移到一个使用这些数据的应用程序中。传统的模型也可以同样处理，然而当时间序列的数目比较大时，模型管理能力仍然是必需的。

音 频

发现用例

2.3.5　发现用例

有时分析师试图发现在数据中有用的模式，但并不需要正式预测、解释或预报。这样的模式以以下几种形式存在：

（1）在文本或文档中有意义的内容。

（2）同质的用例组。

（3）对象之间的关联。

（4）不寻常的用例。

（5）用例之间的联系。

发现用例的输出可以有两种形式。在业务发现中，分析产品是一个可视化的结果，例如词汇云是一种可视化文本中字数统计的方法。在运营发现中，发现的模式是一种传递给其他应用程序的对象。例如，欺诈检测应用程序可以使用异常检测来识别异常交易，并将识别的交易转给调查人员做进一步的分析。

音频

模拟用例

2.3.6　模拟用例

模拟是“大分析”不依赖于“大数据”的一个例子。大多数模拟问题不依赖大型数据集，并且不从与数据平台的紧密集成中获益。

网格计算给模拟分析提供了一个很好的平台。在大多数情况下，模拟是高度并行的。运行一个 10 000 个场景的高度并行模拟的最快方法是将其分布到 10 000 个处理器上进行。仿真特别适于云计算，因为只有很少或没有数据移动来限制远程计算。

模拟也非常适合将负载下发到一个通用图形处理器（GPGPU，见图 2-20）。许多投资和交易业务使用 GPGPU 来进行基于市场模拟的实时投资机会分析。分析师反馈使用 GPU 设备进行模拟可以达到 750 倍的速度提升。

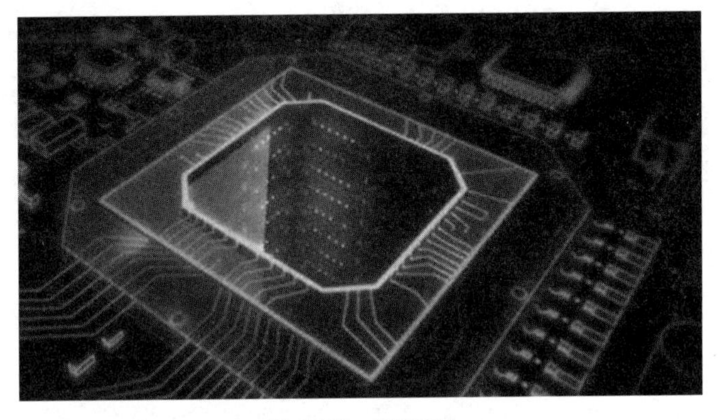

图 2-20　GPGPU

2.3.7　优化用例

音频

优化用例

数学优化是分析中的一个专业领域，它包括各种优化方法，如线性规划、二次规划、二次约束规划、混合整数线性规划求解、混合整数二次规划以及混合整数二次约束规划。虽然计算复杂，但这些方法对硬件 I/O 要求很低。因为即使是最大的优化问题的矩阵，相对于其他分析应用程序也是很小。最先进的优化软件通常运行在多线程服务器上，而不在分布式计算环境中。

实训与思考　ETI 大数据分析采用的技术平台

ETI 的技术团队相信，大数据是解决他们当前问题的法宝。但是，经过培训的技术人员指出，大数据的不同之处在于采用了一个新的技术平台。此外，为了确保大数据采用的成功，有一系列的因素需要考虑。因此，为了确保商务相关的因素被正确理解，IT 团队与技术经理必须共同完成一份可行性报告。在这个早期阶段，相关的商务人员会进一步创建一个有助于减少管理人员预期和实际交付结果之间差距的环境。

一种普遍的理解认为，大数据是面向商务的，能够帮助企业达成目标。大数据技术能够存储和处理大量非结构化的数据，并结合多个数据集帮助企业了解风险。因此，这些公司希望可以通过接纳低风险申请人成为用户从而尽量减少损失。同样的，ETI 还希望这些技术可以通过发现用户的非结构化的行为数据和用户的反常行为来避免欺诈性索赔，进一步减少损失。

培训大数据技术团队的决定为 ETI 采用大数据做好了准备。这个团队相信自己已经拥有了处理大数据项目的技能。早期识别和分类的数据使团队处于一个能够决定所需技术的有利地位，企业管理部门在早期的参与也为此提供了自己的理解。将来出现了任何的新兴商业需求，他们都可以预计到使用大数据解决方案会产生的变化。

在这个初始阶段，只有很少的一部分像是社交媒体和普查数据等外部数据被确定。为了购入第三方提供的数据，管理人员会提供充足的预算。在隐私方面，商业用户一般会对获取相关客户的其他数据保持一定的警惕，因为这会引起客户的不信任。但是，这同时也是一种激励驱动机制，是一种可以让用户认同和信任的自我介绍，例如，较低的保费能够很好地吸引到客户。考虑到安全问题时，IT 团队认为为了确保大数据解决方案中的数据有着标准化、基于角色的、有着完善的访问控制机制，需要投入更多的精力进行开发。对于开源数据库而言，存储非关系型数据尤为重要。

尽管商业用户对于使用非结构化数据进行深度分析十分兴奋，但是他们对于能够多大程度上相信这些结果的问题也十分关心。对于涉及第三方提供的数据的分析，IT 团队认为应该存储和更新每个被存储和使用的数据集的元数据，这样才能保证数据源在任何时候都能保存起来让处理结果可以重新回溯到数据资源。

ETI 现在的目标包括解决争议问题，发现欺诈性问题。这些目标的实现需要一套能够及时提供结果的解决方案。但是，他们并没有预期到，实时数据分析的支持也是十分必要的。IT 团队认为基于开源大数据技术实现一套基于批处理的大数据管理系统就能够满足要求。

ETI 现有的 IT 基础设施主要由相对较老的网络标准组成。同样的，大多数的服务器由于处理器速度、磁盘容量和磁盘速度等技术规格决定了它们并不能提供最佳的数据处理性能。因此，在设计和构建大数据解决方案前，必须对当前的 IT 设施进行更新升级。

商务团队和 IT 团队都认为大数据管理框架十分必要，它不仅可以规范不同数据源的使用，也完全符合任何数据隐私相关的法规。此外，为了让数据分析针对于商务应用，确保能够产生有意义的分析结果，项目决定采用包含有商务个体关系的迭代数据分析。例如，在分析如何“提高客户保留率”的情况下，市场和销售团队可以被包含在数据分析进程中作为数据集的选择，这样才能保证只有数据集中的相关属性能被采用。此后，商务团队能够在分析结果的解释和适用性方面提供有价值的反馈。

IT 团队认为系统中没有云计算模块，团队自身也没有云技术相关的技能。出于现实和一些安全性方面的考虑，IT 团队决定建立一套内部部署的大数据解决方案，他们认为内部的 CRM 系统未来可以替代某些基于云平台软件服务CRM解决方案。

请分析并记录：

（1）技术团队中有人认为："大数据的不同之处只是采用了一个不同的技术平台"，你同意这样的观点吗？为什么？

答：____

____

____

____

____

（2）一种普遍的理解认为，大数据技术能够存储和处理大量非结构化的数据，并结合多个数据集帮助企业了解风险。因此，ETI希望这些技术可以通过发现用户的非结构化的行为数据和用户的反常行为来避免欺诈性索赔，进一步减少损失。你认为大数据技术能够满足ETI企业的类似需求吗？为什么？

答：____

____

____

____

____

（3）ETI传统的数据分析一般是依据内部数据来完成的。大数据时代，重视外部数据的运用，ETI的大数据技术团队有哪些考虑（提示：例如预算、隐私、IT基础设施升级等）？

答：____

____

____

____

____

实训总结

答：____

____

____

____

____

____

____

教师实训评价

____

____

【作　业】

1. 用例分析描述了分析师解决的通用问题和用于解决这些问题的方法和技术，（　　）可以解决所有分析问题。

A. 有一些技术

B. 没有任何一种技术

C. 多数现有的技术都

D. 不清楚是否有技术

2. 用例（use case）又称需求用例，是一种（　　）的技术，已经成为获取功能需求最常用的手段。

A. 计算机程序设计

B. 利用用户数据完善管理

C. 通过用户信息反馈来测试系统

D. 通过用户的使用场景来获取需求

3. 每个用例提供一个或多个（　　），说明系统是如何和最终用户或其他系统互动。

A. 场景　　B. 数据　　C. 程序　　D. 函数

4. 一个用例是实现一个目标所需步骤的描述，而分析用例是那些需要定义（　　）的组织所需要的关键成功要素之一。

A. 程序模板　　B. 数据结构　　C. 分析架构　　D. 对象实例

5. 由于分析方法存在着很大不同，需要对用例进行区分，为此，研究者提出了六种分析用例，但下列（　　）不属于其中之一。

A. 预测　　B. 测试　　C. 发现　　D. 优化

6. 构建（　　）是分析中的经典用例，它是许多常见应用的基础。

A. 预测模型　　B. 数据模型　　C. 数据结构　　D. 程序模块

7. 为建立一个完美的模型，更大的分析数据集为分析师带来了新的机会和问题，但下列（　　）是错误的。

A. 更多的用例、更多的观察结果、更多的数据行

B. 更多的变量、更多的特性、更多的数据列

C. 更好的算法和结构

D. 许多小模型

8. 预测通常需要将原始评分进行某种形式的变形，以转化成有用的形式，而自动决策需要将预测与（　　）相结合。

A. 程序设计　　B. 数据结构　　C. 测试数据　　D. 业务规则

9. （　　）和预报包括广泛应用于企业的一类独特分析，并且往往嵌入到企业系统中，用于管理制造、物流、门店运营等。

A. 时间序列分析　　B. 业务增长预测

C. 蒙特卡洛分析　　D. 线性增长估算

10. 有时，分析师会试图（　　）在数据中有用的模式，但并不需要正式预测、解释或预报。

A. 计算　　B. 评估　　C. 处理　　D. 发现

11. 在某些情况下，分析师将从文本中提取出的特性补充到预测模型中，称之为（　　）问题。

A. 文件分析　　B. 数据分析　　C. 文本挖掘　　D. 数值分析

项目 3

预测分析技术

任务 3.1 运用预测分析方法

音频

运用预测分析方法

音频

导读案例：用手机信令大数据控制疫情

导读案例 用手机信令大数据科学控制疫情

在网络中传输的各种信号，其中一部分是我们需要的（例如打电话的语音，上传的数据包等），而另外一部分是我们间接需要，用来专门控制电路的，这一类型的信号就称为信令。信令的传输需要一个信令网。

严格地讲，信令是这样一个系统，它允许程控交换、网络数据库、网络中其他“智能”节点交换下列有关信息：呼叫建立、监控、拆除、分布式应用进程所需的信息（进程之间的询问 / 响应或用户到用户的数据）、网络管理信息。信令是在无线通信系统中，除了传输用户信息之外，为使全网有秩序地工作，用来保证正常通信所需要的控制信号。

与 2003 年 SARS 相比，我们的科技水平已经有了较大的提高，提高科技手段的运用，特别是利用互联网和手机信令的优势，完全可以通过数据的搜集和采纳，有针对性地解决防控疫情问题，减少因过度动员而造成的巨大经济和社会负担，也可以减少对城乡居民假期和正常生活的影响。

中国使用手机的覆盖率在成年人口中可以达到近乎百分之百，智能手机用户也占总手机用户的 70% 左右。2018 年全国手机用户达到 14 亿，和总人口基本相当。虽然其中双手机用户占一定比例，但除了少数的儿童和高龄老人之外，绝大部分人都在使用手机。通过手机定位可以迅速地找到每个人所在的位置，不只是当前所在位置，即使在过去的几个月内的行动轨迹也会留存。

从技术上来说，利用手机定位完全可以对一个地区甚至更大空间范围内的人口流动，进行详细的数据搜集。近些年一些城市在举办大型活动、人口调查和旅游人口流向分析上，都采用了手机信令的数据搜集和整理。为提高大型活动的安全治理，人口空间的分布情况以及旅游景区管理提供了重要的科学和数据保障。因此可以说，目前真正能覆盖所有位置定位的数据源，手机信令相比其他互联网公司的数据更为可靠，因为手机基本实现了全覆盖。而各类互联网公司，只能做到对重点用户的数据搜集，不能做到全覆盖。

掌握手机信令数据的是中国三大手机运营商，其中移动占70%，电信和联通各占15%。由于采取了手机实名制，我们不用担心信息来源的准确性。拿到这三家公司的手机数据，就可以完全掌握近期中国人口的流向和分布，特别是针对某一个地区的人口流向和分布。例如，对于武汉来说，近半年内的人口流入和流出情况，手机信令数据可以做到每天每人24小时内任何时间的定位。不仅仅是手机用户在本地的流动状况，即使是去外地，也可以通过分析去向，找到当地的手机运营公司。外地来武汉的人员，也可以通过手机信令数据得到他们流动和去向的具体情况。

三大手机运营公司的数据保存期限为半年，半年之后会因为新数据的增加，原数据被覆盖消除，因为手机信令的数据库存会占用资源和空间以及资金，但半年内的数据随时可以拿到。

如果现在发挥三大手机运营公司的优势，要求对来自武汉的人群过去一两个月的数据进行调查，可以做到对疫情重点地区人口流动的监测，可以监测到过去疫情发生的这段时间人口流动的状况和分布，甚至可以追踪到这些人的去向，以及可能影响到新的人群的分布情况。如果放大调查范围，可以对武汉中心城区人口流动的状况继续跟踪监测。采取这些方法，就可以有针对性地解决防控和监测问题，提高疫情防控效率。

因此，建议国家有关部门召集三大手机运营商提供数据来源并抽调社会资源，与三大运营商一起进行大数据分析。相信采取这种办法进行疫情防控是目前最为有效的措施，几乎可以保证一个不漏地对所有与疫情接触的人员被有效地管控和监测。

三大手机运营商可以充分发挥全国子公司的作用，配合这次手机信令数据调查。国家相关部门可以提供一定的财力支持，对于三大运营商所涉及的费用进行保障。同时也可以要求各级与疫情相关的重点城市和地区的政府，动员当地手机运营商，提供数据和人力，进行大数据分析。要求这些运营商公司的相关人员参加数据搜集和分析工作，确保对各地人员的流动状况提供准确的数据依据。

资料来源：李铁，中国城市和小城镇改革发展中心首席经济学家

阅读上文，请思考、分析并简单记录：

（1）什么是手机信令？普通手机用户需要运用这部分信号吗？

答：______________________________

____

____

（2）文章作者建议如何将手机信令用于控制疫情？

答：______________________________

____

____

（3）请分析，将手机信令用于控制疫情，会影响到个人隐私保护吗？如何加以控制？

答：______________________________

____

____

（4）请简单记述你所知道的上一周内发生的国际、国内或者身边的大事：

答：______________________________

____

____

任务描述

（1）理解预测分析的目标是根据所知道的事实来预测不知道的事情。

（2）与分析用例不同，预测分析方法论解释并且论证一系列步骤，刻画当前的做事方法，规定为获得一个特定的产出结果而所需的方法。

（3）熟悉预测分析流程的四个主要步骤，即业务定义、数据准备、模型开发和模型部署。

知识准备

预测分析的目标是根据所知道的事实来预测所不知道的事情。例如，你可能会知道一所住房的特征信息——它的地理位置、建筑时间、建筑面积、房间数等，但是不知道它的市场价值。如果知道了它的市场价值，就能为这个房子制定一个报价。类似的，你可能会想知道一个病人是否会患有某些疾病、一个手机用户每月消费的通话时长，或者借款人是否会每月还款等。在每个例子里，都要利用那些已经知道的数据来预测需要知道的信息。精准预测能产生很大的好处，能带动商业价值的增加，因为可靠的预测能够导致更好的决策（见图3-1）。

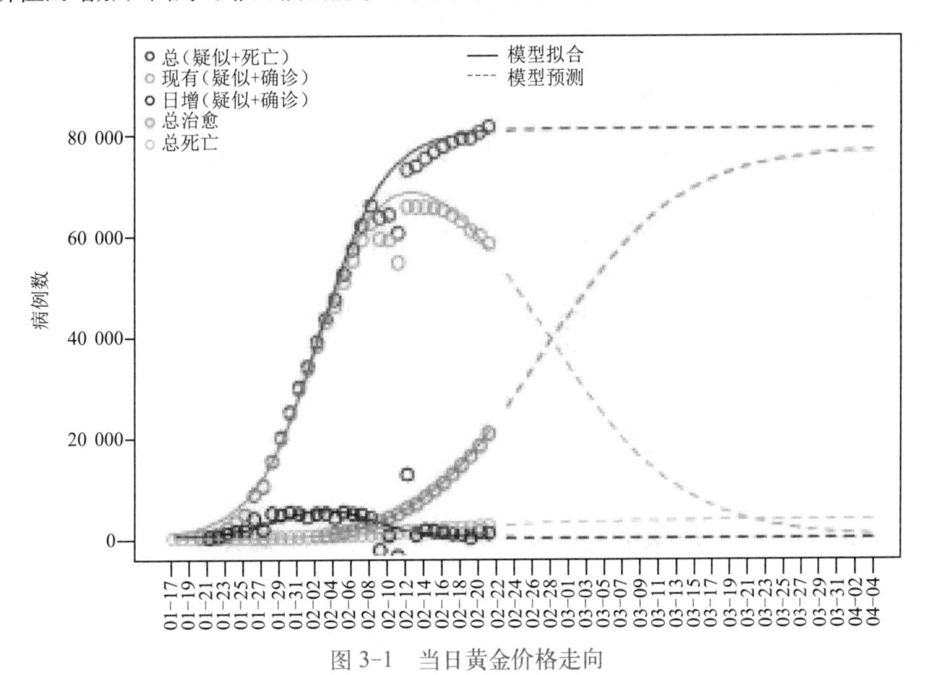

图3-1　当日黄金价格走向

3.1.1　预测分析方法论

预测分析的流程包括四个主要步骤或部分，即业务定义、数据准备、模型开发和模型部署，每一部分又包括一系列子任务（见图3-2）。应该明确的是，现代企业中的分析方法不只是一组数据的技术说明。还有一些必要的组织步骤来确保预测模型能够完成组织的目标，同时不会给业务带来风险。

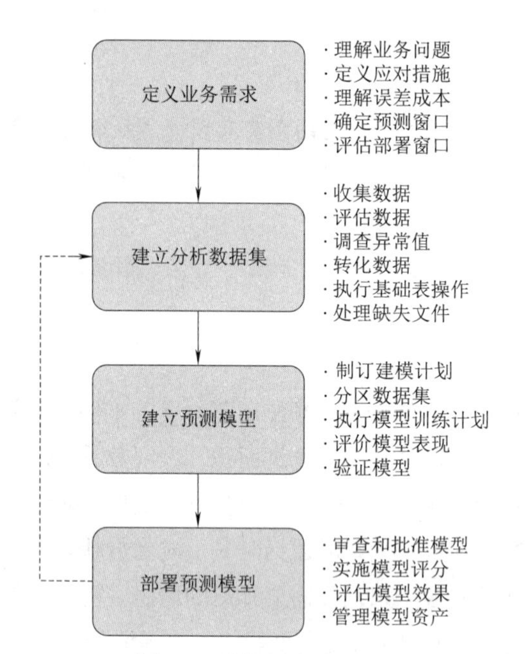

图 3-2　预测分析方法论

音 频

定义业务需求

3.1.2　定义业务需求

一个分析项目应该以结果为导向，并且其结果也应该对业务产生积极的作用，但这一点常常会被忽略。例如有的分析师往往不知道或者无法阐明他们所进行的分析会对项目的业务产生怎样的影响。

1. 理解业务问题

每个分析项目都应该从一个清晰定义好的业务目标开始，并且从项目利益相关者的角度来进行阐述。例如：

①将市场活动 ABC 的反馈率提高至少 x%。

②将欺诈交易损失减少 y%。

③将客户留存率提高 z%。

分析师经常抱怨组织不采用他们的分析结果。换言之，分析师花费了很大精力来收集数据、转化数据，运用分析构建预测模型，然后，该模型却被束之高阁，这样其实就是失败了。大多数的失败案例都是由于缺少精确定义的业务价值。这跟分析本身不同，实施预测模型是一项跨部门的活动，它需要利益相关者、分析师和 IT 等多方合作，并且也有既定的项目实施成本。

2. 定义应对措施

应对的措施之一就是你想要获得的预测内容。为了实现更大的价值，应对措施应该能对那些产出结果会影响组织关键指标的决策或者业务流程起到作用。例如，一个针对性的促销是否会对目标客户有影响，一个住房最可能的销售价格是多少，一个页面访问者最可能的下一次点击位置，或者一个足球赛中的进球分布。

在大多数分析案例中，应对措施代表了一种未来事件，因此你还不知道这种对策方法产生的结果。例如，一个信用卡发卡机构可能想要预测某个客户是否会在明年申请破产。一个发生在未来的事件本质上是不确定的，如果目的是为了避免给破产客户提供贷款从而减少债务损失，那么事后才得到信息就太晚了。

在一些情况下，应对措施代表了一个当前或过去的事件。例如，如果因为一些原因无法获得破产记录，就可以利用预测模型在其他客户信息的基础上估计一个客户是否之前已经申请了破产。

应对措施的时间维度应该是明确的。假设想要预测一个潜在借款人是否会在十年分期贷款里违约，应该定义违约的应对措施是在整个贷款周期内还是在一个更短的周期内。长期应对举措往往更适合商业决策，但是需要更多的历史数据去验证。预测长期行为也比预测短期行为更加困难，因为外部因素有更大的可能性来影响希望模拟的行为（见图 3–3）。

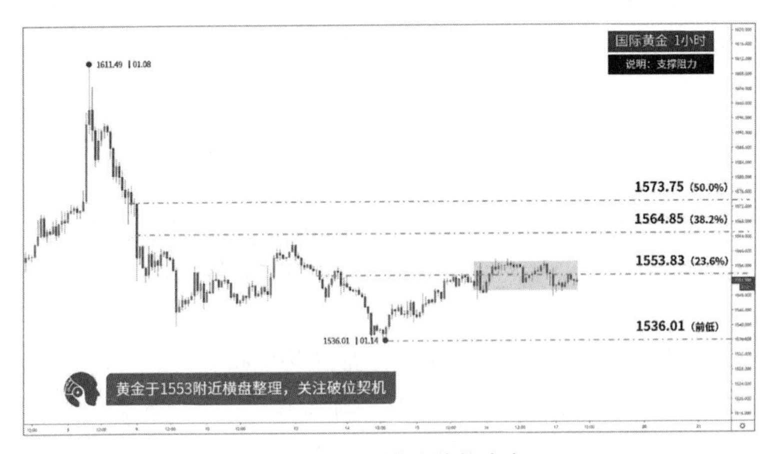

图 3–3　当日黄金价格走向

对于任何商业应用，都有可能需要预测多种对策：

①税务机关需要确定应该审核哪些纳税申报表：审计的成本很高，并且审计师的数量有限。为了最大限度地提高每个审计师带来的收益，税务机关应该同时预测瞒报收入的查出概率和税务机关可能收回的金额。

②一所大学希望最大限度地提高在校友捐赠活动中的投资回报。为了正确制定不同的策略，校方应该预测两个概率：每位校友响应的可能性和每位校友可能会捐赠的金额。

如果面对很多商业问题，想要预测的就可能是多个应对措施。例如，为了最大限度地提高一场捐赠活动的投资回报率（ROI），就会想知道预测捐赠活动的潜在目标是否会得到响应，以及如果响应了可能会捐助多少钱。

尽管存在单个模型对应多种应对措施建模的技术，但大多数分析师更愿意将问题划分成几个部分，然后针对每种应对措施分别建立预测模型。以这种方式分解问题，能够确保分析师针对每个应对措施产生的影响来独立优化预测模型，并且可以给业务使用者提供更大的灵活性。

例如，考虑两组可能的捐赠人：对活动响应度较低却有较高的平均捐赠额的人，以及对活动响应度较高却有较低的平均捐赠额的人，这两部分都有着相似的整体预期值。然而，通过细分应对行为和分别建模，客户可以区分这两组捐赠人并采取不同的策略。

大多数预测问题可以分成两类：分类和回归。在分类中，分析师希望预测将在未来发生的一个可分类的事件，在大多数案例中这是一个二值问题。因为消费者要么对一个营销活动做出响应，要么不响应；负债人要么宣布破产，要么不破产。在回归中，分析师希望预测一个连续值，例如消费者将会消费的手机通话时长，或者购买者将会在一个时期内消费的金额。有一些技术适合分类问题，而另一些适合回归问题，还有一些则同时可以用于分类和回归。分析师一定要了解所预测的问题，从而选择正确的技术。

3. 了解误差成本

在理想情况下，人们希望用一个模型就可以完美地预测未来的事件，但实际上这样的可能性不大。但放弃追求建立完美模型的想法，就应考虑模型要多精确才算“足够好”？

通常，预测模型必须能够提高决策的有效性，从而带来足够多的经济收益，以抵消开发和部署模型的成本。当风险价值较高时，预测模型能够产生很好的经济效益。如果风险价值较低，即使一个非常好的预测模型也只能提供很少的经济效益或几乎没有经济效益，因为做出一个错误决策的损失很小。

假设风险价值高到需要建立一个预测模型，那么这个模型的效果一定要比现有的针对性方案的效果好。预测模型的总体准确性十分重要，但一定要考虑到误差的成分。一个二值分类模型有两种正确的结果：它可以精准地预测一个事件是否会发生，或者它可以预测这个事件是否不会发生。同样它也有两种错误的结果：它可能错误地预测一个事件将会发生，或者它错误地预测这个事件不会发生。

假设开发预测模型的目标是预测在 ICU（重症监护病房）的患者心脏骤停这个事件（见图 3-4）。如果模型预测结果是该患者心脏会骤停，那么 ICU 的工作人员将会主动采取治疗措施，在这种情况下，患者有更大的可能活下来。否则，这些工作人员只会在患者心脏骤停时采取措施，到那时一切都太迟了。

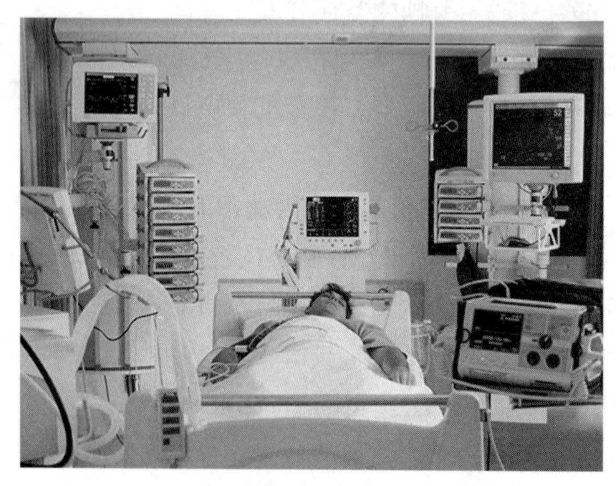

图 3-4　ICU 监测

如果一个预测模型错误地预测了该患者会心脏骤停，那么结果可以称作是积极错误。如果预测模型预测该患者不会心脏骤停，但是患者实际上心脏骤停了，那么结果则被称作是消极错误。在大多数的实际决策中，错误的代价是不对称的，这意味着积极错误的代价和消极错误的代价有着天壤之别。

在这个案例中，积极错误的代价只是不必要的治疗，而消极错误的代价则是患者死亡的概率增加。在大多数医疗决策中，利益相关者将把重心放在最大限度地减少消极错误而不是积极错误上。

4. 确定预测窗口

预测窗口对分析项目的设计有很大影响，它会影响到分析方法的选择和数据的选择。所有的预测都与未来发生的事件有关，但是不同的商业应用对预测提前的时间有不同的要求。例如，在零售业商店，排班人员可能只对明天或接下来几天的预期店铺流量感兴趣；采购经理可能会关注接下来几个月的店铺流量；而商场选址人员可能会关注未来几年的预测流量。

一般来说，随着预测窗口长度延长，模型预测的精确性会下降。换句话说，预测明天的店铺流量要比预测未来三年的店铺流量简单得多。其中有两个主要原因，一是预测窗口延长了，突发事件发生的概率会增加。例如，如果一个突发事件发生在店铺的附近，那么该店铺的流量将会发生改变。二是随着时间的变化，随机误差会累积增加，并且对预测产生很大的影响。

预测窗口也会影响预测中作为预测因子使用的数据。还是以零售业为例，假设你想要提前预测一天中一个店铺的流量，使用建立在动态参数上的一个时间序列分析可能就很好用，比如过去三天中的每日流量。另一方面，如果想要预测未来三年的店铺流量，可能不得不加入一些基础要素数据，如本地住房建设情况、家庭分布、家庭收入变化以及竞争格局的变化。

5. 评估部署环境

部署是分析过程的重要部分，分析师在开展预测建模项目工作前一定要了解预测模型的部署环境。有两种方式可以用来部署预测模型：批量部署或者事务部署。在批量部署中，评分机制会针对一组实体计算记录的预测结果，并且将结果存储在一个信息仓库中，需要使用预测结果的商业应用可以直接从信息库中获取预测结果。在事务部署中，评分机制根据应用程序的请求对每个记录计算预测结果，该应用程序会立即使用预测结果。事务型或者实时的评分对需要实时或很小延迟的应用至关重要，但是它们的成本也会更高，同时大多数应用并不一定需要较小的延迟。

分析师一定要知道一个应用程序可以在部署环境中获得哪些数据。这个问题很重要，因为分析师通常是在一个“沙箱”环境中开展工作，在这种环境中数据相对容易获取，也相对容易将其合并到分析数据集。而生产环境中可能存在运营上或者法律上的约束，这可能会限制数据的使用，或者让数据使用的成本大大增加。

从战略角度来说，如果目的是利用分析来确定什么数据对业务有最大的价值，那么在预测模型中使用当前部署环境没有的数据，可能会十分有效。然而在这种情况下，应该计划组织更长的实施周期。

部署环境也会影响分析师对分析方法的选择。一些方法，如线性回归或者决策树，生成的预测模型格式很容易在基于 SQL 的系统中实现。其他一些方法，如支持向量机或者神经网络，则很难实现。一些预测分析软件包支持多种格式的模型导出。但是，部署环境可能不支持分析软件包的格式，并且分析软件包可能不支持所有分析工具的模型导出。

3.1.3 建立分析数据集

音频

建立分析数据集

为分析预测工作而准备数据的过程包括数据采集、评估和转化，建立分析数据集则是预测分析的第一步（见图 3-5）。分析师知道这个工作对于模型的有效性十分重要，他们会投入足够多的时间做好这项工作。数据准备工作需要占据整个周期的大部分时间，它们代表了流程改进和上下游协同的机会。

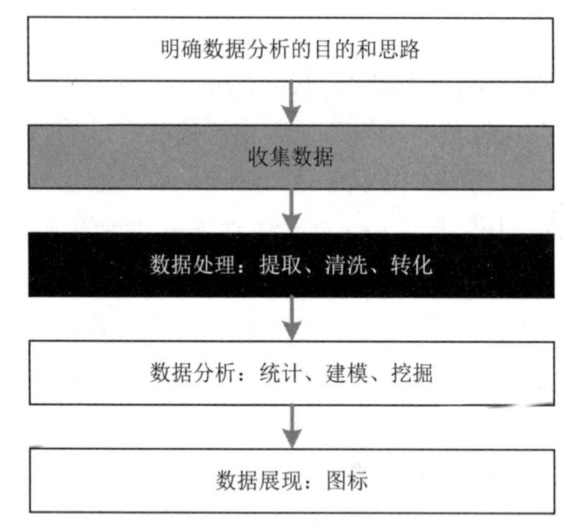

图 3-5　建立分析数据集

1. 配置数据

理想状态下，分析师是将分析工具连接到一个高效的企业信息仓库中，而现实生活中的企业分析与上述理想情况相比，不同点在于：数据存在于企业内部和外部的不同资源系统中；数据清理、集成和组织处理使数据从“混乱”到“干净、有条理、可记录”。虽然企业在数据仓库和主数据管理（MDM）方面已经取得了长足的进步，但只有很少的企业能跟得上不断增长的数据量和愈加复杂的数据。

“主数据管理”描述了一组规程、技术和解决方案，这些规程、技术和解决方案用于为所有利益相关方（如用户、应用程序、数据仓库、流程以及贸易伙伴）创建并维护业务数据的一致性、完整性、相关性和精确性。

分析师是为那些有即时业务需求的内部客户工作的，所以他们往往会在 IT 部门之前开始工作，他们会花费大量的时间收集和整合数据。这些时间大部分都花在调查数据潜在来源、了解数据采集、购买文档和数据使用许可上。实际操作中，将数据导入分析“沙箱”只会花费相对很少的时间。

2. 评估数据

当接收到数据文件时，分析师首先要确定数据格式是否与分析软件兼容，分析软件工具往往只支持有限的几种格式。如果可以读取数据，那么下一步就是执行测试，以验证数据是否符合相关文档。如果没有文档，分析师将花费一些时间来“猜测”数据格式和文件的内容。

如果数据文件是可读的，分析师会读取整个文件，如果文件很大的话，则读取一个样本文件，并且对数据进行一些基本的检查。例如对于表格数据，这些检查包括：

①确定键值是否存在，这对关联到其他表是很必要的。

②确保每个字段都被填充。字段不需要填充每一个记录，但所有行都是空白的字段可以从分析中删除。

③检查字段的变化。每行都填充相同值的字段可以从分析中删除。

④评估字段的数据类型：浮点、整数、字符、日期或其他数据类型，数据类型与特定平台相关。

⑤确定在数据文件中是否有对应此项目应对措施的数据字段。

3. 调查异常值

含有极端值或异常值的数据集会对建模过程产生不必要的影响，极端情况下甚至可能会使建立准确模型的工作变得困难。分析师不能简单地丢弃任何一个异常值（见图 3-6），例如一个保险分析师不能简单地放弃卡特里娜飓风所造成的那部分损失。

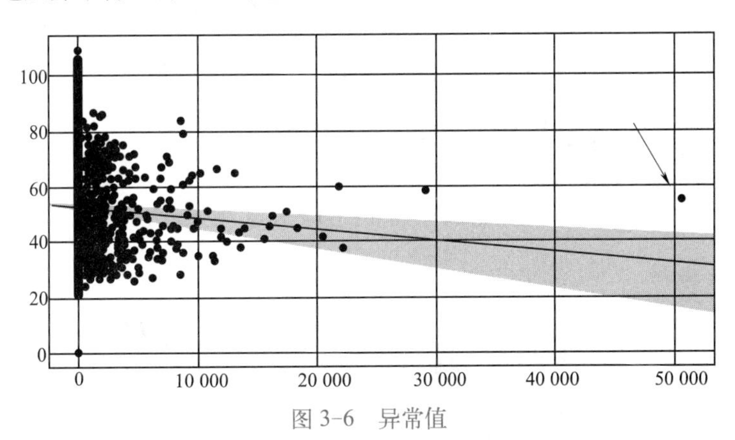

图 3-6 异常值

分析师应该调查离群值，以确定它们是否是在数据采集过程中人为造成的。例如，一位研究超市 POS 机数据的分析师发现了一些消费金额非常大的账户。在调查中，他发现这些“极端”的顾客是超市收银员在刷自己的会员卡，以使那些没有会员卡的顾客获得折扣。

又如，研究租赁公司数据的分析师发现，在一个市场中出现了这样的不寻常现象，大量进行贷款申请的客户并没有随后激活和使用这些贷款。分析师和客户提出了一些假设来“解释”观察到的这种行为。但是在调查中分析师发现，系统管理员在系统中进行了很多测试申请，但是却没有将测试申请和真实客户申请进行区分。

4. 转化数据

在建模开始前，必要的数据转换取决于数据的条件和项目的要求。因为每个项目的要求不同，对数据转换进行统一概括是不可能的，但是可以审查数据转换的原因以及通用类型的操作。

对研究数据进行转换的原因有两个。第一个原因是源数据与应用程序的业务规则不匹配。原则上，组织应在数据仓库后端实施流程，确保数据符合业务规则。这使整个企业有一致的应用程序。但实际上分析师往往必须在组织数据仓库之前进行分析工作，并且所用的数据也不是企业数据仓库的一部分。也有一些特殊情况，分析师会采用与企业业务规则不同的业务规则，以满足内部客户的需要。

分析转换数据的第二个原因是为了改善所建立预测模型的准确性和精确性。这些转换包括简单的数学变换、“分箱”的数值变量、记录分类变量以及更复杂的操作，如缺失值处理或挖掘文本提取特征。一些预测分析技术需要数据转化，而分析软件包会自动处理所需的转换（见图 3-7）。

当分析师验证模型时，转换数据极大地提高了模型的精确性和准确性。然而，分析师应该问的最重要的问题是：这样的转换是否能够在部署环境中实现。分析沙箱中“规范”的数据不能改善预测模型在实际市场中的预测效果，除非在部署环境中的数据可以利用相同的转换变成“规范的”。

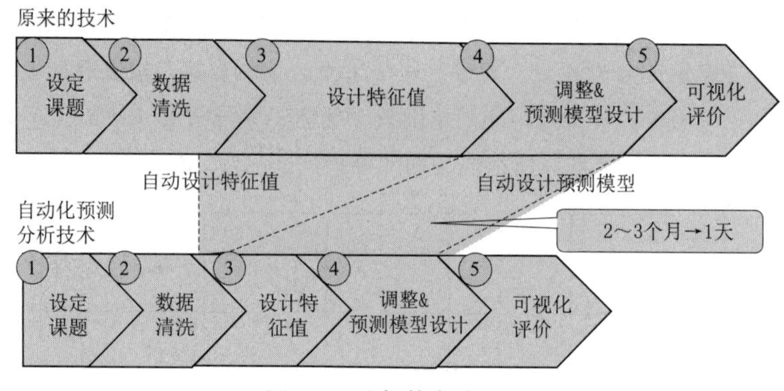

图 3-7 分析的自动处理

5. 执行基本表操作

分析工具软件一般需要将全部数据（应对措施和预测因子）加载到一个单独表格中。除非所有需要的数据已经存在于同一张表中，否则分析师必须执行基本表操作来建立分析数据集。这些操作包括：

①连接表。

②附加表。

③选择行。

④删除行。

⑤添加一列并用计算字段填充。

⑥删除列。

⑦分组。

高性能的 SQL 引擎通常在表操作方面比分析软件更有效，分析师应尽可能地利用这些工具进行基本数据的准备。

6. 处理丢失数据

数据可能会因为某些原因从数据集中丢失。数据有时是逻辑上丢失，例如当数据表包括记录客户数据服务使用的字段，但是消费者却没有订购该服务。在其他一些情况下，数据丢失是因为源系统使用一个隐含的零编码（零表示为空格）。数据丢失也可能是由于数据采集过程中人为的因素。例如，如果客户拒绝回答收入问题，该字段可能是空白的。

许多统计软件包要求每个数据工作表的单元格中都有值，并且将从表格中删除那些每列不是都有值的行。所以分析师使用一些工具来推断缺失数据的值，所使用的方法包括从简单的平均替代到复杂的最近邻方法。

对丢失数据的处理不会为数据增加信息价值，它们仅仅是为了可以应用那些无法处理缺失数据的分析技术。因为数据丢失很少是由于随机现象引起的，所以分析师需要在理解数据缺失的原因后，谨慎地使用推断技术来补足相关数据。

如同其他转换一样，分析师需要问自己是否能够在部署环境中将缺失的数据“修复”，以及“修复”所需的成本是多少。比起在分析数据集中“修复”数据，更好的做法是使用能够处理缺失数据的分析技术，例如决策树。

3.1.4　建立预测模型

尽管分析师经常会偏爱某一种技术，但是对于一个基于特定数据集的问题而言，通常事先不知道用哪种技术才能建立最好的预测模型，分析师要通过实验来确定最佳模型。现代高效的分析平台能够帮助分析师进行大量的实验，并且分析软件包有时也会包括脚本编写功能，因此分析师可以通过批量方式来指定和执行实验。

音 频

建立预测模型

1. 制订建模计划

尽管事实上我们可以通过暴力搜索得到最佳模型，但是对于大多数问题，实验的数量可能会庞大到令人难以置信。因此，利用建模技术能够提供许多不同的变量给分析师，任何一个变量都可能对模型效果产生质的影响。同时，加入分析数据集的每一个新预测变量会产生许多种确定一个模型的方法。我们需要考虑新预测因子产生的主要影响和对模型的多种数学转换，以及新预测因子和其他已存在因子之间的交互影响。

分析师能够通过一些方法缩小实验搜索区间。首先，因变量和自变量的特征可以限定可行分析技术的范围（见表 3-1）。

表 3-1　变量特征限定技术方法

技术方法	因变量	自变量
线性回归	连续	连续
广义线性模型	依赖于分布	连续
广义相加模型	依赖于分布	连续
逻辑回归模型	分数或序数	连续
生存分析	事件时间	连续
决策树		
CHAID	分类	分类
分类和回归树	连续或分类	连续或分类
ID3	分类	分类
C4.5/C5.0	连续或分类	连续或分类
贝叶斯	分类	分类
神经网络	连续或分类	连续（标准化）

其次，分析师可以通过计算每个预测变量的信息值删除那些没有数值的变量，从而缩小实验范围。通过使用正则化或逐步回归建模技术，分析师建立了只包含正向信息值变量的一个初步模型。许多分析软件包包含内置特征选择算法，分析师还可以利用开放的特征选择分析工具。

2. 细分数据集

对分析数据集进行分割或者分区应该是实际模型训练前的最后一步。分析师对于分割的正确数量和大小有不同的意见，但是在一些问题上达成了广泛的认同。

首先，分析师应该利用随机样本来创建所有的分区。只要分析师使用一个随机过程，简单采样、系统采样、分层采样、聚类采样都可以被接受。

其次，分析师应该随机选择一个数据集，并在模型训练过程中持续使用。这个数据集应该足够大，使分析师和客户可以对应用于生产数据的模型性能得出有意义的结论。

最后，根据所使用的具体分析方法，分析师可以进一步将剩余的记录数据分为训练和剪枝数据集。一些方法（如分类和回归树）集成了一些原生的功能，可以对一个数据集进行训练，并且对另一个数据集进行剪枝。

在处理非常大量的记录时，分析师可以通过将训练数据分割为相等的子数据集，并对单个子数据集运行一些模型的方法来加速实验进程。在对第一个复制数据集运行模型后，分析师可以放弃效果不佳的模型方法，然后扩展样本大小。分析师也可以显式地测量当样本扩大时模型的运行效果。

3. 执行模型训练计划

在这个任务中，分析师运行所需要的技术步骤来执行模型训练计划。所使用的技术和该技术的软件实现不同，具体的技术步骤也不同。然而理想情况下，分析师已经使用分析软件的自动化功能，或通过自定义脚本来使这个任务自动化完成。因为在一个有效模型训练计划中运行的单个模型数量可能会很大，所以分析师应该尽可能避免手工执行。

4. 测量模型效果

当运行大量模型时，需要一个客观方法来衡量每个模型的效果，因此可以对候选模型排名并选择最好的模型。如果没有一个测量模型效果的客观方法，分析师和客户就必须依赖手工对每个模型进行评价，这样会限制可能的模型试验数量。

测量模型效果有许多方法。例如“酸性测试”就是针对模型的业务影响，但要在建模过程中执行有效测量几乎不可能，所以分析师一般会依靠近似测量。对测量的选择有四个一般性标准：

（1）测量应该对指定的建模方法和技术具备通用性。

（2）测量应该反映独立样本下的模型效果。

（3）测量应该反映模型在广泛数据下的效果。

（4）测量应该可以被分析师和客户双方理解。

一般来说，测量方法可以分为以下三类。

（1）适合分类因变量的测量方法（分类）。

（2）适合连续因变量的测量方法（回归）。

（3）既适合分类也适合回归的测量方法。

对于分类问题，简单的总体分类准确性很容易计算和理解。所提出的列联表（“混淆矩阵”）的测量方法很容易理解（见表 3-2）。

表 3-2　混淆矩阵

实际行为			
预测行为	反应	无反应	总量
反应	312	4 688	5 000
无反应	224	44 776	45 000
总量	536	49 464	50 000

总体准确率：(312 + 44 776) / 50 000 = 90%

整体分类准确率不区分积极错误和消极错误。但是，在实际情况中，收益矩阵往往是不对称的，并且两类错误有不同的代价。一个预测模型可能会呈现出比另一种模型更好的总体准确率，但是除非理解积极错误和消极错误之间的区别，否则可能无法选出最佳的模型。

5. 验证模型

在分析项目的过程中，一个分析师可能会建立几十上百个候选模型。模型验证有两个目的：首先，它能够帮助分析师探测过度学习，例如：一个算法过度学习训练数据的特征却无法推广到整体中；其次，验证帮助分析师对模型从最好到最差评级，以此来识别对业务最好的选择。

分析师要区别不同种类的验证：

① *n* 折交叉验证。

②分割样本验证。

③时间样本验证。

n 折交叉验证是一种能够确保分析师利用小样本的抽样数据，通过二次采样现有数据，实现多次重叠复制，并且对每次复制数据单独进行验证模型的方法。当数据非常昂贵时（如临床试验）这是一种可使用的合理方法，但是对于大数据来说就不必要了。

在分割样本验证中，分析师将可用数据分割为两个样本，利用其中一个训练模型，而另一个用于验证模型。一些分析工具有内置的功能来指定训练和验证数据集，使分析师可以将以上两个步骤结合起来。

可以利用时间验证样本对模型进行部署前的二次验证。分析师在用于模型训练和验证的原始样本之外的不同时间点单独抽取样本。这是一个检查，用来确保模型准确性和精确性的估计是稳定的。

3.1.5　部署预测模型

音频

部署预测模型

在组织部署之前，预测模型（见图 3-8）并没有实际价值。在一些组织中，当建模结束时部署计划就开始了，这经常导致存在较长的部署周期。最坏的结果就是项目的失败，而这种情况经常发生。在一次调查中，只有 16% 的分析师说，他们的组织“总是”执行了分析的结果。

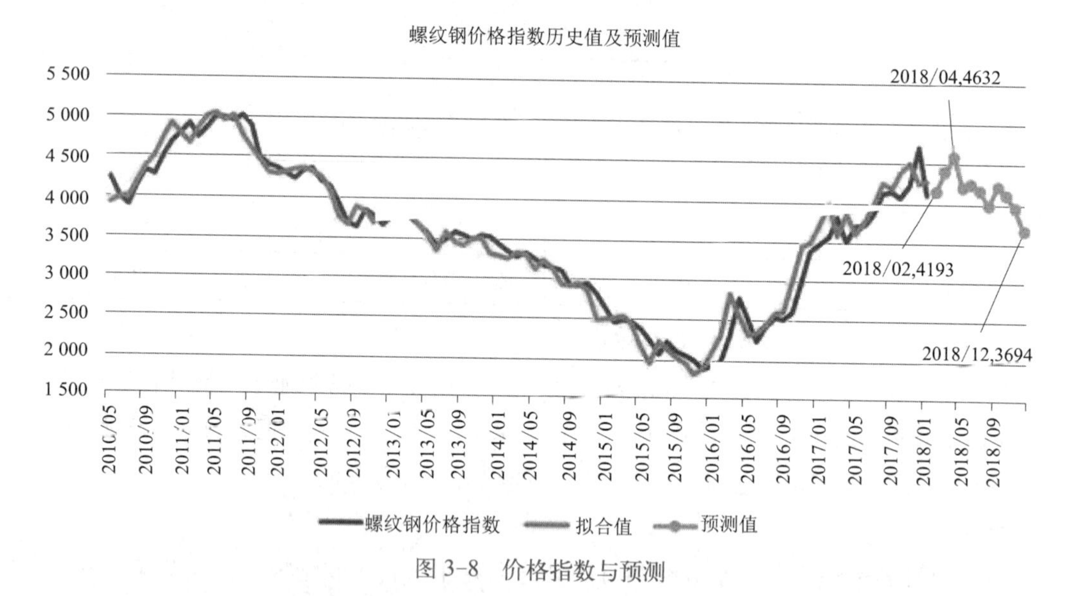

图 3-8　价格指数与预测

部署计划应该在建模开始前就展开。分析师在开始建模前一定要理解技术、组织和法律的约束。计划开始早期，IT 组织可以与模型开发并行地执行一些任务，以减少总周期时间。

1. 审查和批准预测模型

在许多组织中，部署的第一步是对预测模型的正式审查和批准。这个管理步骤有很多目的：首先，它确保了模型符合相关的管理个人信息使用的法律和法规；其次，它提供一个机会对模型和建立模型的方法进行同行审查。最后，正式批准模型投入生产环境所需资源的预算控制。

批准流程实际上在分析开始前就会展开。如果不能保证部署资源，开展一个预测建模项目将是毫无意义的。分析师和客户应该在收集数据前，充分了解数据使用的相关法律约束。如果法律和合规审查要求从一个模型中移除一个预测因子，分析师将不得不重新估计整个模型。

如果分析师和客户在项目开始阶段能够充分评测部署环境，审查步骤中就不应该有任何意外。如果模型使用的数据目前不在生产环境中，企业需要在数据源或者采取、转换和导入（ETL）流程环节进行投入来实现模型，这将增加项目的周期时间。

2. 执行模型评分

组织以批量过程的方式或者单个事务的方式来执行模型评分，并且可以在分析平台中使用原生预测或者将模型转化为一个生产应用。

在组织和部署时，模式不同，执行的具体步骤也不同。在生产应用程序中的模型部署必然导致跨部门或跨业务单元的工作。在大多数业务中，IT 组织管理生产应用。这些应用可能涉及其他的业务利益相关者，他们必须在部署前审查并批准模型。这是分析开始前定义和了解部署环境非常重要的另一个原因。

在分析应用中的模型部署需要较少的组织间协作，但是并不高效，因为它对分析团队有额外的要求。作为一个默认的规则，分析软件供应商不设计或构建用于支持生产水平性能和安全要求的软件，并且分析团队很少有支持生产经营的流程和纪律。

批量评分非常适合使用不经常更新数据的高延迟性分析。当所有的预测因子有着相同的更新周期时，执行评分过程最有效的方式就是把它嵌入到ETL的过程中，更新存储分数的资料库。否则，一个被预测因子更新所触发的数据库过程将是最有效的。

单个事务评分是对低延迟性分析最好的模型，在低延迟性分析中业务需要使用尽可能新的数据。当预测模型使用会话数据时，必须有单个事务评分，例如一个网站用户或者呼叫中心代表输入的数据。对于实时的事务评分，组织一般使用为低延迟设计的专业应用程序。

无论什么样的部署模式，分析师都有责任保证所产生的评分模型准确地再现经批准的预测模型。在一些情况下，分析师实际上会编写评分代码。更为常见的情况是，分析师编写一个规范，然后参与应用程序的验收测试。

尽管今天存在一些技术能够取代人工编程来建立评分模型，但是许多组织缺乏使用这些技术需要的数据流和表结构的一致性，由此造成的结果就是人工编程对很多组织来说仍然是模型部署过程中的瓶颈问题。

3. 评价模型效果

模型开发步骤结束时进行的验证测试为业务提供了信心，该模型将在生产部署时有效地运行。验证测试不能证明模型的价值，只有在部署模型后才能确定该模型的价值。

在理想情况下，预测模型在生产中会运行得像在验证测试中一样好。在现实情况中，模型可能会因为一些原因而表现得不那么好。最严重的原因是执行不力：分析师建立的分析数据集不能代表总体，不能对过度学习进行控制，或者以不可重现的方式转换数据。而且，即使完全正确执行的预测模型仍会随着时间的变化而“漂移”，因为基础行为发生变化，消费者的态度和品味将会改变，一个预测购买倾向的模型无法像它首次部署时表现得那样好。

组织必须跟踪和监控已部署模型的运行效果。最简单的方法就是捕捉评分历史记录，分析在一个固定周期的评分分布，并且将观测到的分布与原始模型验证时的评分分布相比较。如果模型验证评分服从一个正态分布，应该假设生产评分也服从正态分布。如果生产评分与模型验证评分不一致，有可能是基础过程在一些方面发生了改变，从而影响了模型的效果。在信用评分应用程序中，如果生产评分呈现一个趋向更高风险的偏斜，业务可能要采用一些导致逆向选择的措施。

漂移的评分分布并不意味着模型不再起作用，而是应该对它做进一步调查。为了评测模型效果，分析师通过对比实际行为和评分来进行验证研究。实际上，这花费的时间和精力与从头重新建立模型一样。当现代技术可以使建模过程自动化时，许多组织会完全跳过验证研究，而仅仅是定期重建生产模型。

4. 管理模型资产

预测模型是组织必须要管理的资产，随着组织扩大对分析的投资，这项资产管理的难度也在加大。

在最基本的层次上，模型管理只是一个编目操作：在一个合适的浏览和搜索库中，建立和维护每个模型资产的记录，往小处说，这减少了重复的工作。一个业务单元要求的项目，其项目需求可能与某一个现有资产的需求非常相似。理想情况下，一个目录包括响应和预测变量以及所需源数据的相关信息。这使组织在删除服务数据源时，能够确定数据依赖关系和所影响的模型。

在高层次上，模型管理库保留模型生命周期的信息。这包括从模型开发到验证的关键工作，如预期模型的得分分布，再加上定期从生产环境更新过来的数据。

更新模型管理库是预测建模工作流中的最后任务。

音 频

预测分析软件系统

3.1.6 预测分析软件系统

预测分析使用的技术可以发现历史数据之间的关系，从而预测未来的事件和行为。因此，预测分析已经在各行各业得到广泛应用，例如预测保险索赔、市场营销反馈、债务损失、购买行为、商品用途、客户流失等。

假设治疗数据显示，大多数患有 ABC 疾病的病人在用 XYZ 药物治疗后反映效果很好，尽管其中有个别人出现了副作用甚至死亡。你可以拒绝给任何人提供 XYZ 药物，因为它有副作用的风险，但这样一来，大多数病人就会继续受到疾病的折磨；或者也可以让病人自己来做决定，通过签署法律文件来免责。但是，最好的解决方法是基于患者的其他信息，利用分析来预测治疗的效果。

预测分析的方法论与用例截然不同，一套方法论解释并且论证一系列步骤，它不仅仅刻画当前的做事方法，更具有规范性和前瞻性，它规定了为获得一个特定的产出结果而所需的方法。

在目前流行的众多分析方法中，最著名的两个是 SAS SEMMA（数据挖掘方法体系）和 CRISP-DM（跨行业数据挖掘标准流程，与 SPSS 结合使用）。

CRISP-DM 系统的 KDD 过程模型于 1999 年欧盟机构联合起草。KDD，即知识发现，是从数据集中识别出有效的、新颖的、潜在有用的，以及最终可理解模式的非平凡过程。通过近几年的发展，CRISP-DM 模型在各种 KDD 过程模型中占据领先位置。

SAS（统计分析系统）是由美国北卡罗来纳州立大学于 1966 年开发的统计分析软件。1976 年 SAS 软件研究所成立，开始进行 SAS 系统的维护、开发、销售和培训工作。期间经历了许多版本，并经过多年来的完善和发展，SAS 系统在国际上已被誉为统计分析的标准软件，在各个领域得到广泛应用。

SAS SEMMA 包括下面这些部分：

Sample——数据取样。

Explore——数据特征探索、分析和预处理。

Modify——问题明确化、数据调整和技术选择。

Model——模型的研发、知识的发现。

Assess——模型和知识的综合解释和评价。

现代分析方法论应该充分利用现代分析工具所具有的功能。为了使效用最大化，分析师和客户应该全神贯注于项目过程开始和结论的部分——业务定义和部署上。问题定义和部署之间的技术开发活动，如模型训练和验证是很重要的，但是这些步骤中的关键选择却取决于如何定义这个问题。

实训与思考 预测分析项目的方案设计

预测分析的流程包括四个主要步骤或部分，即业务定义、数据准备、模型开发和模型部署，每一个部分又包括一系列的任务。请参考图 3-2 所示步骤流程，根据 ETI 的业务情况，尝试设定模拟项目，编制预测分析项目的一页纸简单方案。

请分析并记录：

你设定的（模拟）项目的名称是：____

请将你撰写的一页纸预测分析方案粘贴在下方：

-- 一页纸方案·粘贴于此 --

实训总结

____

____

____

____

____

____

教师实训评价

____

____

【作　业】

1. 预测分析的目标是根据你所知道的事实来预测（　　）的事情。

A. 已经发生　B. 不会发生　C. 你不知道　D. 很少发生

2. 预测分析使用的技术可以发现（　　）之间的关系，从而预测未来的事件和行为。

A. 历史数据　B. 原始数据　C. 当前数据　D. 数据模型

3. 在目前流行的众多分析方法中，最著名的就是（　　）。

A.Excel　B.WPS Office　C.PowerPoint　D.SAS

4. 预测分析的流程包括四个主要步骤，即业务定义、数据准备、模型开发和（　　），每一个部分又包括一系列的任务。

A. 模型测试　B. 模型部署　C. 系统调试　D. 数据更新

5. 一个分析项目应该以（　　）为导向，并且对业务产生积极的作用。

A. 数据　B. 程序　C. 结果　D. 利润

6. 每个分析项目都应该毫无例外地从一个清晰定义好的（　　）开始。

A. 业务目标　B. 方针政策　C. 利润指标　D. 质量指标

7. 分析项目大多数的失败案例都是由于缺少精确定义的（　　）。

A. 发展规模　B. 方针政策　C. 政治要求　D. 业务价值

8. 在大多数的分析案例中，应对措施代表了一种（　　），因此你还不知道这种对策方法产生的结果。

A. 重要对策　　B. 未来事件　　C. 应急措施　　D. 业务价值

9. 大多数分析师更愿意将问题划分成几个部分，然后针对每种应对措施分别建立（　　）。

A. 盈利模式　　B. 数据结构　　C. 预测模型　　D. 系统架构

10. 在大多数的实际决策中，错误的代价是不对称的，这意味着积极错误的代价和消极错误的代价有（　　）。

A. 天壤之别　　B. 很多相似　　C. 相当一致　　D. 色彩差异

11. 预测窗口对分析项目的设计有很大影响，它会影响到（　　）。

A. 系统规模的设定　　B. 系统质量的要求

C. 启动时间的设置　　D. 分析方法的选择和数据的选择

12. 一般来说，随着预测窗口长度的延长，模型预测的精确性会（　　）。

A. 上升　　B. 反弹　　C. 下降　　D. 不确定

13. 部署是分析过程的重要部分，组织用两种方式来部署预测模型：批量部署或者（　　）。

A. 人事安排　　B. 事务部署　　C. 规模设置　　D. 质量要求

14. 为分析预测工作准备数据的过程包括数据采集、数据评估和转化，建立分析数据集是预测分析的（　　）。

A. 第一步　　B. 第二步　　C. 第三步　　D. 最后一步

15. 对分析数据集进行分割或者分区是实际模型训练前的（　　）。

A. 第一步　　B. 第二步　　C. 第三步　　D. 最后一步

16. 预测模型在组织部署（　　）并没有实际价值。

A. 之后　　B. 之前　　C. 前后　　D. 过程中

任务 3.2　熟悉预测分析技术

音 频

熟悉预测分析技术

音 频

导读案例：日本中小企业的“深层竞争力”

导读案例　日本中小企业的“深层竞争力”

什么是企业真正的竞争力？日本福山大学经济学教授、日本中小企业研究专家中泽孝夫以“全球化时代日本中小企业的制胜秘籍”为主题做了一次演讲，以下是演讲的主要内容：

在日本，一家企业经营得好不好通常有两个认定标准：

第一、企业每年平均到每一个人的利润状况。

第二、企业是否能够持续经营。以一定时间内的营收总额去判断一个企业的好坏，似乎也可以作为一个标准，但也有做得很大，后来却倒闭的企业。

在日本，100 年以上的企业超过 3 万家，两三百年的企业也很多。为什么日本会有这么多长寿的中小企业？其中一定有独到之处。那它们的竞争优势，究竟体现在什么地方？

这种竞争优势分为两种：一种是眼睛看得见的表层竞争力，比如产品的外观设计或者某项功能。但这种竞争力很容易被替代，例如只要找到更好的人才，或者花钱把技术买过来，就可以解决，所以这不是真正的竞争力。真正的竞争力，是眼睛看不见的深层竞争力。

为什么行业最突出的企业反而失败了？

来看一个例子，明治维新后，纤维纺织业一直是日本的支柱产业。当时，有一家非常大的纺织公司叫钟纺，它出身名门家族，在当地很有声望，上市以后很快就变成行业第一。同一时期的公司还有东丽、帝人两家。钟纺是最风光的一家，但也是最快破产的一家。这三家公司面临的经营环境都一模一样，为什么东丽、帝人活下来了，最风光的钟纺反倒破产了？

原因在于东丽和帝人能够根据市场变化开发新的纤维材料，例如开发出碳素纤维、无纺纤维等新产品。二者最大的差别在于产品开发能力。背后涉及的问题，其实是内部制造技术如何保证新产品的开发？通过新工艺实现新产品的能力就是属于深层次的能力。

还有一个原因是什么呢？钟纺当时拥有很多土地，而 20 世纪 80 年代中后期日本泡沫经济的时候，土地涨价很厉害，1 日元买过来的土地可以卖到 2 000 日元。这样一来，他们的心思就不在主业上，整天想的是如何用土地来做担保贷款投资，通过这个方法来做大规模。反过来，真正在主业纺织纤维的产品开发、工艺开发却被忽略掉了。钟纺就是因为太有钱了，热衷于其他投资，从而忽略了主业，最后倒闭了。

丰田、日产发动机曾经一台五万日元成本的差距在哪里？

另一个案例，20 世纪 60 年代，当时的日产规模是大过丰田的，因为它和另外一家公司合资，总规模远远超过丰田。但是 30 年之后，日产的营收规模就只有丰田的 1/3 了，而这期间丰田和日产的经营环境是一模一样的。

为什么会有这么大的区别？主要是看不见的深层竞争力在发挥着关键作用。比如，日产和丰田曾经同时推出过一款相似的车型，售价都为 120 万日元，但日产的发动机比丰田的发动机成本要高 5 万日元（现在相当于 3 150 元人民币），这样，日产的利润率就相对较低了，为什么会出现这种情况？

这是因为丰田在生产流程和制造工艺上竭尽全力、想方设法降低成本。五万日元的差异，实际上是制造能力的差异。而创造这种制造优势的人是企业现场的员工。

丰田是怎么做到的呢？在生产过程中难免会发生各种小故障，丰田员工会去琢磨：为什么会发生故障？原因在哪儿？怎么解决？而不是像其他公司那样，故障出现以后就叫技术人员过来处理。时间一久，就沉淀为一种“现场的力量”，同样的产品，花5个小时和10个小时生产出来，价值是不一样的，丰田的现场是持续思考的现场。

在丰田，也包括在大多数日本企业，如果一个新员工加入工厂5年，就可以去世界各地的兄弟工厂支援。通过调研发现：同样在菲律宾的日本工厂，一个当地的员工要做到15年左右才可以被派出去对海外进行支援，15年太长，其实是等不及的。

同样做照相机，为何柯达败了，这家企业却转型成功？

我们做企业，其实就是为了提高产品附加值。产品价值是通过加工过程来实现的。这又涉及两方面，第一，在时间上做文章；第二，怎么做出好东西，这要在工艺、作业方法上下功夫，想办法降低不良率、不出不良品。

在大阪有一家叫东研的公司，开发出一项新的热处理工艺，可以做到目前热处理效果的五倍以上！技术开发出来了，没有生产设备咋办？技术是自己开发的，设备外面也没有，东研只有自己开发。所以，企业必须具备这种独特的技术开发能力，才能在竞争中取胜。

东研在泰国的工厂给丰田、电装做配套。当时在这个工厂里发生了一件事情：有一天，有个员工在对一批零件做热处理，已经连续做了3天，当天正在紧张地进行最后200个的加工。他越做感觉越不对劲，总觉得这200个和之前做出来的颜色不一样。他感到奇怪，想弄清楚为什么，于是马上通知客户。客户派人调查，结果发现最后200个产品是他们送错了材料。丰田非常感激，幸亏发现得及时，不然这200个零配件混到整车里面，这将是多大的麻烦？

为什么这个工人有这样的现场反应？尽管这位员工是泰国当地的员工，但他也能像日本人一样具备敏锐发现问题的能力，这属于“工序管理能力”。什么意思呢？通过生产线的管理体制，不论是哪个国家的人，只要按照这个方法在生产线上进行操作，就很快能具备这种敏锐发现问题的能力。这是一种现场的提案能力，员工会边做边思考“我能不能做得更好?”，然后反向给领导提建议，从而把工序进行不断的优化。这种现场提案能力，慢慢会积淀出整个工艺流程、生产现场的力量。

这就叫看不见的深层竞争力。那么与表层竞争力之间是什么关系呢？

表层竞争力是深层竞争力的外在体现，深层竞争力是表层竞争力的来源。如果一个企业具备深层竞争力，它就会具备转型的能力。柯达为什么失败了，因为缺乏转型的能力！反而日本有几家同类型企业，转型做得很好。

日本做传统照相机的这些企业后来都转到哪里去了？比如奥林巴斯原来做相机，后来转到了化妆品、医疗器械，包括复印机领域。因为它掌握了原材料的开发能力、化学能力、成像能力。现在奥林巴斯是一个典型的医疗器械公司，它有一个产品，能把0.3 mm的设备伸到人的血管里做微创手术。

奥林巴斯还有一款CT扫描机，其技术来自于它的成像技术和解析技术。成像技术就是怎么看得见，解析技术就是看见了以后解释这是什么。通过做照相机，它掌握了相关核心技术，顺利切换到了其他领域（见图 3-9）。

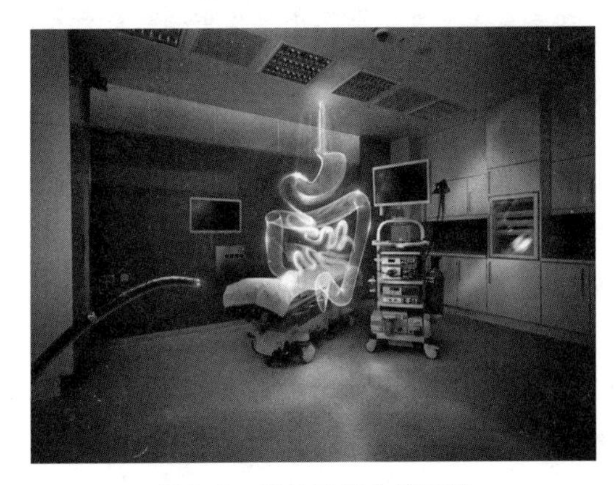

图 3-9　奥林巴斯内镜系统

人工智能、新能源汽车、物联网在日本都是伪命题

从深层竞争力出发，再去看当今社会流行的一些新概念，就会发现其实有些是伪命题。比如人工智能，其实是一种达成目的的手段。通过大数据做统计分析，从而找到最佳解决方案。但是，你想做什么产品、如何做得更好？这两个出发点是由人来决定的，原点还是要依靠人。

为了达到这个目的，用什么方法去获取大数据？通过音像可以获取大数据，通过感应器可以获取大数据，或者通过某种作业过程可以获取大数据，但前提是必须源于一个正确的目的，人工智能才能有效发挥作用。

另外，有人说接下来会是电动汽车的时代。但这种说法今天看来很难成立。全世界的汽车产量是每年 1 亿 800 万台。而过去 10 年积累下电动汽车的产能呢？ 2019 年是 30 万台，2020 年可能会达到 50 万台。电动汽车的产量占比还是非常低的，为什么？

根本原因在于充电电池的生产供应能力跟不上，全世界最大的充电电池厂家是松下，电动汽车的发展受制于电池。传统燃油车一箱油可以跑 400、500 km，电动汽车充满也只能跑 200、300 km。对于消费者来说，电动汽车只是多了一种选择，并不能完全取代传统燃油汽车。

再者，汽车最重要的部分是发动机！可是你会发现，90% 的汽车厂家使用的都是自己的发动机，通用产品很少。丰田曾和电装联合开发发动机，其实他们本身是一家，电装是从丰田分出来的，所以都是不对外的。

现在又说物联网。所谓的物联网是什么概念？其实也是一个伪命题。因为物与物之间的连接，企业只会通过网络传递想传递的信息，不能对外、不想对外传递的信息，也就是所谓的商业秘密，企业是不会通过物联网对外发布的。

中日企业精密仪器加工能力，深层差距在哪里？

再来提一个概念——公差，指产品允许的尺寸误差。在日本，一般的公差是 20 ~ 30 μm，也就是说，只要在这个公差范围内组装，产品质量都是有保证的。技术人员比较追求完美，说我们能不能把公差控制在 5 μm 以内，但那样的话，成本就会非常高。有人说，这是一种质量过剩。

再看中国，一般的公差是多少？ 50 ~ 60 μm，大家觉得这是一个比较合适的公差，可关键在于针对什么领域。对于一般家电产品，按照这个公差组装出来是没有问题的。但对于一些精密产业例如半导体，公差就必须控制在 17 nm 以内。这是什么概念？一亿分之一毫米的 17 倍。这样，中国就很难加工精密仪器。以半导体生产、半导体装备为例，目前只有荷兰和德国才能达到这种精度，所以全世界都只能从这两个国家进口。当然，日常生活所需的产品，中国的加工水平是完全可以满足的。

另外一个例子是，韩国和日本正在打贸易战，韩国有半导体工业，半导体工业最后有一道清洗工序要用到一种专门的清洗液，这种清洗液日本占全球 70% 的份额。日本不提供了，韩国就开始仿制，但是化学品和一般家电产品不同，没有办法进行解体，仿制非常困难，所以这时候整个韩国的半导体行业就运转不了。

因为目前半导体生产用的高精度加工装备、核心零部件和特殊材料主要掌握在日本和德国。有意思的是，日本生产特殊材料所用到的大部分原料都来自中国，中国有原料却加工不出来。为什么会这样？因为这种技术积累和核心开发能力的建立，怎么都要积累 50 到 70 年。因而，当前中国正是核心技术开发的积累期，此时非常有必要学习日本企业的深层，而非表层竞争力，才能给未来发展打下坚实的基础。

资料来源：中泽孝夫，中外管理杂志，2013-3-8

阅读上文，请思考、分析并简单记录：

（1）什么是“表层竞争力”？什么是“深层竞争力”？

答：________________________________

____

____

____

（2）文章指出的“行业最突出的企业反而失败了”，请简述为什么？有哪些典型例子？

答：________________________________

____

____

____

（3）文章为什么说：人工智能、新能源汽车、物联网在日本都是伪命题？

答：________________________________

____

____

（4）请简单记述你所知道的上一周内发生的国际、国内或者身边的大事：

答：________________________________

____

____

任务描述

（1）学习和熟悉统计方法。统计分析是大数据分析的重要方法，而统计分析就是用以数学公式为手段的统计方法来分析数据。

（2）学习和熟悉机器学习知识。机器学习是大数据预测分析的重要技术。

（3）了解神经网络，了解利用神经网络技术发展的深度学习。

（4）了解从文本和语音数据中提取有价值信息的语义分析实践。

（5）了解视觉分析等更多的大数据预测分析技术和方法。

知识准备

用于预测分析的技术已经有了一定的发展，目前有上百种不同的算法用于训练预测模型。许多统计技术同时适用于预测和解释，而有一些技术，如混合线性模型，主要用于解释，也就是分析师想要评价一个或者多个措施对于其他措施的影响。

一些预测分析的关键技术（如线性回归）是成熟的、易理解的、广泛应用的，并且在很多软件工具中容易获得。统计分析和机器学习是大数据预测分析的两个重要技术。细分、社会网络分析和文本分析等无监督学习技术有时也在预测分析工作流中起着重要的作用。

3.2.1　统计分析

音频

统计分析

统计分析就是用以数学公式为手段的统计方法来分析数据（见图 3-10）。统计方法，例如线性回归，利用已知的特征来估计数学模型的参数。分析师试图检验设定的假设，比如利率符合特定的数学模型。这些模型的优势在于它们具有高度的可归纳性。如果你能证明历史数据符合已知的分布，就可以使用这个信息来预测新情况下的行为。

图 3-10　统计分析

例如，如果知道炮弹的位置、速度和加速度，可以用一个数学模型计算来预测它将在哪里落下。依此类推，如果能证明对营销活动的反馈遵循一个已知的统计分布，可以根据客户的过去购买记录、人口统计指标、促销的品类等，胸有成竹地预测营销活动的效果。

统计方法大多是定量的，但也可以是定性的。这种分析通常通过概述来描述数据集，比如提供与数据集相关的统计数据的平均值、中位数或众数，也可以被用于推断数据集中的模式和关系，例如回归性分析和相关性分析。

音频

生存分析

统计方法面临的问题是，现实生活中的现象经常不会符合已知的统计分布。

3.2.2 生存分析

在一些商业应用中想要预测的因变量是事件的时间。时间长度可能是一生那么长，比如为生命保险业务建立人类死亡率模型，或者可以是设备故障的时间、客户账户流失的时间，或者任何其他类似的你想要预测的生存场景。

事件时间的测量为分析师提出了特别的问题。假设想要预测接受癌症治疗病人的生存时间。在三年后，其中的一些病人已经死亡，然后可以对这些病人分别计算生存时间。但是还有很多病人在三年后仍然活着，你就无法知道他们确切的生存时间。统计学家将这个问题称为审查，这是一个当尝试利用在有限时间内获取的数据对时间因变量建立模型时出现的问题。

有两种审查，分别是右审查和左审查。如果只知道相关事件是在某个日期之后，例如之前案例中在研究结束时存活的患者的情况，那么该数据是右审查的。另一方面，如果只知道事件的开始在某个日期之前，那么该数据是左审查的。例如，如果知道研究中的每个患者在研究开始之前接受治疗，但是不知道治疗的具体日期，该数据是左审查的。数据也可以既是右审查的也是左审查的。

生存分析是所开发的用于处理审查事件时间因变量的一系列技术(见图 3-11)。值得注意的是，如果审查不存在，可以使用标准建模技术进行事件时间的建模。但是对于一些研究，你将不得不在每个观测样本都发生最终事件前等待很长时间。在癌症治疗的实验中，一些病人可能会再活 20 年，因此，生存分析技术使分析师能够最大可能地利用可获得的数据，而不用等待每个患者都死亡、每个样本都损坏，或者每个监测账户都关闭。

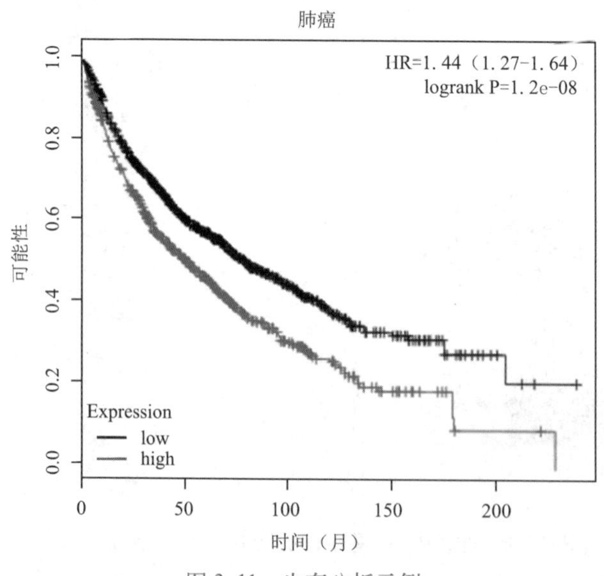

图 3-11　生存分析示例

常用的统计软件包（例如 SAS、SPSS 和 Statistica）以及在开源软件 R 中都有很多进行生存分析的软件包。

音 频

有监督和无监督学习

3.2.3　有监督和无监督学习

以学习活动为例，在学习中我们经常可以“举一反三”。以高考为例，高考的题目在上考场前我们未必做过，但在高中阶段学习时我们做过很多类似的题目，掌握了解决这类题目的方法。因此，在考场上面对陌生题目时我们也可以算出答案。在高中“题海战术”的做题训练中，参考答案是非常重要的，而这里的答案就是所谓的“标签”。假设两个完全相同的人进入高中，一个正常学习，另一人做的所有题目都没有答案，那么想必第一个人高考会发挥的较好，第二个人则可能会发疯。在学习中，如果所有练习都有答案（标签），则为有监督学习（又称监督学习）；而如果没有标签，那就是无监督学习。

此外还有半监督学习，是指训练集中一部分数据有特征和标签，另一部分只有特征，综合两类数据来生成合适的函数。

1. 有监督学习

“有监督学习”是指需要定义好因变量的技术，是从标签化训练数据集中推断出函数的机器学习任务（见图 3-12）。显然，大数据分析师主要使用有监督学习技术进行预测分析。如果没有预先设定的因变量，分析师会试图识别特征，但不会试图预测或者解释特定的关系，这些用例就需要运用无监督学习技术。

图 3-12　标签数据

训练数据由一组训练实例组成。有监督学习是最常见的分类（注意和聚类区分）问题。在有监督学习中，每一个例子都是一对由一个输入对象（通常是一个向量）和一个期望的输出值（也被称为监督信号）。通过有监督学习算法分析训练数据并产生一个推断的功能，可以用于映射新的例子。也就是说，用已知某种或某些特性的样本作为训练集，从给定的训练数据集中学习出一个函数（模型参数）以建立一个数学模型（如模式识别中的判别模型，人工神经网络法中的权重模型等），当新的数据到来时，可以根据这个函数预测结果，即用已建立的模型来预测未知样本，这种方法是最常见的有监督学习的机器学习方法。有监督学习的目标往往是让计算机去学习我们已经创建好的分类系统（模型）。

有监督学习是训练神经网络和决策树的常见技术。这两种技术高度依赖事先确定的分类系统给出的信息，对于神经网络，分类系统利用信息判断网络的错误，然后不断调整网络参数。对于决策树，分类系统用它来判断哪些属性提供了最多的信息。

监督学习：训练集的每一个数据已经有特征和标签，即有输入数据和输出数据，通过学习训练集中输入数据和输出数据的关系，生成合适的函数将输入映射到输出。比如分类、回归。

常见的有监督学习算法是回归分析和统计分类，应用最为广泛的算法是：

①支持向量机（SVM）。

②线性回归。

③逻辑回归。

④朴素贝叶斯。

⑤线性判别分析。

⑥决策树。

⑦ k-近邻（KNN）。

2. 无监督学习

虽然大数据分析师主要使用有监督学习进行预测分析，但如果没有预先设定的因变量，分析师会试图识别特征，不会试图预测或者解释特定的关系，这些用例就需要用无监督学习技术。

“无监督学习”是在无标签数据或者缺乏定义因变量的数据中寻找模式的技术（见图 3-13）。也就是说输入数据没有被标记，也没有确定的结果。样本数据类别未知，需要根据样本间的相似性对样本集进行分类（聚类）试图使类内差距最小化，类间差距最大化。

图 3-13　无标签数据

无标签数据例如位图图片、社交媒体评论和从多主体中聚集的心理分析数据等。其中每一种情况下，通过一个外部过程把对象进行分类都是可能的。例如，可以要求肿瘤学家去审查一组乳腺图像，将它们归类为可能是恶性的肿瘤（或不是恶性的），但是这个分类并不是原始数据源的一部分。无监督学习技术帮助分析师识别数据驱动的模式，这些模式可能需要进一步调查。

无监督学习的方法分为两大类：

（1）一类为基于概率密度函数估计的直接方法：指设法找到各类别在特征空间的分布参数，再进行分类。

（2）另一类是称为基于样本间相似性度量的简洁聚类方法：其原理是设法定出不同类别的核心或初始内核，然后依据样本与核心之间的相似性度量将样本聚集成不同的类别。

利用聚类结果，可以提取数据集中隐藏的信息，对未来数据进行分类和预测。应用于数据挖掘，模式识别，图像处理等。

在预测分析的过程中，分析人员可以使用无监督学习技术来了解数据并加快模型构建过程。无监督学习技术往往在预测建模过程中使用，包括异常检测、图与网络分析、贝叶斯网络、文本挖掘、聚类和降维。

3. 有监督和无监督学习的区别

有监督学习与无监督学习的不同点在于：

（1）有监督学习方法必须要有训练集与测试样本，在训练集中找规律，而对测试样本使用这种规律。而非监督学习没有训练集，只有一组数据，在该组数据集内寻找规律。

（2）有监督学习的方法是识别事物，识别的结果表现在给待识别数据加上了标签，因此训练样本集必须由带标签的样本组成。而非监督学习方法只有要分析的数据集的本身，预先没有什么标签。如果发现数据集呈现某种聚集性，则可按自然的聚集性分类，但不予以某种预先分类标签对上号为目的。

（3）无监督学习方法寻找数据集中的规律性，这种规律性并不一定要达到划分数据集的目的，也就是说不一定要“分类”。这一点要比有监督学习方法的用途更广。譬如分析一堆数据的主分量，或分析数据集有什么特点，都可以归于非监督学习方法的范畴。

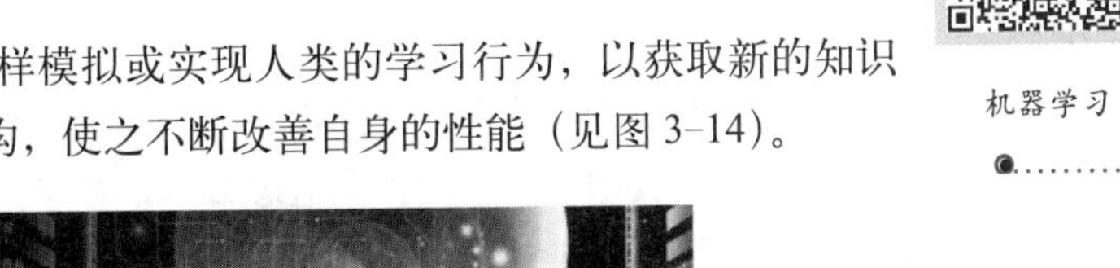

音频

机器学习

在人工神经元网络中寻找主分量的方法属于无监督学习方法。

3.2.4　机器学习

机器学习专门研究计算机怎样模拟或实现人类的学习行为，以获取新的知识或技能，重新组织已有的知识结构，使之不断改善自身的性能（见图 3–14）。

图 3–14　机器学习

机器学习与统计技术有本质上的区别，因为它们不是从一个关于行为的特定假设出发，而是试图学习和尽可能密切地描述历史事实和目标行为之间的关系。因为机器学习技术不受具体统计分布的限制，所以往往能够更加精确地建立模型。

1. 机器学习的思路

机器学习的思路是这样的：考虑能不能利用一些训练数据（已经做过的题），使机器能够利用它们（解题方法）分析未知数据（高考的题目）？最简单也是最普遍的一类机器学习算法就是分类。对于分类，输入的训练数据有特征有标签。所谓学习，其本质就是找到特征和标签之间的关系。这样当有特征而无标签的未知数据输入时，我们就可以通过已有的关系得到未知数据标签。在上述的分类过程中，如果所有训练数据都有标签，则为有监督学习。如果数据没有标签，就是无监督学习，即聚类（见图 3-15）。在实际应用中，标签的获取常常需要极大的人工工作量，有时甚至非常困难。

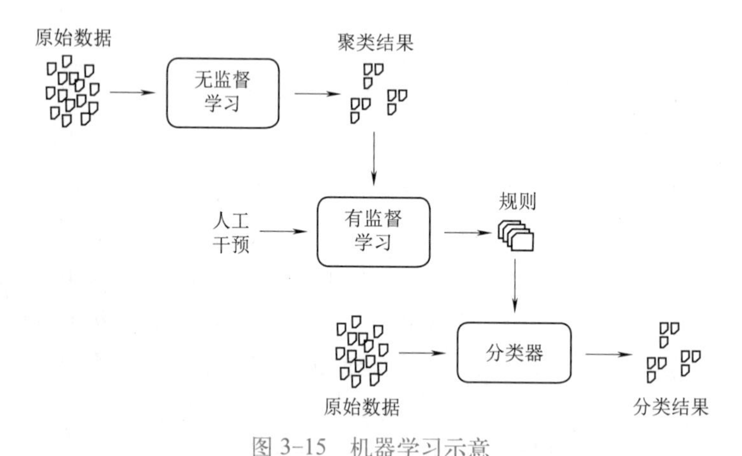

图 3-15　机器学习示意

在有监督学习和无监督学习之间，中间带就是半监督学习。对于半监督学习，其训练数据的一部分是有标签的，另一部分没有标签，而没标签数据的数量常常极大于有标签数据数量（这符合现实情况）。隐藏在半监督学习下的基本规律在于：数据的分布必然不是完全随机的，通过一些有标签数据的局部特征，以及更多没标签数据的整体分布，就可以得到可以接受甚至是非常好的分类结果。

人类善于发现数据中的模式与关系，不幸的是，我们不能快速地处理大量的数据。另一方面，机器非常善于迅速处理大量数据，但它们得知道怎么做。如果人类知识可以和机器的处理速度相结合，机器可以处理大量数据而不需要人类干涉——这就是机器学习的基本概念。

机器学习已经有了十分广泛的应用，例如：数据挖掘、计算机视觉、自然语言处理、生物特征识别、搜索引擎、医学诊断、检测信用卡欺诈、证券市场分析、DNA 序列测序、语音和手写识别、战略游戏和机器人运用，其中很多都属于大数据分析技术的应用范畴。

然而，机器学习技术会过度学习，这意味着它们在训练数据中学习到的关系无法推广到总体中。因此，大多数广泛使用的机器学习技术都有内置的控制过度学习的机制，例如交叉检验或者用独立样本进行修正。

随着统计和机器学习这两个领域的不断融合，它们之间的区别正逐渐变小。例如逐步回归就是一个建立在两种传统方法之上的混合算法。

2. 异常检测

一位从事连锁超市信用卡消费数据分析的分析师注意到有一些客户似乎消费了非常大的金额。这些“超级消费者”人数不多，但在总消费额中占有非常大的比例。分析师很感兴趣：谁是这些“超级消费者”？有没有必要开发一个特殊的计划来吸引这些消费者？

在更深入的调查，分析师发现那些所谓的“超级消费者”实际上是为没有会员卡的用户刷了自己会员卡的超市收银员。

一个异常现象是在某种意义上不寻常的情况。它可能是在某个指标上数值过大，比如银行储户有一笔金额很大的现金提款，或者是在多个指标上呈现出一种不符合常规的模式。根据业务场景，异常值可能意味着一种可疑活动、一个潜在的问题、一种新趋势的早期迹象，或者仅仅是一个简单的统计异常。不论是哪种情况，异常值需要进一步调查。通常，只有当异常是由数据采集过程中人为因素引起时才将异常值从分析数据集中移除。调查异常值会花费大量的时间，因此，需要用常规方法尽可能快地识别数据中的异常。

异常检测是指在给定数据集中，发现明显不同于其他数据或与其他数据不一致的数据的过程。这种机器学习技术被用来识别反常、异常和偏差，它们可以是有利的，例如机会，也可能是不利的，例如风险。

异常检测的目标是标示可疑的案例。为方便起见，可以将异常检测方法分为三大类。

①基于一般规则的方法。

②基于自适应规则的方法。

③多元方法。

异常检测与分类和聚类的概念紧密相关，虽然它的算法专注于寻找不同值。它可以基于有监督或无监督的学习。异常检测的应用包括欺诈检测、医疗诊断、网络数据分析和传感器数据分析。例如，为了查明一笔交易是否涉嫌欺诈，银行的 IT 团队构建了一个基于有监督的学习使用异常检测技术的系统。首先将一系列已知的欺诈交易送给异常检测算法，在系统训练后，将未知交易送给异常检测算法来预测他们是否欺诈。

异常检测适用的样例问题可以是：

①运动员使用过提高成绩的药物吗？

②在训练数据集中，有没有被错误地识别为水果或蔬菜的数据集用于分类任务？

③有没有特定的病菌对药物不起反应？

3. 单变量和多变量异常检测

在许多情况下，简单的单变量方法就足够了。在单变量异常检测中，分析师只需要运用简单的统计方法，这个过程会标记那些数值超过限定的最小值或最大值或者超过平均值给定标准偏差的记录。对于分类变量，分析师会把变量值与一列已接受的值相比较，标记那些不在列表中的记录。例如一个代表居住在中国的客户数据集中，一个“省 / 市 / 自治区简称”的变量应该只包括 2 个字节的可接受值，在这一项有任何其他值的记录就需要分析师审查。

不过，异常检测的单变量方法可能会遗漏一些不寻常的模式。例如：一个人身高 1.87 m，体重为 48 kg，这个人的身高和体重都没有超标，但是两者合起来就有点不寻常了。分析师利用多变量异常检测技术来识别这些特殊情况。分析师可以使用许多技术，例如聚类、支持向量机和基于距离的技术（如 K 最近邻域法）。当异常检测的主要目的是分析时这些技术非常有用，但在预测分析的过程中使用较少。

多变量系统会检查许多指标，并标记那些与设定统计模式不符的情况。由于无法在每辆车进站时进行物理检查，铁路公司会对每辆进站的车进行扫描并记录大量扫描数据。采用多元异常检测，该公司可以将检查目标聚焦在那些行为异常的车。车有什么问题是事先不知道的，但检查员可以决定车是否需要修理。

异常并不意味着不良行为本身。一个不寻常的交易可能意味着欺诈者已经劫持了信用卡账户，或者它也可能意味着合法的持卡人想要进行一笔大额消费。因此，组织使用异常检测来安排人工检查的优先顺序，包括欺诈调查员、呼叫中心代表或车辆检修人员。这些系统通常需要“调校”，确保人类的分析师不被误报所淹没。异常分析员会评估特定案例与正常情况的偏差程度，但分析员不能独自确定区分异常情况的准确分界点，这个必须由业务来确定。

在交易进行过程中实时进行异常检测的分析，组织从中获得的收益最大。一旦信用卡发卡机构批准了交易，如果交易是欺诈性的，可能很难或者无法挽回资金损失。

4. 过滤

过滤是自动从项目池中寻找有关项目的过程。项目可以基于用户行为或通过匹配多个用户的行为被过滤。过滤常用的媒介是推荐系统。通常过滤的主要方法是协同过滤和内容过滤。

协同过滤是一项基于联合或合并用户过去行为与他人行为的过滤技术。目标用户过去的行为，包括他们的喜好、评级和购买历史等，会被和相似用户的行为所联合。基于用户行为的相似性，项目被过滤给目标用户。协同过滤仅依靠用户行为的相似性，它需要大量的用户行为数据来准确地过滤项目。这是一个大数定律应用的例子。

内容过滤是一项专注于用户和项目之间相似性的过滤技术。基于用户以前的行为创造用户文件，例如，他们的喜好、评级和购买历史等。用户文件与不同项目性质之间所确定的相似性可以使项目被过滤并呈现给用户。和协同过滤相反，内容过滤仅致力于用户个体偏好，而并不需要其他用户数据。

推荐系统预测用户偏好并且为用户提供相应建议。建议一般关于推荐的项目，例如电影、书本、网页和人等。推荐系统通常使用协同过滤或内容过滤来产生建议。它也可能基于协同过滤和内容过滤的混合来调整生成建议的准确性和有效性。例如，为了实现交叉销售，一家银行构建了使用内容过滤的推荐系统。基于顾客购买的金融产品和相似金融产品性质所找到的匹配，推荐系统自动推荐客户可能感兴趣的潜在金融产品。

过滤适用的样例问题可以是：

①怎样仅显示用户感兴趣的新闻文章？

②基于度假者的旅行史，可以向其推荐哪些旅游景点？

③基于当前的个人资料，可以推荐哪些新用户做他的朋友？

5. 贝叶斯网络

托马斯·贝叶斯（1702—1761）是英国数学家、数理统计学家和哲学家，是对概率论与统计的早期发展有重大影响的人物，他发展的贝叶斯定理（又称贝叶斯公式、贝叶斯法则）用来描述两个条件概率之间的关系，是统计学中的基本工具。

尽管贝叶斯定理是一个数学公式，但其原理无须数字也可明了：如果你看到一个人总是做一些好事，则那个人多半会是一个好人。这就是说，当你不能准确知悉一个事物的本质时，可以依靠与事物特定本质相关的事件出现的多少去判断其本质属性的概率（见图3-16）。用数学语言表达就是：支持某项属性的事件发生得愈多，则该属性成立的可能性就愈大，这是概率统计中应用所观察到的现象对有关概率分布的主观判断（即先验概率）进行修正的标准方法。

图3-16　贝叶斯定理

但是，行为经济学家发现，人们在决策过程中往往并不遵循贝叶斯规律，而是给予最近发生的事件和最新的经验以更多的权值，在决策和做出判断时过分看重近期的事件。面对复杂而笼统的问题时，人们往往走捷径，依据可能性而非根据概率来决策。这种对经典模型的系统性偏离称为“偏差”。由于心理偏差的存在，投资者在进行决策判断时并非绝对理性，会产生行为偏差，进而影响资本市场上价格的变动。但长期以来，由于缺乏有力的替代工具，经济学家不得不在分析中坚持贝叶斯定理。

例如，生命科学家用贝叶斯定理研究基因是如何被控制的；教育学家意识到学生的学习过程其实就是贝叶斯法则的运用；基金经理用贝叶斯法则找到投资策略；谷歌用贝叶斯定理改进搜索功能，帮助用户过滤垃圾邮件；无人驾驶汽车接收车顶传感器收集到的路况和交通数据，运用贝叶斯定理更新从地图上获得的信息。在人工智能领域，机器翻译中更是大量用到贝叶斯定理。

其实阿尔法狗也是这么战胜人类的，简单来说，阿尔法狗会在下每一步棋的时候，都计算自己赢棋的最大概率，就是说在每走一步之后，他可以完全客观冷静地更新自己的信念值，完全不受其他环境的影响。

贝叶斯推理是一种正式的推理系统，它反映了人们在日常生活中所做的事情：使用新的信息来更新对于一个事件发生概率的推测。例如一个汽车经销店的销售人员必须决定要花多少时间在“顺路走进来看看”的人身上。销售人员从经验中总结出，这些消费者中只有很少的比例会购买车，但是他也知道，如果这些人目前拥有的汽车品牌正好是经销商有的品牌，则购买的可能性会明显增加。利用贝叶斯推理，销售人员会询问每个“顺路走进来看看”的人目前开什么车，然后利用这些信息来相应地定位这个潜在的客户。

假设你有某个实体的大量数据，并且想了解什么数据对于预测一个特定的事件是最有用的。例如，你可能会对一个按揭贷款组合中贷款违约的建模问题很感兴趣，并且拥有关于借款人、抵押物和当地经济条件的大量数据。贝叶斯方法会帮助人们识别每个数据项的信息价值，便于你可以集中精力在最重要的预测因子上。

一个贝叶斯简明网络代表一个数学图中变量之间的关系，表达在图中作为节点的变量和作为边的有条件的依赖关系（见图 3-17）。当与业务利益相关者共同定义预测模型问题时，这是探索数据的一个很有价值的工具。

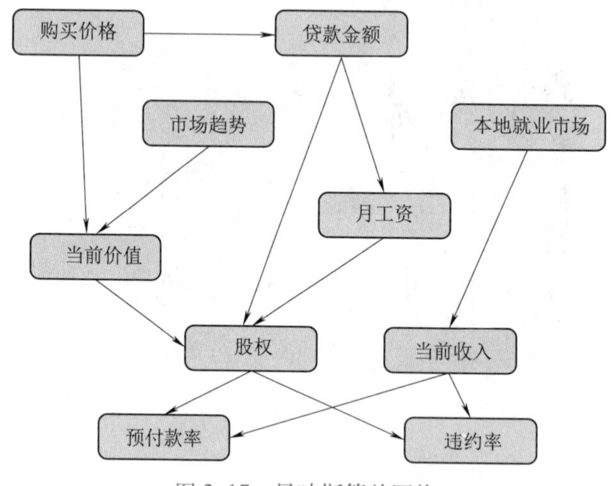

图 3-17　贝叶斯简单网络

大多数商业和开源的分析平台都可以构建贝叶斯简单网络。

6. 文本挖掘

文本和文档分析是分析的一个特别用例，其目标是为了从文本本身获取见解。这种“纯”文本分析的一个例子是流行的“词汇云”——一个代表文档中单词相对频率的可视化（见图 3-18）。

图 3-18　词汇云：中国共产党第十九次全国代表大会报告高频词

通过电子渠道获取的数字内容的爆炸性增长创造了文档分析的需求，文档分析产生了相似性和相异性的度量。例如用来识别重复内容、检测抄袭或过滤不想要的内容。

在预测分析中，文本挖掘起着补充作用：分析师试图通过把从文本中获取的信息导入到一个捕捉主题其他信息的预测模型的方式来提高模型效果。例如，一家医院试图依靠一连串的定量措施：如诊断标准、首次入院后的天数和治疗的其他特点——预测哪些病人出院后可能会再次住院。增加从业者记录中利用文本挖掘得到的预测因子能够改善模型。类似地，一个保险的运营商能够通过从呼叫中心捕获数据来提高预测客户流失的能力。

音频

神经网络

3.2.5　神经网络

应用了人工神经网络技术的深度学习是大数据和人工智能领域的一个相对较新的技术，它引发了人们对神经网络应用的新兴趣。此外，语义分析、视觉分析等，都说明大数据的预测分析技术已经有了长足的进步和愈加广泛的应用。

大数据带给我们的东西，无论从内容丰富程度还是详细程度上都将超过从前，从而会让我们的视野宽度与学习速度实现突破。用麦克森公司管理层的话来说，大数据可以让“一切潜在机会无所遁形”。

1. 人脑神经网络

人脑是一种适应性系统，必须对变幻莫测的事物做出反应，而学习是通过修改神经元之间连接的强度来进行的。现在，生物学家和神经学家已经了解了在生物中个体神经元（见图 3-19）是如何相互交流的。动物神经系统由数以千万计的互连细胞组成，而人类，这个数字达到了数十亿。然而，并行的神经元集合如何形成功能单元仍然是一个谜。

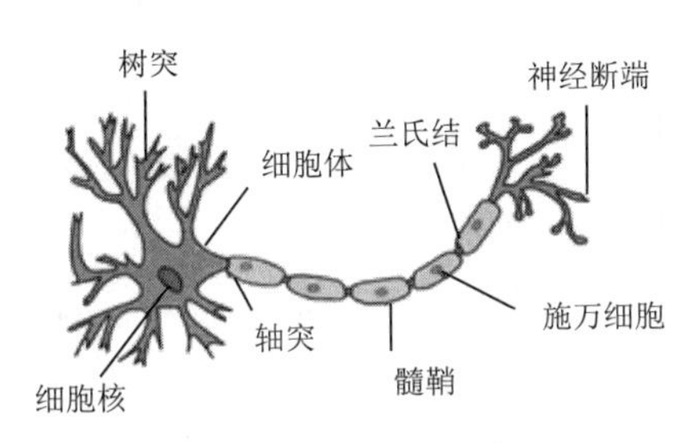

图 3-19　生物神经元的基本构造

电信号通过树突（毛发状细丝）流入细胞体。细胞体（或神经元胞体）是“数据处理”的地方。当存在足够的应激反应时，神经元就被激发了。换句话说，它发送一个微弱的电信号（以毫瓦为单位）到被称为轴突的电缆状突出。神经元通常只有单一的轴突，但会有许多树突。足够的应激反应指的是超过预定的阈值。电信号流经轴突，直接到达神经断端。细胞之间的轴突－树突（轴突－神经元胞体或轴突－轴突）接触称为神经元的突触。两个神经元之间实际上有一个小的间隔（几乎触及），这个间隙充满了导电流体，允许神经元间电信号的流动。脑激素（或摄入的药物如咖啡因）影响了当前的电导率。

2. 人工神经网络

人工神经网络（简称神经网络）是一种非程序化、适应性、大脑风格的信息处理，其本质是通过网络的变换和动力学行为得到一种并行分布式的信息处理功能，并在不同程度和层次上模仿人脑神经系统，它涉及神经科学、思维科学、人工智能、计算机科学等多个领域。

人工神经网络运用了由大脑和神经系统的研究而启发的计算模型，它们是由有向图（“突触”）连接的网络节点（“神经元”）。神经科学家开发神经网络是把它作为研究学习的一种方式，这些方法可以广泛应用于预测分析的问题。

在神经网络中，每个神经元接受数学形式的输入，使用一个传递函数来处理输入，并且利用一个激活函数产生数学形式的输出。神经元独立运行本身的数据和从其他神经元获得的输入。

神经网络可以使用很多数学函数作为激活函数。但分析师更经常使用非线性函数，像是逻辑函数，因为如果一个线性函数完全能够对目标建模，那就没有必要使用神经网络了。

神经网络的节点构成了层（见图 3-20），输入层接受外部网络的数学输入，而输出层接受从其他神经元的数学输入，并且把结果传输到网络外部。一个神经网络可能有一个或者一个以上的隐藏层，它们可以在输入层和输出层之间进行中间计算。

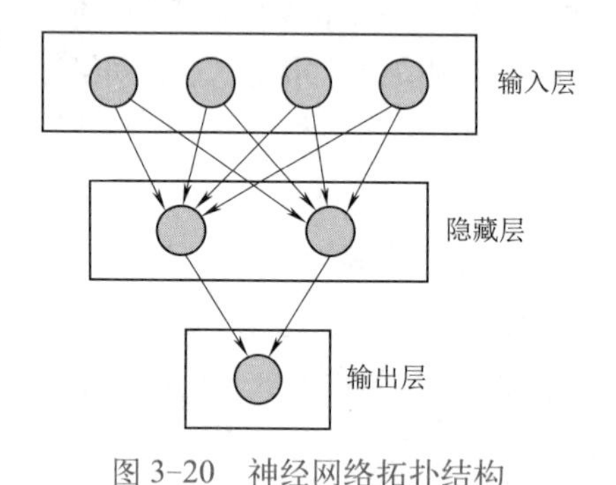

图 3-20　神经网络拓扑结构

3. 神经网络技术的应用

当使用神经网络进行预测分析时，首要步骤是确定网络拓扑结构。预测变量作为输入层，而输出层是因变量，可选的隐藏层则使模型可以学习任何复杂的函数。分析师使用一些启发式算法来确定隐藏层的数量和大小，但需要反复实验确定最佳的网络拓扑结构。

有许多不同的神经网络体系结构，它们在拓扑结构、信息流、数学函数和训练方法上有所不同。广泛使用的架构包括以下几种：

①多层感知器。

②径向基函数网络。

③ Kohonen 自组织网络。

④递归网络（包括玻尔兹曼机）。

多层感知器被广泛使用在预测模型中，它是反馈网络，也就是说一层的神经元可以接收从之前一层的任意一个神经元所输入的数据，但是不能接收来自同一层或者次一层神经元的输入。在一个多层感知器中，模型的参数包括每个连接的权重和每个神经元激活函数的权重。在分析师确定了一个神经网络的体系结构后，下一步是确定这些参数的值，从而使预测误差最小，这个过程称为训练模型。有很多方法来训练一个神经网络，其中，Kohonen 自组织网络是用于无监督学习的技术。

神经网络的关键优势在于它可以建立非常复杂的非线性函数模型，非常适合潜在预测因子数非常多的高维问题，而主要弱点是它很容易过度学习。一个网络在训练数据集中通过学习来最小化误差，但这跟在商业应用程序中最小化预测误差是不同的。像其他建模工具一样，分析师必须在独立样本中测试神经网络所产生的模型。

利用神经网络技术时，分析师必须对网络的拓扑结构、传递函数、激活函数和训练算法做出一系列选择。因为几乎没有理论来指导做选择，分析师只能依靠反复试验和误差来找到最佳模型。因此神经网络将会花费分析师更多的时间来产生一个有用的模型。

用于机器学习的商业软件包有 IBM SPSS Modeler、RapidMiner、SAS Enterprise Miner 和 Statistica，数据库类软件包括 dbLytix 和 Oracle Data Mining 都支持神经网络；开源软件 R 中有多种包支持神经网络；Python 的 PyBrain 软件包也提供了扩展功能。

音 频

深度学习

3.2.6　深度学习

深度学习是一类基于特征学习的建模训练技术，或者是从复杂无标签数据中学习一系列“特征”的一种功能。实际上，深层神经网络就是一种以无监督学习技术训练的多个隐藏层的神经网络。

以往很多算法是线性的，而现实世界大多数事情的特征是复杂非线性的。比如猫的图像中，就包含了颜色、形态、五官、光线等各种信息。深度学习的关键就是通过多层非线性映射将这些因素成功分开。

那为什么要深呢？多层神经网络比浅层的好处在哪儿呢？

简单地说，就是可以减少参数，因为它重复利用中间层的计算单元。还是以认猫作为例子。它可以学习猫的分层特征：最底层从原始像素开始，刻画局部的边缘和纹；中层把各种边缘进行组合，描述不同类型的猫的器官；最高层描述的是整个猫的全局特征。

深度学习需要具备超强的计算能力，同时还不断有海量数据输入。特别是在信息表示和特征设计方面，过去大量依赖人工，严重影响有效性和通用性。深度学习则彻底颠覆了“人造特征”的范式，开启了数据驱动的“表示学习”范式——由数据自提取特征，计算机自己发现规则，进行自学习。

也可以理解为：过去，人们对经验的利用靠人类自己完成；而深度学习中，经验以数据形式存在。因此，深度学习就是关于在计算机上从数据中产生模型的算法，即深度学习算法。现在计算机认图的能力已经超过了人类，尤其在图像和语音等复杂应用方面，深度学习技术有优越的性能。

示例 1：形状检测。

先从一个简单例子开始，从概念层面上解释究竟发生了什么。我们来试试看如何从多个形状中识别正方形（见图 3-21）。

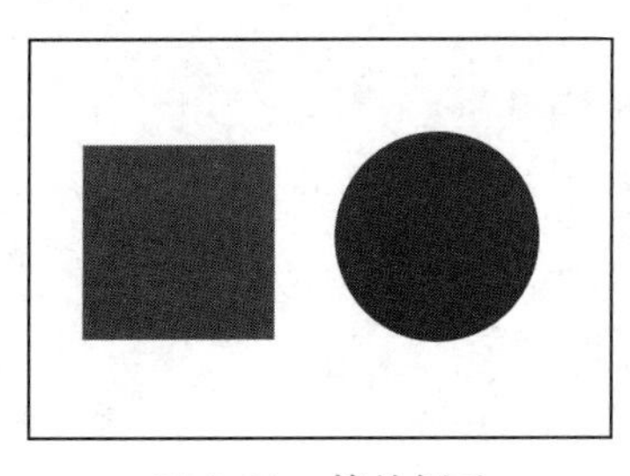

图 3-21　简单例子

第一件事是检查图中是否有四条线（简单概念）。如果找到这样的四条线，进一步检查它们是相连的、闭合的还是相互垂直的，并且它们是否相等（嵌套的概念层次结构）。

所以，我们以简单、不太抽象的方法完成了一个复杂的任务（识别一个正方形）。深度学习本质上是在大规模执行类似的逻辑。

示例 2：计算机认猫。

我们通常能用很多属性描述一个事物。其中有些属性可能很关键，很有用，另一些属性可能没什么用。我们将属性称为特征，特征辨识是一个数据处理的过程。

传统算法认猫，是标注各种特征：大眼睛、有胡子、有花纹。但这些特征写着写着，可能分不出是猫还是老虎了，甚至连狗和猫也分不出来。这种方法叫——人制定规则，机器学习这种规则。

深度学习的方法是，直接给你百万张图片，说这里面有猫，再给你百万张图片，说这里面没有猫，然后来训练，通过深度学习自己去学习猫的特征，计算机就知道了谁是猫（见图 3-22）。

图 3-22　猫

从 YouTube 视频里面寻找猫的图片是深度学习接触性能的首次展现

示例 3：谷歌训练机械手抓取。

传统方法肯定是写好函数，移动到 xyz 标注的空间点，利用程序实现一次抓取。

而谷歌现在用机器人训练一个深度神经网络，帮助机器人根据摄像头输入和电机命令，预测抓取的结果。简单地说，就是训练机器人的手眼协调能力。机器人会观测自己的机械臂，实时纠正抓取运动。所有行为都从学习中自然浮现，而不是依靠传统的系统程序（见图 3-23）。

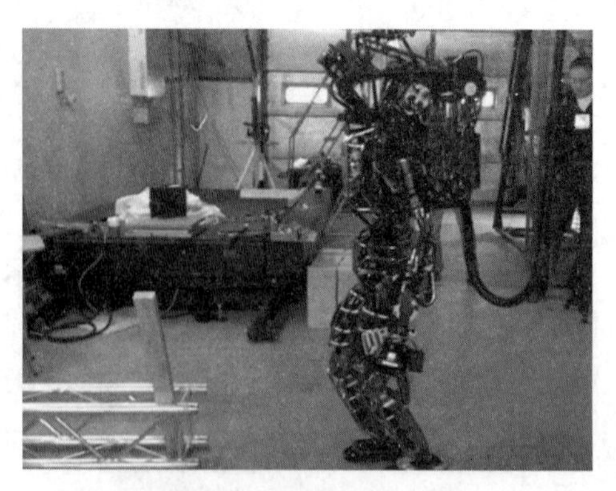

图 3-23　谷歌训练机械手

为了加快学习进程，谷歌用了 14 个机械手同时工作，在将近 3 000 小时的训练，相当于 80 万次抓取尝试后，开始看到智能反应行为的出现。资料显示，没有训练的机械手，前 30 次抓取失败率为 34%，而训练后，失败率降低到 18%。这就是一个自我学习的过程。

示例 4：斯坦福博士训练机器写文章。

斯坦福大学的计算机博士安德烈·卡帕蒂曾用托尔斯泰的小说《战争与和平》来训练神经网络。每训练 100 个回合，就叫它写文章。100 个回合后，机器知道要空格，但仍然有乱码。500 个回合后，能正确拼写一些短单词。1 200 个回合后，有标点符号和长单词。2 000 个回合后，已经可以正确拼写更复杂的语句。

整个演化过程是个什么情况呢？以前我们写文章，只要告诉主谓宾，就是规则。而这个过程完全没人告诉机器语法规则。甚至连标点和字母区别都不用告诉它。只是不停地用原始数据进行训练，一层一层训练，最后输出结果——就是一个个看得懂的语句。

一切看起来都很有趣。人工智能与深度学习的美妙之处，也正在于此。

3.2.7　语义分析

音频

语义分析

在不同的语境下，文本或语音数据的片段可以携带不同的含义，而一个完整的句子可能会保留它的意义，即使结构不同。为了使机器能够提取有价值的信息，文本或语音数据需要像被人理解一样被机器所理解。语义分析是从文本和语音数据中提取有意义的信息的实践。

1. 自然语言处理

自然语言处理是计算机科学领域与人工智能领域中的一个重要方向，是一门融语言学、计算机科学、数学于一体的科学。自然语言处理过程是计算机像人类一样自然地理解人类的文字和语言的能力，允许计算机执行如全文搜索这样的有用任务。自然语言处理研究能实现人与计算机之间用自然语言进行有效通信的各种理论和方法。因此，这一领域的研究将涉及自然语言，与语言学的研究有着密切联系但又有重要区别。

自然语言处理在于研制能有效地实现自然语言通信的计算机系统，特别是其中的软件系统。具体来说，包括将句子分解为单词的语素分析、统计各单词出现频率的频度分析、理解文章含义并造句的理解等。例如为了提高客户服务的质量，冰激凌公司启用了自然语言处理将客户电话转换为文本数据，从中挖掘客户经常不满的原因。

不同于硬编码所需的学习规则，有监督或无监督的机器学习被用在发展计算机理解自然语言上。总的来说，计算机的学习数据越多，它就越能正确地解码人类文字和语音。自然语言处理包括文本和语音识别。对语音识别，系统尝试理解语音然后行动，例如转录文本。

自然语言处理适用的问题例如是：

①怎样开发一个自动电话交换系统，它可以正确识别来电者的口语甚至方言？

②如何自动识别语法错误？

③如何设计一个可以正确理解英语不同口音的系统？

自然语言处理的应用领域十分广泛，如从大量文本数据中提炼出有用信息的文本挖掘，以及利用文本挖掘对社交媒体上商品和服务的评价进行分析等。智能手机 iPhone 中的语音助手 Siri 就是自然语言处理的一个典型应用。

自然语言处理大体包括了自然语言理解和自然语言生成两个部分，这两部分都远不如人们原来想象的那么简单。从现有的理论和技术现状看，通用的、高质量的自然语言处理系统仍然是较长期的努力目标，但是针对一定应用，具有相当自然语言处理能力的实用系统已经出现，典型的例子有多语种数据库和专家系统的自然语言接口、各种机器翻译系统、全文信息检索系统、自动文摘系统等。

2. 文本分析

相比于结构化的文本，非结构化的文本通常更难分析与搜索。文本分析是专门通过数据挖掘、机器学习和自然语言处理技术去发掘非结构化文本价值的分析应用。文本分析实质上提供了发现，而不仅仅是搜索文本的能力。通过基于文本数据中获得的有用的启示，可以帮助企业从大量的文本中对信息进行全面的理解。

文本分析的基本原则是，将非结构化的文本转化为可以搜索和分析的数据。由于电子文件数量巨大，电子邮件、社交媒体文章和日志文件增加，企业十分需要利用从半结构化和非结构化数据中提取的有价值的信息。只分析结构化数据可能会导致企业遗漏节约成本或商务扩展机会。

文本分析应用包括文档分类和搜索，以及通过从 CRM 系统中提取的数据来建立客户视角的 360 度视图。

文本分析通常包括两步：

（1）解析文档中的文本提取：

①专有名词——人、团体、地点、公司。

②基于实体的模式——社会保险号、邮政编码。

③概念——抽象的实体表示。

④事实——实体之间的关系。

（2）用这些提取的实体和事实对文档进行分类。基于实体之间存在关系的类型，提取的信息可以用来执行上下文特定的实体搜索。图 3-24 简单描述了文本分析。

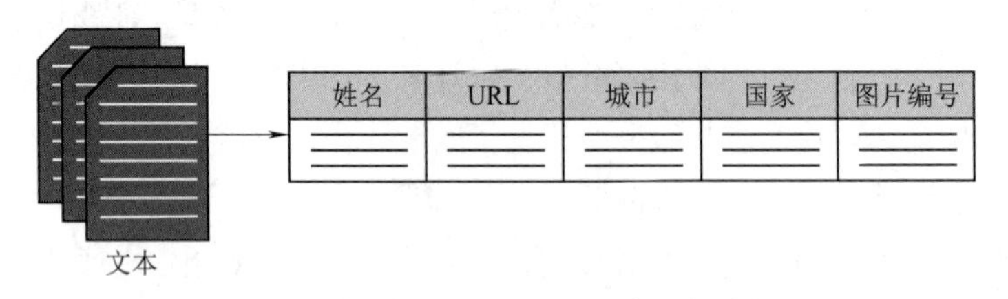

图 3-24　使用语义规则，从文本文件中提取

并组织实体，以便它们可以被搜索

文本分析适用的问题有，例如：

①如何根据网页的内容来进行网站分类？

②怎样才能找到包含我学习内容的相关书籍？

③怎样才能识别包含有保密信息的公司合同？

3. 文本处理

大数据的很多情况都包含文本和文件，如呼叫中心记录、医疗记录、博客日志、微信和脸书评论。

处理文本数据引出了两个密切相关但却是不同类型的问题。在某些情况下，分析师将从文本中提取出的特性补充到预测模型中，我们称之为文本挖掘问题。在其他情况下，分析的目标是处理整个文件以识别重复、检测抄袭、监控接收的电子邮件流等，我们称之为文件分析问题。舆情分析是一种特殊的文件分析，其分析的文本单元是新闻报道或社交媒体评论。

文本挖掘需要专门的文本处理工具，使分析师能够纠正拼写错误，删除某些词（如普通连词）等。文字清理后，分析师运行单词计数工具从文本中提取单词和短语来创建一个字计数矩阵（以文件为行，以词为列）。然后分析师将矩阵进行某种形式的降维（如奇异值分解）。接下来，分析员使用可视化工具，以产生文本的有意义的“图画”，例如一个词汇云。此外，分析师可以将缩减的文本特征矩阵和其他特征融合，建立一个预测模型。

在处理整个文档时，分析师可以制订差异度和相似性指标，以便识别重复或检测剽窃。相似性得分较高的文件通常需要进一步的审查。舆情分析需要复杂的自然语言处理工具，以检测挖苦讽刺等情感词语，并将评论分类为积极的、消极的或者中立的。

对于大型组织需要处理的大量文本和文件信息，通常需要高度可扩展的支撑平台。Hadoop是特别适合于这种分析任务的平台，它有着很好的扩展性，能够处理多样化的数据类型，而且成本很低。

4. 语义检索

语义检索是指在知识组织的基础上从知识库中检索出知识的过程，是一种基于知识组织体系，能够实现知识关联和概念语义检索的智能化检索方式。与将单词视为符号来进行检索的关键词检索不同，语义检索通过文章内各语素之间的关联性来分析语言的含义，从而提高精确度。

语义检索具有两个显著特征，一是基于某种具有语义模型的知识组织体系，这是实现语义检索的前提与基础，语义检索则是基于知识组织体系的结果；二是对资源对象进行基于元数据的语义标注，元数据是知识组织系统的语义基础，只有经过元数据描述与标注的资源才具有长期利用的价值。以知识组织体系为基础，并以此对资源进行语义标注，才能实现语义检索。

语义检索模型集成各类知识对象和信息对象，融合各种智能与非智能理论、方法与技术，实现语义检索，例如基于知识结构、知识内容、专家启发式语义、知识导航的智能浏览和分布式多维检索等。分类检索模型利用事物之间最本质的关系来组织资源对象，具有语义继承性，揭示资源对象的等级关系、参照关系等，充分表达用户的多维组合需求信息。

多维认知检索模型的理论基础是人工神经网络，它模拟人脑的结构，将信息资源组织为语义网络结构,利用学习机制和动态反馈技术,不断完善检索结果。分布式检索模型综合利用多种技术，评价信息资源与用户需求的相关性，在相关性高的知识库或数据库中执行检索，然后输出与用户需求相关、有效的检索结果。

语义检索系统中，除提供关键词实现主题检索外，还结合自然语言处理和知识表示语言，表示各种结构化、半结构化和非结构化信息，提供多途径和多功能的检索，自然语言处理技术是提高检索效率的有效途径之一。自然语言理解是计算机科学在人工智能方面的一个极富挑战性的课题，其任务是建立一种能够模仿人脑去理解问题、分析问题并回答自然语言提问的计算机模型。从实用性的角度来说，我们所需要的是计算机能实现基本的人机会话、寓意理解或自动文摘等语言处理功能，还需要使用汉语分词技术、短语分词技术、同义词处理技术等。

5.A/B 测试

A/B 测试，也被称为分割测试或木桶测试，是指在网站优化的过程中，同时提供多个版本，例如版本 A 和版本 B（见图 3-25），并对各自的好评程度进行测试的方法。每个版本中的页面内容、设计、布局、文案等要素都有所不同，通过对比实际的点击量和转化率，就可以判断哪一个更加优秀。

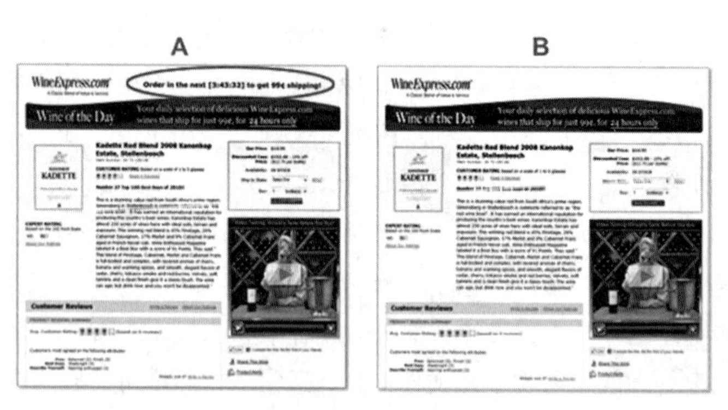

图 3-25　A/B 测试

A/B 测试根据预先定义的标准，比较一个元素的两个版本以确定哪个版本更好。这个元素可以有多种类型，它可以是具体内容，例如网页，或者是提供的产品和服务，例如电子产品的交易。现有元素版本称作控制版本，反之，改良的版本称作处理版本。两个版本同时进行一项实验，记录观察结果来确定哪个版本更成功。

尽管 A/B 测试几乎适用于任何领域，它最常被用于市场营销。通常，目的是用增加销量的目标来测量人类行为。例如，为了确定 A 公司网站上冰激凌广告可能的最好布局，使用两个不同版本的广告。版本 A 是现存的广告（控制版本），版本 B 的布局被做了轻微的调整（处理版本）。然后将两个版本同时呈献给不同的用户：

① A 版本给 A 组。

② B 版本给 B 组。

结果分析揭示了相比于 A 版本的广告，B 版本的广告促进了更多的销量。

在其他领域，如科学领域，目标可能仅仅是观察哪个版本运行得更好，用来提升流程或产品。A/B 测试适用的问题例如：

① 新版药物比旧版更好吗？

②用户会对邮件或电子邮件发送的广告有更好的反响吗？

③网站新设计的首页会产生更多的用户流量吗？

虽然都是大数据，但传感器数据和 SNS（社交网络平台）数据，在各自数据的获取方法和分析方法上是有所区别的。SNS 需要从用户发布的庞大文本数据中提炼出自己所需要的信息，并通过文本挖掘和语义检索等技术，由机器对用户要表达的意图进行自动分析。

在支撑大数据的技术中，虽然 Hadoop、分析型数据库等基础技术是不容忽视的，但即便这些技术对提高处理的速度做出了很大的贡献，仅靠其本身并不能产生商业上的价值。从在商业上利用大数据的角度来看，像自然语言处理、语义技术、统计分析等，能够从个别数据总结出有用信息的技术，也需要重视起来。

3.2.8　视觉分析

视觉分析是一种数据分析，指的是对数据进行图形表示来开启或增强视觉感知。相比于文本，人类可以迅速理解图像并得出结论，基于这个前提，视觉分析成为大数据领域的挖掘工具。目标是用图形表示来开发对分析数据的更深入的理解。特别是它有助于识别及强调隐藏的模式、关联和异常。视觉分析也和探索性分析有直接关系，因为它鼓励从不同的角度形成问题。

音频

视觉分析

视觉分析的主要类型包括：热点图、时间序列图、网络图、空间数据图等。

1. 热点图

对表达模式，通过部分－整体关系的数据组成和数据的地理分布来说，热点图是有效的视觉分析技术，它能促进识别感兴趣的领域，发现数据集内的极（最大或最小）值。例如，为了确定冰激凌销量最好和最差的地方，使用热点图来绘制销量数据。绿色用来标识表现最好的地区，红色用来标识表现最差的地区。

热点图本身是一个可视化的、颜色编码的数据值表示。每个值是根据其本身的类型和坐落的范围而给定的一种颜色。例如，热点图将值 0 ~ 3 分配给黑色，4 ~ 6 分配给浅灰色，7 ~ 10 分配给深灰色。热点图可以是图表或地图形式的。图表代表一个值的矩阵，在其中每个网格都是按照值分配的不同颜色（见图 3-26）。通过使用不同颜色嵌套的矩形，表示不同等级值。

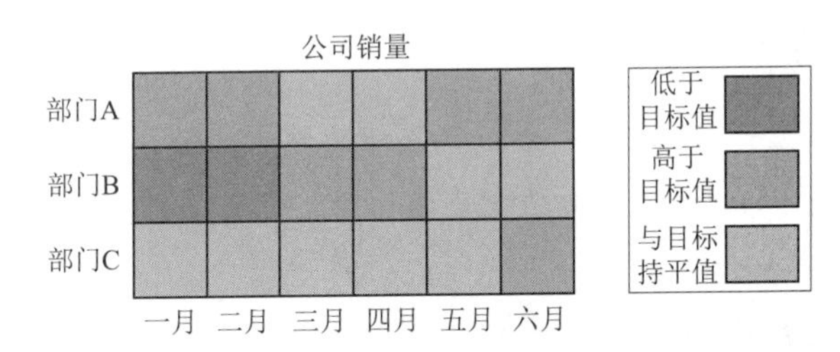

图 3-26　表格热点图描绘了一个公司三个部门在六个月内的销量

如图 3-27 所示，用地图表示地理测量，不同地区根据同一主题用不同颜色或阴影表示。地图以各地区颜色 / 阴影的深浅来表示同一主题的程度深浅，而不是单纯地将整个地区涂上色或以阴影覆盖。

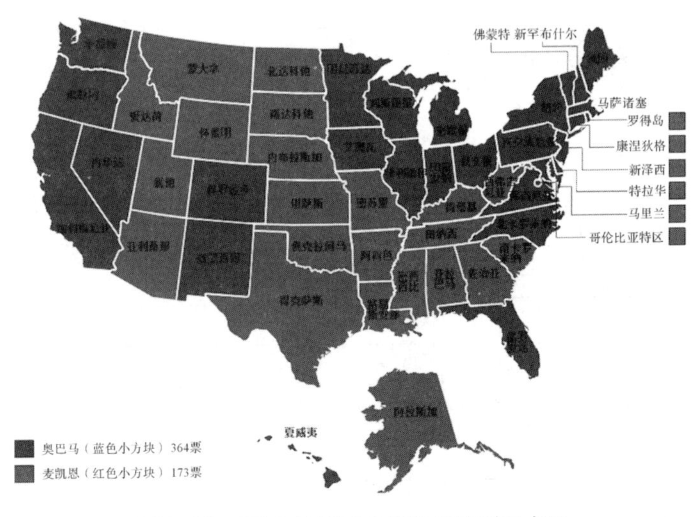

图 3-27　2008 年美国总统选举投票示意图

视觉分析适用的问题可以是：

①怎样才能从视觉上识别有关世界各地多个城市碳排放量的模式？

②怎样才能看到不同癌症的模式与不同人种的关联？

③怎样根据球员的长处和弱点来分析他们的表现？

2. 空间数据图

空间或地理空间数据通常用来识别单个实体的地理位置，然后将其绘图。空间数据分析专注于分析基于地点的数据，从而寻找实体间不同地理关系和模式。

空间数据通过地理信息系统（GIS）操控，利用经纬坐标将空间数据绘制在图上。GIS 提供工具使空间数据能够互动探索。例如，测量两点之间的距离或用确定的距离半径来画圆确定一个区域。随着基于地点的数据的不断增长的可用性，例如传感器和社交媒体数据，可以通过分析空间数据，然后洞察位置。

空间数据图适用的问题可以是：

①由于公路扩建工程，多少房屋会受影响？

②用户到超市有多远的距离？

③基于从一个区域内很多取样地点取出的数据，一种矿物的最高和最低浓度在哪里？

实训与思考 智能学习的熟悉度评估

统计分析和机器学习是大数据预测分析的两个重要技术，细分、社会网络分析和文本分析等无监督学习技术也在预测分析工作流中起着重要的作用。

1. 无监督学习的概念

请仔细阅读课文，简单阐述以下概念：

（1）什么是有监督学习？

答：______________________________

____

____

有监督学习技术的应用场景是：

答：______________________________

____

____

（2）什么是无监督学习？

答：______________________________

____

____

无监督学习技术的应用场景是：

答：______________________________

____

无监督学习的技术内容主要有:

答: ____________________

2. 机器学习的概念

请仔细阅读课文，简单阐述以下概念:

(1) 什么是机器学习?

答: ____________________

机器学习的应用场景有，例如:

答: ____________________

(2) 机器学习与统计技术的本质区别是什么?

答: ____________________

(3) 机器学习是如何运用无监督学习与有监督学习的技术的?

答: ____________________

3. 深度学习的概念

(1) 什么是有深度学习?

答: ____________________

深度学习的应用场景例如:

答: ____________________

(2) 机器学习与深度学习的小测验。

我们来做一次测试，以便评估你是否真的了解机器学习和深度学习。

请务必完成所有步骤，以保证完整地应答各个场景。

- 你将如何使用机器学习解决以下问题?
- 你将如何使用深度学习解决以下问题?
- 结论:哪种方法是更好的?

场景1:你需要建立一个用于自动驾驶车辆的软件组件。你构建的系统应该从相机中获取原始像素数据并预测你应该引导车轮的角度是多少?

场景2:给定一个人的信用和背景信息,你的系统应该评估出此人是否有资格获得贷款?

场景3:你需要创建一个可以将俄语消息翻译成印地安语消息的系统,以便俄语代表能够与当地的群众通信。

通过在线搜索,尽量找到针对上述问题的各种数据科学家的观点。

记录:请将你完成的测试另外用纸记录下来,并黏贴在下方,作为课程实践作业:

-- 请将作业粘贴于此 --

实训总结

____

____

____

____

____

____

教师实训评价

____

____

【作　业】

1. 统计分析就是用以(　　)为手段的统计方法来分析数据。

A. 计算函数　　B. 数学公式　　C. 数据结构　　D. 程序结构

2. 统计方法面临的问题是,现实生活中的现象(　　)已知的统计分布。

A. 经常不符合　　B. 完全吻合

C. 基本违背　　D. 不能确定

3. 相关性分析是一种用来确定(　　)的技术。如果发现它们有关,下一步是确定它们之间是什么关系。

A. 两个变量是否相互独立　　B. 两个变量是否相互有关系

C. 多个数据集是否相互独立　　D. 多个数据集是否相互有关系

4. 回归性分析技术旨在探寻在一个数据集内一个(　　)有着怎样的关系。

A. 外部变量和内部变量　　B. 小数据变量和大数据变量
C. 组织变量和社会变量　　D. 因变量与自变量

5. 在大数据分析中，（　　）分析可以首先让用户发现关系的存在，（　　）分析可以用于进一步探索关系并且基于自变量的值来预测因变量的值。

A. 相关性，回归性　　B. 回归性，相关性
C. 相关性，复杂性　　D. 复杂性，回归性

6. 在学习中，如果所有练习都有（　　），则为有监督学习。

A. 公式　　B. 图片　　C. 答案　　D. 表格

7. “无监督学习”是指那些在（　　）数据或者缺乏定义因变量的数据中寻找模式的技术。

A. 结构化　　B. 无标签　　C. 非结构化　　D. 有标签

8.（　　）专门研究计算机怎样模拟或实现人类的学习行为，以获取新的知识或技能，重新组织已有的知识结构，使之不断改善自身的性能。

A. 机器学习　　B. 简化分析　　C. 智能精简　　D. 神经网络

9. 在预测分析过程中，分析人员使用（　　）学习技术来了解数据并加快模型构建过程。

A. 无监督　　B. 有监督　　C. 高强度　　D. 快乐

10. 一个贝叶斯简明网络代表一个数学图中（　　）之间的关系，表达在图中节点和边有条件的依赖关系。

A. 结构　　B. 数据　　C. 变量　　D. 程序

11.（　　）是一个代表文档中单词相对频率的可视化。

A. 气泡图　　B. 箱图　　C. 词汇云　　D. 折线图

12. 分析师利用两类技术来降低数据集中的（　　）：特征提取和特征选择。

A. 分组　　B. 维度　　C. 模块　　D. 函数

13. 人类善于发现数据中的（　　），但不能快速地处理大量的数据。

A. 大小与数量　　B. 模式与规律　　C. 模式与关系　　D. 数量与关系

14. 分类是一种（　　）的机器学习，它将数据分为相关的、以前学习过的类别。这项技术的常见应用是过滤垃圾邮件。

A. 完全自动　　B. 有监督　　C. 无监督　　D. 无需控制

15. 下列（　　）不属于分类适用的问题。

A. 考虑一项正在探索的非典型问题（创新问题）是否有解？

B. 基于其他申请是否被接受或者被拒绝，申请人的信用卡申请是否应该被接受？

C. 基于已知的水果蔬菜样例，西红柿是水果还是蔬菜？

D. 病人的药检结果是否表示有心脏病的风险？

16. 聚类技术将一系列（　　）划分为不同的组，它们与一系列活跃变量是同质的。

A. 用例　　B. 数据　　C. 模块　　D. 数组

17. 聚类是一种（　　）的学习技术，通过这项技术，数据被分割成不同的组，每组中的数据有相似的性质。类别是基于分组数据产生的，数据如何成组取决于用什么类型的算法。

A. 手工处理　　B. 有控制　　C. 有监督　　D. 无监督

18. 聚类常用在（　　）上来理解一个给定数据集的性质。在形成理解之后，分类可以被用来更好地预测相似但却是全新或未见过的数据。

A. 自动计算　　B. 程序设计　　C. 数据挖掘　　D. 数值分析

19. 过滤是自动从项目池中寻找有关项目的过程。项目可以基于用户行为或通过匹配多个用户的行为被过滤。通常过滤的主要方法是（　　）。

A. 完全过滤和不完全过滤　　B. 数值过滤和字符过滤

C. 自动过滤和手动过滤　　D. 协同过滤和内容过滤

20. 人脑是一种适应性系统，必须对变幻莫测的事物做出反应，而学习是通过修改（　　）之间连接的强度来进行的。

A. 脑细胞　　B. 记忆细胞　　C. 记忆神经　　D. 神经元

21. 动物神经系统由数以千万计的互连细胞组成，而对于人类，这个数字达到了（　　）。

A. 数十亿　　B. 成百上千　　C. 数亿　　D. 数十万

22. 电信号通过树突（毛发状细丝）流入（　　），那里是"数据处理"的地方。

A. 神经体　　B. 血管　　C. 细胞体　　D. 皮下脂肪

23. 当存在足够的应激反应时，神经元就被激发了。神经元通常只有单一的（　　），但会有许多树突。

A. 血管　　B. 轴突　　C. 神经细胞　　D. 肌肉

24. 人工神经网络的本质是通过网络的变换和动力学行为得到一种（　　）的信息处理功能，并在不同程度和层次上模仿人脑神经系统。

A. 并行分布式　　B. 开源　　C. 集中统一　　D. 多层次

25. 当使用神经网络进行预测分析时，首要步骤是确定（　　）。

A. 数据结构　　B. 循环层次　　C. 数据格式　　D. 网络拓扑结构

26. 深度学习是一类基于（　　）的建模训练技术。

A. 数据结构　　B. 数据规模　　C. 特征学习　　D. 模块层次

27. 实际上，深层神经网络就是一种以（　　）学习技术训练的多个隐藏层的神经网络。

A. 有监督　　B. 无监督　　C. 混合监督　　D. 云监督

28. 语义分析是从文本和语音数据中由（　　）提取有意义的信息的实践。

A. 机器　　B. 人工　　C. 数据挖掘　　D. 数值分析

29. 自然语言处理是计算机科学领域与人工智能领域中的一个重要方向，是一门融合语言学、计算机科学、数学于一体的科学，其处理过程是（　　）

A. 人类像计算机一样自然地理解世界各国语言的能力

B. 人类像计算机一样自然地理解程序设计语言的能力

C. 计算机像人类一样自然地理解人类的文字和语言的能力

D. 计算机像人类一样自然地理解程序设计语言的能力

30. 文本分析是专门通过数据挖掘、机器学习和自然语言处理技术去发掘（　　）文本价值的分析应用。文本分析实质上提供了发现，而不仅仅是搜索文本的能力。

A. 自然语言　　B. 非结构化　　C. 结构化　　D. 字符与数值

31. 语义检索是指在（　　）组织的基础上，从知识库中检索出知识的过程，是一种基于这个体系，能够实现知识关联和概念语义检索的智能化的检索方式。

A. 网络　　B. 信息　　C. 字符　　D. 知识

32. 视觉分析是一种数据分析，指的是对数据进行(　　)来开启或增强视觉感知。相比于文本，人类可以迅速理解图像并得出结论，因此，视觉分析成为大数据领域的勘探工具。

A. 数值计算　　B. 文化虚拟　　C. 图形表示　　D. 字符表示

33. 下列（　　）不是视觉分析的合适问题。

A. 怎样才能得到经济增长的最佳指数值？

B. 怎样才能从视觉上识别有关世界各地多个城市碳排放量的模式？

C. 怎样才能看到不同癌症的模式与不同人种的关联？

D. 怎样根据球员的长处和弱点来分析他们的表现？

34. 时间序列图可以分析在固定时间间隔记录的数据，它通常用（　　）图表示，x 轴表示时间，y 轴记录数据值。

A. 圆饼　　B. 折线　　C. 热区　　D. 直方

35. 在视觉分析中，网络分析是一种侧重于分析网络内实体关系的技术。一个网络图描绘互相连接的（　　），它可以是一个人，一个团体，或者其他商业领域的物品，例如产品。

A. 物体　　B. 人体　　C. 实体　　D. 虚体

36. 空间或地理空间数据通常用来识别单个实体的（　　），然后将其绘图。空间数据分析专注于分析基于地点的数据，从而寻找实体间不同地理关系和模式。

A. 自然位置　　B. 空间位置　　C. 社交位置　　D. 地理位置

37.A/B 测试是指在网站优化的过程中，根据预先定义的标准，提供（　　）并对其好评程度进行测试的方法。

A. 一个版本　　B. 多个版本

C. 一个或多个版本　　D. 单个测试样本

项目 4

大数据分析与处理

任务 4.1 执行数据清洗与处理

音频

执行数据清洗与处理

音频

导读案例：公共数据开放的探索实践

导读案例 公共数据开放的探索实践

大数据，素有“二十一世纪的石油”之美称，其中大量数据是公共数据，指政府掌握的各类数据资源。政府数据向社会开放还处于起步阶段。政府内部如何共享数据，如何向社会开放数据，促进经济社会的发展，实在是一个宏大的命题。

公共数据开放非常重要，代表了未来的一种发展趋势，但我们不希望它成为一种放之四海而皆准的万能工具——因为越是万能的，就越是空洞的。接下来我们要弄清楚的问题是：谁来开放？向谁开放？开放的内容、范围和标准是什么？由谁监管？向谁负责？以及一个热议的问题：能否收费？

上海，是国内最早开始公共数据开放探索实践的城市之一，2018 年 9 月，上海市以市政府令的形式出台了《上海市公共数据和一网通办管理办法》（市府 9 号令）（以下简称《办法》）。这是上海出台的第一部有关公共数据的立法，明确了公共数据集中统一管理的体制和机制，由市大数据中心对各单位的公共数据，按照应用需求进行集中统一管理，并编制全市公共数据资源目录。公共数据管理立法的颁布施行，使得公共数据的采集、治理、共享等数据管理行为有了基本的法律依据，为公共数据开放奠定了更为坚实的基础。

公共数据开放并不等同于政府信息公开。公共数据开放和政府信息公开，到底是什么关系？

从建立数据开放制度的立法目的来理解，所谓公共数据开放中的“数据”是指第一手的原始记录，未经加工与解读（见图 4-1），而“信息”更多的是指经过连接、加工或解读之后被赋予了意义的产品。

鉴于此，政府信息公开与公共数据开放，存在着以下差异：

一是价值不同。政府信息公开，其主要目的是保障公众的知情权和监督权，提高政府透明度，促进依法行政，侧重于其政治和行政价值；而公共数据开放则强调公众对政府数据的利用，重在发挥政府数据的经济与社会价值，促进数字经济发展，打造智慧城市。

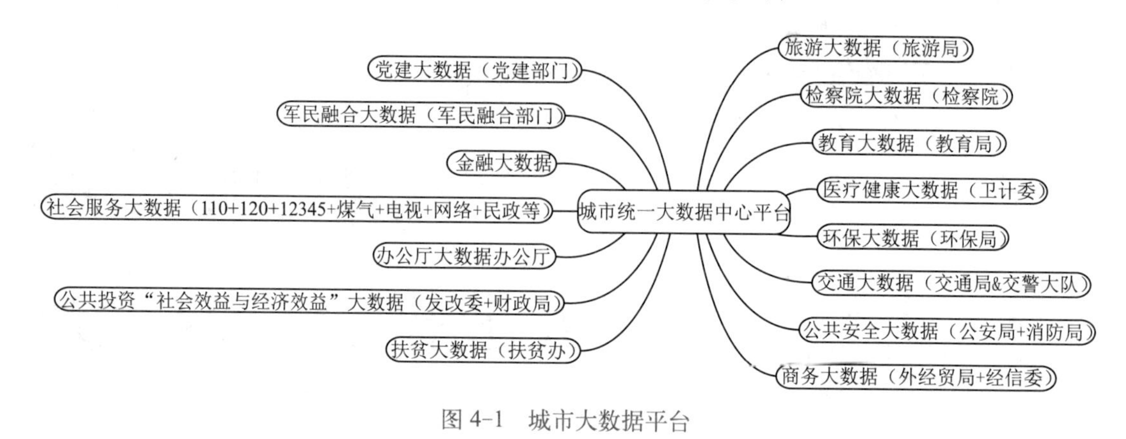

图 4-1　城市大数据平台

二是客体不同。政府信息公开停留于“信息”层面，而数据开放则深入到了“数据”层面，强调开放数据具有原始性，而非简单的统计结论。数据开放强调的是数据集的开放，是由数据所组成的集合，通常以特定的文件格式出现，以适于机器读取。

三是对象不同。信息公开的对象是社会公众，对其身份、能力没有要求；数据开放更偏向有数据处理能力的用户，或者从事各种服务开发、学术研究的机构和个人。换言之，数据开放的对象，并不是普罗大众，这也是出于安全等方面的考虑。

四是责任不同。政府信息公开的工作重点在于政府一方，公开相关信息后即已实现工作目标，而数据开放则需要政府和利用者双方同时着力，开放数据本身并未彻底完成这项工作，使数据被社会充分开发利用才是根本目的。

因而，公共数据开放不宜适用政府信息公开的相关规定，而应当在现行的政府信息公开规则之外，建立一套专门的、体现数据开放特点的制度。基于以上考虑，上海的立法将公共数据开放定义为：公共管理和服务机构在公共数据范围内，面向社会提供具备原始性、可机器读取、可供社会化再利用的数据集的公共服务。

实际上，从政府信息公开条例的起草过程来看，并没有考虑到公共数据开放这种形式。因为数据开放是大数据时代产生的新的需求。只有在互联网宽带普及和电子化数据大规模积累形成后，向社会公众开放政府数据才具备可行性。

在互联网出现之前或者带宽很窄的阶段，政府部门电子化数据积累少，所谓政府信息公开就是指发布文本、统计数据等相对单一的行为。当然，将来随着公共数据开放工作的推进，不排除政府信息公开条例在修订时，进一步扩大适用范围，将公共数据囊括到政府信息的范围内，从而实行一体化的立法路径。

谁来开放，开放什么？

公共数据开放的主体和范围。2013 年 G8 峰会上，美国、英国、法国、德国、意大利、加拿大、日本、俄罗斯八国签署了开放数据宪章，开放数据宪章作为政府间的协议，提出了五项开放原则：默认数据开放原则、数据质量和数量原则、人人可用原则、为改善治理发布数据原则、为激励创新发布数据原则。

其中，默认数据开放原则是指政府应该开放除涉及国家安全、商业机密以及个人隐私之外的所有数据，对于不开放的数据必须说明不能开放的理由。

对于数据开放主体，本着分级开放、各负其责的理念，明确市人民政府各部门、区人民政府以及其他公共管理和服务机构（统称为数据开放主体）分别负责本系统、本行政区域和本单位公共数据的开放。《办法》明确了确定数据开放主体的基本原则，同时，为了避免责任不清、甚至相互推诿的问题，《办法》还明确在公共数据资源目录中列明数据开放主体。

在开放范围方面，考虑到数据开放工作毕竟仍处于起步阶段，无论从必要性还是准备度来看，都无法立即将公共数据全部对外开放。为此，《办法》确立了数据价值优先的原则，由主管部门根据本市经济社会发展需要，确定年度公共数据开放重点。

与民生紧密相关、社会迫切需要、行业增值潜力显著和产业战略意义重大的公共数据，优先纳入公共数据开放重点。例如，当下上海正在大力发展人工智能产业，并将广泛运用于城市运行和安全管理，这对交通、建设等部门的数据开放，有着切近的需求，这些部门就应当将相关公共数据的开放，列入工作的重点。

此外，借鉴国外立法所确立的政府数据开放的公众参与理念，《办法》既要求主管部门在确定公共数据开放重点时，应当听取社会公众的意见，也明确社会公众可以主动对数据需求提出意见建议，从而提高确立数据开放范围的科学性和民主性。

基于开放范围和社会需求，主管部门制定公共数据开放清单，列明可以向社会开放的公共数据，并对外公布。开放清单应当标注数据领域、数据摘要、数据项和数据格式等信息，明确数据的开放类型、开放条件等。

需要强调的是，数据开放范围并不是一成不变的，而是动态更新的。数据开放主体应当建立开放清单动态调整机制，对尚未开放的公共数据进行定期评估，及时更新开放清单，不断扩大公共数据的开放范围。

在哪里开放？统一开放平台门户

从各国数据开放的实践来看，有一个共同的做法，就是建立统一的数据开放平台。

通过平台汇聚所有列入开放范围的公共数据，并提供 CSV、HTML、XML、RDF 等格式的文件下载，或者提供 API 接口。有的平台还支持 RSS 技术以及数据信息的订阅，并提供相应的网站代码以供不同种类 RSS 阅读器的使用。如纽约市的数据开放平台，由纽约市长数据分析办公室和信息技术和电信部联合建立，纽约市 100 余个政府部门和公共机构均在该平台提供数据开放服务。

上海的《办法》也同样明确，建设全市统一的数据开放平台，所有的数据开放主体均应当通过开放平台开放公共数据，原则上不再新建独立的开放渠道。已经建成的开放渠道，应当进行整合、归并，纳入统一的开放平台中。上海立法所确立的目标是，通过这个统一平台，汇聚所有政府部门及公共管理和服务机构的开放数据信息，并为数据利用主体提供数据查询、预览和获取等功能。

如何开放？数据分类分级

公共数据体量巨大、浩如烟海。不同的公共数据，其安全管理、信息保护、开发应用的要求，均存在较大的差异。例如，上海市所有星级饭店的基本概要数据，任何人都可以下载利用，属于安全管理要求较低的信息，也不存在特殊的数据监管要求（见图 4-2）。

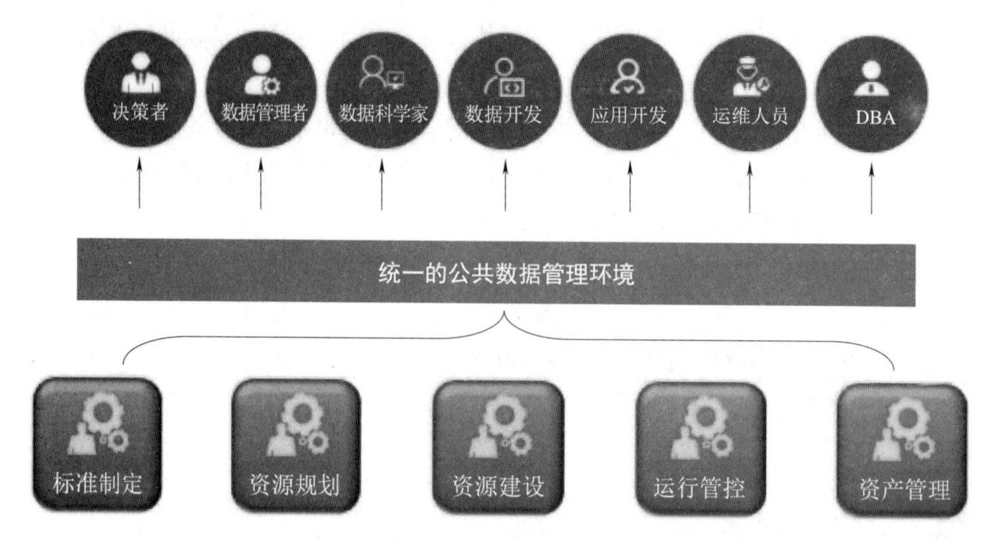

图 4-2　数据管理环境

再如，上海公交车行驶路线和到站情况的实时数据，属于动态、持续性的数据，对使用人的安全管理和技术能力有较高的要求，对使用场景和后续使用监管也有严格的限制。

为此，《办法》确立了公共数据分类分级管理制度，要求主管部门结合公共数据安全、个人信息保护和应用要求等因素，制定本市公共数据分级分类规则。数据开放主体应当按照分级分类规则，结合行业、区域特点，制定相应的实施细则，并对公共数据进行分级分类，确定开放类型、开放条件和监管措施。

《办法》规定，对涉及商业秘密、个人隐私，或者法律法规规定不能开放的公共数据，列入非开放类；对数据安全和处理能力要求较高、时效性较强或者需要持续获取的公共数据，列入有条件开放类；其他公共数据列入无条件开放类。当然，非开放类数据依法进行脱密、脱敏处理，或者相关权利人同意开放的，仍然可以列入无条件开放类或者有条件开放类。

数据的分类，与数据的获取方式以及后续的监管措施息息相关。

对列入无条件开放类的公共数据，任何自然人、法人和非法人组织可以通过开放平台以数据下载或者接口调用的方式直接获取，同时鼓励其进行数据的传播、使用。对于列入有条件开放类的公共数据，数据开放主体应当通过开放平台公布利用数据的技术能力和安全保障措施等条件，向符合条件数据利用主体开放。

同时，要求数据开放主体与数据利用主体签订数据利用协议，明确数据利用的条件和具体要求，并按照协议约定通过数据下载、接口访问、数据沙箱等方式开放公共数据。

底线在哪里？安全保障和权益救济

确保数据的安全使用、保护数据主体的合法权益，是《办法》从起草之初就特别关注的问题。近期网上热议的 ZAO 软件收集人脸信息的问题，以及学校安装人脸识别仪器的事例，进一步凸显了社会公众对数据安全的关注。

为此，《办法》规定，在数据使用监管方面，数据利用主体应当按照开放平台管理制度的要求和数据利用协议的约定，在利用公共数据的过程中，采取必要的安全保障措施，并接受有关部门的监督检查。

数据开放主体应当建立有效的监管制度，对有条件开放类公共数据的利用情况进行跟踪，判断数据利用行为是否合法正当。对于数据利用主体的违法行为，如采用非法手段获取开放平台公共数据、超出数据利用协议限制的应用场景使用公共数据等，主管部门有权采取限制或者关闭其数据获取权限等措施，并可以在开放平台对违法违规行为和处理措施予以公示。

此外，对于数据错误、遗漏的，社会公众可以通过开放平台向数据开放主体提出异议。数据开放主体经大致确认后，应当立即进行异议标注，并由主管部门在各自职责范围内，及时处理并反馈。

对于社会公众认为开放数据侵犯其商业秘密、个人隐私等合法权益的，可以通过开放平台告知数据开放主体采取中止开放的措施，并提交相关证据材料。在处理方面，借鉴互联网法律领域的“红旗原则”。数据开放主体收到相关材料后，认为必要的，应当立即中止开放。同时，对相关证据进行核实，再根据核实结果，分别采取撤回数据、恢复开放或者处理后再开放等措施，并及时反馈。

一个备受争议的问题：能否收费

公共数据开放是否可以收费？在立法过程中，这一问题争议极大。

有观点认为，根据《政府信息公开条例》第 42 条的规定，行政机关依法申请提供政府信息，不收取费用。但是，申请人申请公开政府信息的数量、频次明显超过合理范围的，行政机关可以收取信息处理费。后面一款的规定，主要是为了防止滥用信息公开的权利。类推可知，公共数据开放，也不可收取费用。

另有观点则认为，如前所述，数据开放与信息公开存在很大的差异。数据开放强调数据的原始性，而原始数据开放的成本要高得多，需要对数据进行治理、更新，对系统进行维护、对使用进行监管，有的数据开放还要提供实时的、不间断的传输服务。显然，这些额外的成本比政府信息公开要高得多。

笔者认为，正因为数据开放与信息公开存在较大差异，在某些情况收取适当的费用可能是合理的。数据开放更多的带有一种服务性质，特别是数据的采集、加工、治理均有成本。

在数据开放中，有些数据利用主体会提出个性化的需求，或者数据使用量特别巨大、使用时间持续较长，而且往往这些数据利用行为是出于商业目的的考虑。

对此，显然不应当通过财政支出来满足商业企业数据利用的个性化需求。财政支出，就是纳税人买单。全体纳税人不应当为个别主体的个性化需求来买单。

另外，在我们调研过程中，企业谈到收费问题时，大多数都表示愿意通过适度付费的方式来获取公共数据。目前难度在于，根据现行的财政管理制度，行政机关即使收取费用，也是实行收支两条线管理，并无法将该费用直接用于数据开放。

为此，办法中对该问题没有做出规定，采取了立法留白处理，为将来政策进一步确定留出空间。我们认为，将来比较理想的方式是成立法定机构，专门负责个性化的数据利用需求，并可以按照透明、微利的原则收取适度的费用，所收费用只能用于改善数据开放的质量。

最后，我们必须说，公共数据开放非常重要，代表了未来的一种发展趋势，但我们不希望它成为一种放之四海而皆准的万能工具——因为越是万能的，就越是空洞的。

资料来源：罗培新/常江，原标题《打破数据孤岛，政府数据应该如何向社会开放?》，上观新闻，智慧安防，2019-11-27

阅读上文，请思考、分析并简单记录：

（1）上海出台的第一部有关公共数据的立法文件名称是什么？

答：

（2）为什么说“公共数据开放不等同于政府信息公开”？

答：

（3）开放数据的五项开放原则是什么？

答：

（4）请简单记述你所知道的上一周内发生的国际、国内或者身边的大事：

答：

任务描述

（1）重视大数据分析生命周期中数据预处理的必要性，熟悉数据预处理的知识内涵。

（2）熟悉数据处理的九个阶段，即数据标识、数据抽样、数据过滤、数据标准化、数据提取、数据清洗、数据聚合与表示、降维与特征工程、成本分析。

知识准备

大数据分析的生命周期从大数据项目商业案例的创立开始，到保证分析结果部署在组织中并最大化地创造价值时结束。对大数据进行有效分析，一个重要的步骤就是对数据进行预处理，就是在数据分析之前，执行数据识别、获取、过滤、提取、清理和聚合等许多步骤，使数据的内容和形式得以支持有效分析（见图4-3）。预处理的效果直接影响着大数据分析后续环节的开展和最终成果的质量，此外还必须考虑数据分析团队的培训、教育、工具和人员配备的问题。

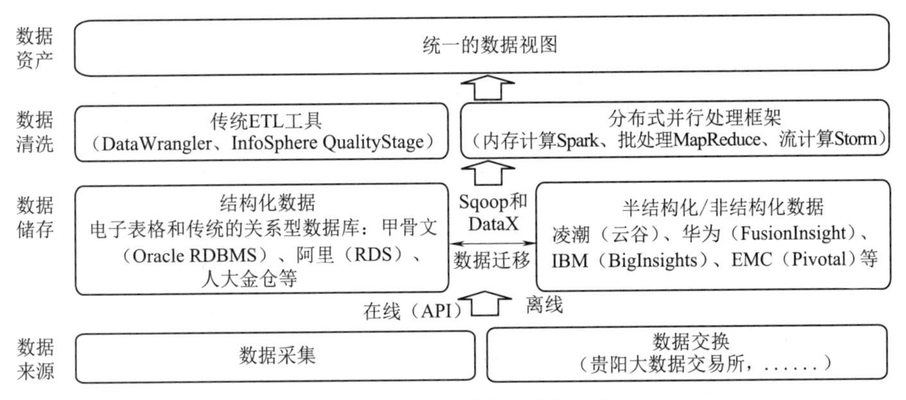

图 4-3 大数据预处理总体架构

数据预处理的三个重要步骤是：

（1）数据抽样和过滤，挑选出对于分析有用的数据。

（2）数据标准化，将形式不同、内容不同的数据整理为形式和语义一致的数据。

（3）数据清洗，发现并修复数据中的错误，从而最小化数据中的错误对大数据分析结果的负面影响。

音频

数据标识

4.1.1 数据标识

标识分析项目所需要的数据集和所需的数据资源，会提高找到隐藏模式和相互关系的可能性。例如，为了提供洞察能力，尽可能多地标识出各种类型的相关数据资源非常有用，尤其是当我们探索的目标并不是那么明确的时候。

根据分析项目的业务范围和业务问题的性质，我们需要的数据集和数据源可能是企业内部和 / 或企业外部的。在内部数据集的情况下，像是数据集市和操作系统等一系列可供使用的内部资源数据集，往往靠预定义的数据集规范来进行收集和匹配。在外部数据集的情况下，像是数据市场和公开可用的数据集以及一系列可能的第三方数据提供者的数据集会被收集。一些外部数据的形式则会内嵌到博客和一些基于内容的网站中，这些数据需要通过自动化工具来获取。

音频

数据抽样

4.1.2 数据抽样

直观来看，处理大数据的一个方法就是减少要处理的数据量，从而使处理的数据量能够达到当前的处理能力能够处理的程度。可以使用的方法主要包括抽样和过滤。两者的区别是：抽样主要依赖随机化技术，从数据中随机选出一部分样本；而过滤依据限制条件仅选择符合要求的数据参与下一步骤的计算（见图 4-4）。

数据抽样和过滤是减少数据量的有效途径。通过减少实验数据量的规模，从而加快后续步骤的处理。数据抽样的关键在于如何让抽样得到的样本能够更好地体现和反映原始数据的全部特征。一般来说，设一个总体含有 N 个个体，从中逐个不放回地抽取 n 个个体作为样本（$n<=N$），如果每次抽取使总体内的各个个体被抽到的机会都相等，就把这种抽样方法叫作简单随机抽样。常见的数据抽样方法可以分为随机抽样、系统抽样、分层抽样、加权抽样和整群抽样。

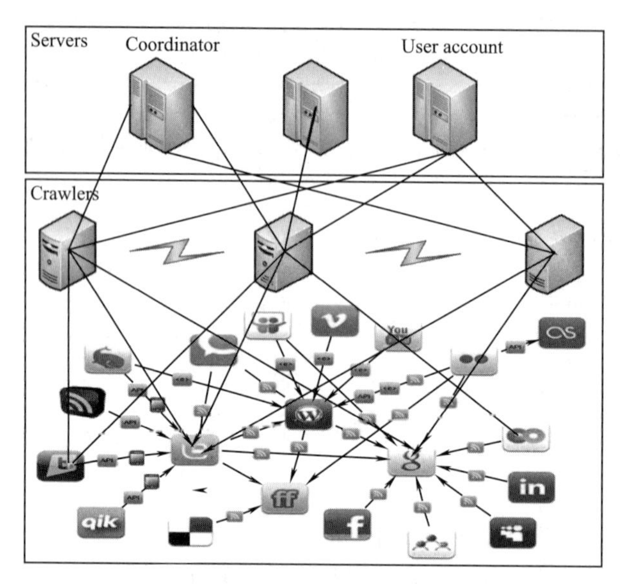

图 4-4　数据抽样测试环境示例

大数据方法被定义为“采用全量数据而不用抽样的方法”，然而，在数据量大到一定规模的时候，不用抽样方法将无法使用。例如，某个公司要对客户进行分类。如果采用客服回访的方式来进行分类，要求全量回访，一个月有几百万的用户，根本不可能做完。但如果是抽样，加上相关指标去训练模型，就能快速高效地解决。而且，由于大数据价值密度低，很多场景下仅选择一小部分数据就能够窥到数据全貌。特别是在采用一些随机化算法设计与分析技术的情况下，可以证明，即使采用抽样的方法，计算结果的精度同样是有保证的。

音 频

数据过滤

4.1.3　数据过滤

在数据处理之前，除了采用抽样的方法减小数据量之外，有时候还需要选择满足某种条件的数据，从而使分析集中在具有某种条件的数据上。数据过滤则是考虑实际问题，选择满足某种条件的数据，从而使得分析集中在具有某种条件的数据上，从而既满足业务需求，又客观地减小了数据量（见图 4-5）。

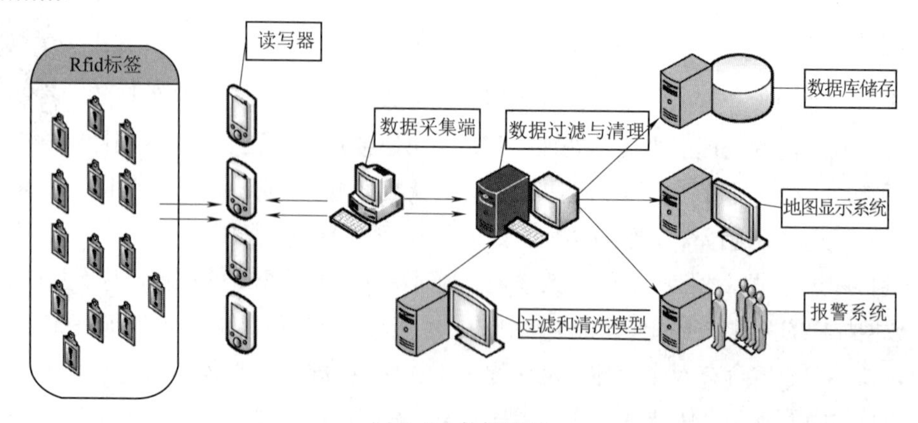

图 4-5　数据过滤

在数据处理过程中，数据过滤可以采用数据库的基本操作来实现，将过滤条件转换为选择操作来实现。例如，在 SQL 语言中可以使用 select from where 语句很容易地实现过滤。

标识的数据已经从所有的数据资源中获取到，这些数据接下来会被归类并进行自动过滤，以去除掉被污染的数据和对分析对象毫无价值的数据。

根据数据集的类型，数据可能会是档案文件，如从第三方数据提供者处购入的数据；也可能需要 API 集成，像是推特上的数据。在许多情况下，我们得到的数据常常是并不相关的数据，特别是外部的非结构化数据，这些数据会在过滤程序中被丢弃。

被定义为“坏”数据，是因其包括遗失或无意义值或是无效数据类型。但是，被一种分析过程过滤掉的数据集还有可能对于另一种不同类型的分析过程具有价值。因此，在执行过滤之前存储一份原文拷贝是个不错的选择。为了节省存储空间，我们可以对原文拷贝进行压缩。

内部数据或外部数据在生成或进入企业边界后都需要继续保存。为了满足批处理分析的要求，数据必须在分析之前存储在磁盘中，而在实时分析之后数据需要再存储到磁盘中。

如图 4-6 所示，元数据会通过自动化操作添加到来自内部和外部的数据资源中，来改善分类和查询。元数据例如数据集的大小和结构、资源信息、日期、创建或收集的时间、特定语言的信息等。确保元数据能够被机器读取并传送到数据分析的下一个阶段是至关重要的，这能够帮助我们在贯穿大数据分析的生命周期中保留数据的起源信息，保证数据的精确性和高质量。

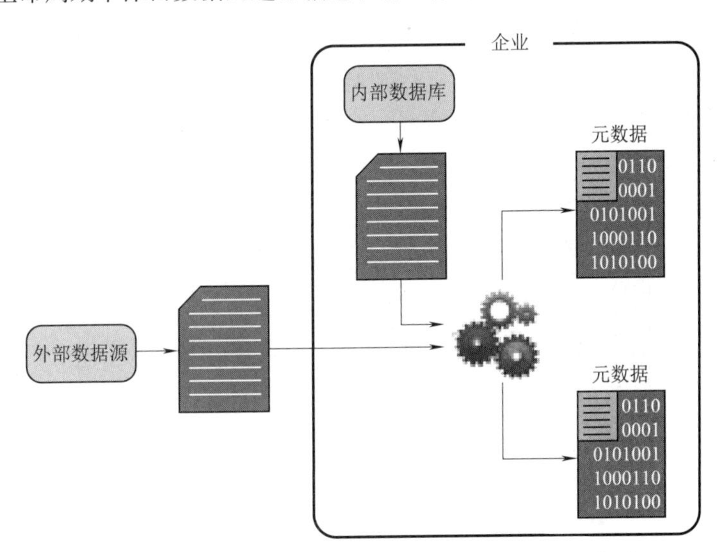

图 4-6 元数据从内部资源和外部资源中添加到数据中

4.1.4 数据标准化

归一化和标准化方法是实现数据规范的有效途径，在 k 均值度量距离等问题中特别重要。

作为一种简化计算的方式，归一化将有量纲的表达式经过变换，化为无量纲的表达式，成为标量。在多种计算中都经常用到这种方法。某个量的量纲只表示该量的属性，而不表示该量的大小，因此，它仅用来定性地描述某个物理量。通常单位具有实际的物理意义，而量纲则不一定，比如 m · s（米乘以秒）。归一化使物理系统数值的绝对值变成某种相对值关系。

归一化把数值变为 (0,1) 之间的小数，主要是为了数据处理方便提出来的，把数据映射到 0~1 范围之内处理，更加便捷快速。

数据的标准化是将数据按比例缩放，使之落入一个小的特定区间。由于指标体系的各个指标度量单位是不同的，使得所有指标能够参与计算，需要对指标进行规范化处理，通过函数变换将其数值映射到某个数值区间。

可以看出归一化是为了消除不同数据之间的量纲，方便数据比较和共同处理，例如在神经网络中，归一化可以加快训练网络的收敛性；而标准化是为了方便数据的下一步处理而进行的数据缩放等变换，并不是为了方便与其他数据一同处理或比较，例如数据经过标准化后，更利于使用标准正态分布的性质，从而进行相应的处理。

音频

数据提取

4.1.5 数据提取

为分析而输入的一些数据可能会与大数据解决方案产生格式上的不兼容，这样的数据往往来自于外部资源，要提取不同数据，并将其转化为可用于数据分析的格式。

需要提取和转化的程度取决于分析的类型和大数据解决方案的能力。例如，如果相关的大数据解决方案已经能够直接加工文件，那么从有限的文本数据（如网络服务器日志文件）中提取需要的域，可能就不必要了。类似的，如果大数据解决方案可以直接以本地格式读取文稿的话，对于需要总览整个文稿的文本分析而言，文本的提取过程就会简化许多。

图 4-7 显示了从没有更多转化需求的 XML 文档中对注释和内嵌用户 ID 的提取。

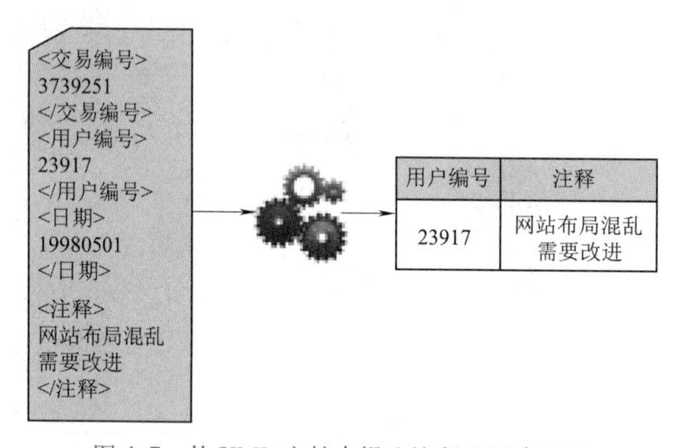

图 4-7　从 XML 文档中提取注释和用户编号

图 4-8 显示了从单个 JSON 字段中提取用户的经纬度坐标。为了满足大数据解决方案的需求，将数据分为两个不同的域，这就需要做进一步的数据转化。

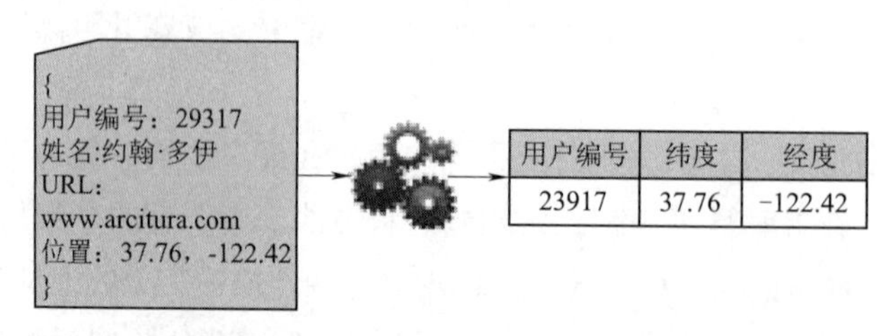

图 4-8　从单个 JSON 文件中提取用户编号和相关信息

4.1.6 数据清洗

数据质量的高低严重影响了工业、经济等社会的方方面面，数据质量问题及其所导致的知识和决策错误已经在全球范围内造成了恶劣的后果，严重困扰着信息社会。因而大数据的广泛应用对数据质量的保障提出了迫切需求。数据清洗是数据质量管理的重要问题，其内容十分丰富，涉及了数据质量的相关概念，包括缺失值处理，实体识别与真值发现，错误的主动发现和修复等问题。

数据质量管理是指对数据从计划、获取、存储、共享、维护、应用、消亡生命周期的每个阶段可能引发的各类数据质量问题，进行识别、度量、监控、预警等一系列管理活动，并通过改善和提高组织的管理水平，使得数据质量获得进一步提高。

数据质量通常包括如下维度：

（1）数据一致性：数据集合中，每个信息都不包含语义错误或相互矛盾的数据。

（2）数据精确性：数据集合中，每个数据都能准确表述现实世界中的实体。

（3）数据完整性：数据集合中包含足够的数据来回答各种查询，并支持各种计算。

（4）数据时效性：信息集合中，每个信息都与时俱进，保证不过时。

（5）实体同一性：同一实体的标识在所有数据集合中必须相同而且数据必须一致。

1. 数据验证

无效数据会歪曲和伪造分析的结果。和传统的企业数据即那种数据结构被提前定义好、数据也被提前校验的方式不同，大数据分析的数据输入往往没有任何的参考和验证来进行结构化操作，其复杂性会进一步使数据集的验证约束变得困难。

数据验证和清理阶段是为了整合验证规则并移除已知的无效数据。大数据经常会从不同的数据集中接收到冗余的数据。这些冗余数据往往会为了整合验证字段、填充无效数据而被用来探索有联系的数据集。数据验证会被用来检验具有内在联系的数据集，填充遗失的有效数据。

对于批处理分析，数据验证与抽取可以通过离线 ETL（抽取转换加载）来执行。对于实时分析，则需要一个更加复杂的在内存中的系统来对从资源中得到的数据进行处理，在确认问题数据的准确性和质量时，来源信息往往扮演着十分重要的角色。有的时候，看起来无效的数据（见图 4-9）可能在其他隐藏模式和趋势中具有价值，在新的模式中可能有意义。

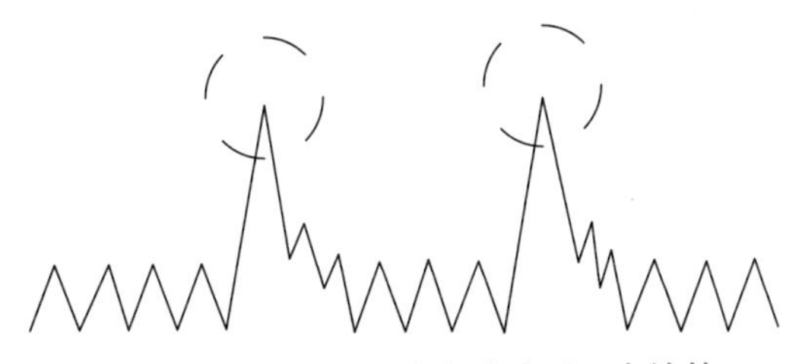

图 4-9　无效数据的存在造成了一个峰值

2. 缺失值填充

缺失值是数据质量管理中的重要问题。针对不完整数据，主要方法是缺失值填充。缺失值的处理方法有很多，例如忽略和删除含有缺失值记录、分析时忽略含缺失值的属性、填补缺失值等。其中，最值得关注的就是如何填补缺失值，常用的填充方法有统计填充、统一填充和预测填充。

（1）删除：最简单的方法是删除，删除属性或者删除样本。如果大部分样本中该属性都缺失，这个属性能提供的信息有限，可以选择放弃使用该属性；如果一个样本大部分属性缺失，可以选择放弃该样本。虽然这种方法简单，但只适用于数据集中缺失较少的情况。

（2）统计填充：对于缺失值的属性，尤其是数值类型的属性，根据所有样本关于这维属性的统计值，如平均数、中位数、众数、最大值、最小值等，对其进行填充，具体选择哪种统计值需要具体分析。另外，如果有可用类别信息，还可以进行类内统计，例如身高，男性和女性的统计填充应该是不同的。

（3）统一填充：对于含缺失值的属性，把所有缺失值统一填充为自定义值，如何选择自定义值也需要具体分析。当然，如果有可用类别信息，也可以为不同类别分别进行统一填充。常用的统一填充值有“空”“0”“正无穷”“负无穷”等。

（4）预测填充：可以通过预测模型，利用不存在缺失值的属性来预测缺失值，也就是先用预测模型把数据填充后再做进一步的工作，如统计、机器学习等。虽然这种方法比较复杂，但是最后得到的结果比较好。预测填充方法的选择主要依赖于数据类型和数据分布。

3. 实体识别与真值发现

在日常生活中，人们每天都要从网络上的不同数据中检索所需要的信息。在检索过程中会遇到的一个主要问题就是，不同的对象也许会有相同的名字，或者相同的对象有不同的名字。相同的实体可能出现在截然不同的文本中，而出现时往往会伴有大量的限制干扰信息。在这种情况下，人们往往不能快速地获取他们想要的答案。

实体识别和真值发现也是数据质量管理中重要的技术。数据识别要解决的问题包括冗余问题和重名问题。实体识别中主要用到的两类技术为冗余发现和重名检测。

（1）实体识别。这是数据质量管理中一项重要的技术，其结果可以在数据质量管理的各个阶段得到广泛的应用，如真值发现、不一致数据的发现、去除冗余数据等。

实体识别是指在给定的实体对象（包括实体名和各项属性）集合中，正确发现不同的实体对象，并将其聚类，使得每个经过实体识别后得到的对象簇在现实世界中指代的是同一个实体。实体识别要解决的问题主要包括以下两类冲突：

①冗余问题：同一类实体可能由不同的名字指代。

②重名问题：不同类的实体可能由相同的名字指代。

针对不同类型冲突的处理，实体识别中主要有两类技术：

①冗余发现：用于处理冗余问题，主要是构造对象名称的相似性函数，并与阈值进行比较，从而判定对象是否属于同一实体簇。

②重名检测：用于处理重名问题，主要是利用基于聚类的技术，通过考察实体属性间的关联程度，判定相同名称的对象是否属于同一实体簇。

（2）真值发现。在经过实体识别之后，描述同一现实世界的不同元组被聚到了一起，这些对象的相同属性可能包含冲突值。在很多情况下，冲突值来源于信息集成中的不同的数据源。在描述同一实体同一属性冲突值中发现真实的值的操作就是真值发现。

4. 错误发现与修复

除了填充缺失值和解决描述同一实体数据的冲突的策略，数据中还有可能存在各种错误。错误发现与修复问题的研究可以帮助构建更加健壮的系统（见图 4-10）。格式内容清洗致力于解决显示格式不一致、内容中有非法字符、内容与该字段应有内容不符的问题。逻辑错误清洗的主要步骤包括去重、去除不合理值、修正矛盾内容。

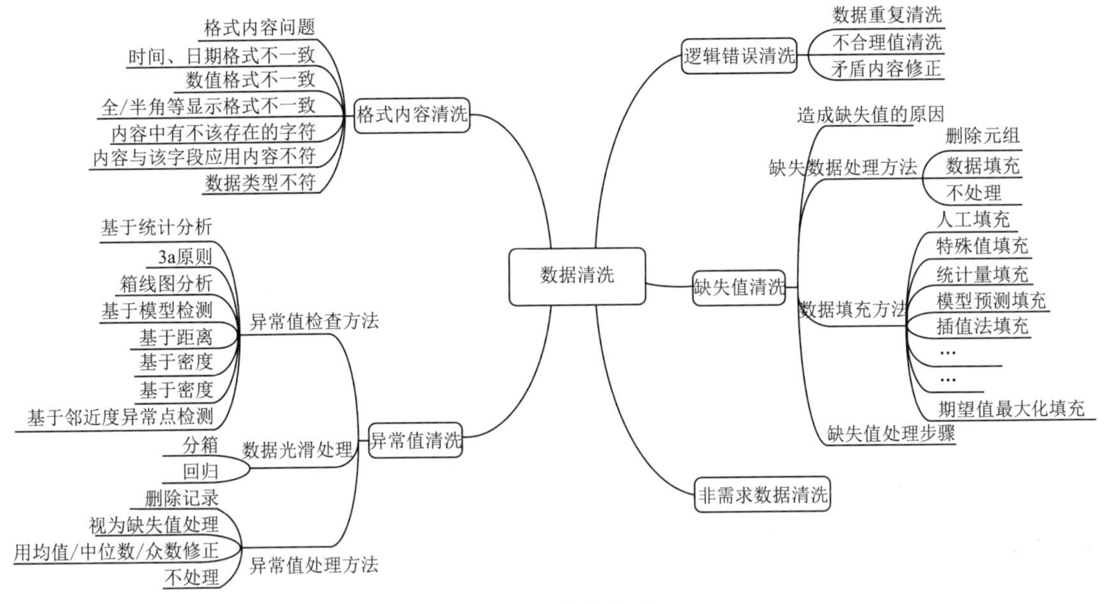

图 4-10　数据清洗

（1）格式内容清洗。如果数据是由系统日志而来，那么通常在格式和内容方面会与元数据的描述一致。而如果数据是由人工收集或用户填写的，则很可能在格式和内容上存在一些问题。格式内容问题包括：显示格式不一致，内容中有非法的字符，内容与该字段应有内容不符等。

（2）逻辑错误清洗。这项工作是去掉一些通过逻辑推理就可以发现问题的数据，防止分析结果的偏差。这部分主要包含：去重、去除不合理值、修正矛盾内容等。

音频

数据聚合与表示

4.1.7　数据聚合与表示

数据可以在多个数据集中传播，这要求这些数据集通过相同的域被连接在一起，就像日期和 ID。在其他情况下，相同的数据域可能会出现在不同的数据集中，如出生日期。无论哪种方式都需要对数据进行核对的方法或者需要确定表示正确值的数据集。

数据聚合和表示是专门为了将多个数据集进行聚合，从而获得一个统一的视图。在这个阶段会因为以下两种不同情况变得复杂：

①数据结构——尽管数据格式是相同的，数据模型则可能不同。

②语义——在两个不同的数据集中具有不同标记的值可能表示同样的内容，比如“姓”和“姓氏”。

通过大数据解决方案处理的大量数据能够使数据聚合变成一个时间和劳动密集型的操作。调和这些差异需要的是可以自动执行的无需人工干预的复杂逻辑。

在此阶段，需要考虑未来的数据分析需求，以帮助数据的可重用性。是否需要对数据进行聚合，了解同样的数据能以不同形式来存储十分重要。一种形式可能比另一种更适合特定的分析类型。例如，如果需要访问个别数据字段，以 BLOB（binary large object，二进制大对象）存储的数据就会变得没有多大的用处。

BLOB 是一个可以存储二进制文件的容器。在计算机中，BLOB 常常是数据库中用来存储二进制文件的字段类型。BLOB 是一个大文件，典型的 BLOB 是一张图片或一个声音文件，由于它们的尺寸，必须使用特殊的方式来处理（例如上传、下载或者存放到一个数据库）。在 MySQL 中，BLOB 是个类型系列，例如 TinyBlob 等。

由大数据解决方案进行标准化的数据结构可以作为一个标准的共同特征被用于一系列的分析技术和项目。这可能需要建立一个像非结构化数据库一样的中央标准分析仓库（见图 4-11）。

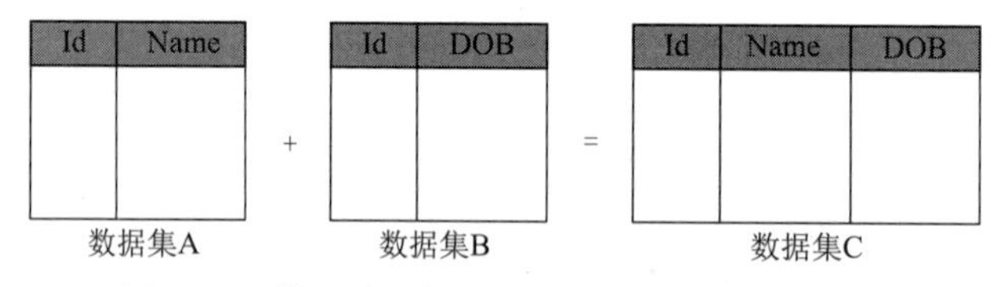

图 4-11　使用 ID 域聚集两个数据域的简单例子

图 4-12 展示了存储在两种不同格式中的相同数据块。数据集 A 包含所需的数据块，但是由于它是 BLOB 的一部分而不容易访问。数据集 B 包含有相同的以列为基础来存储的数据块，使得每个字段都被单独查询到。

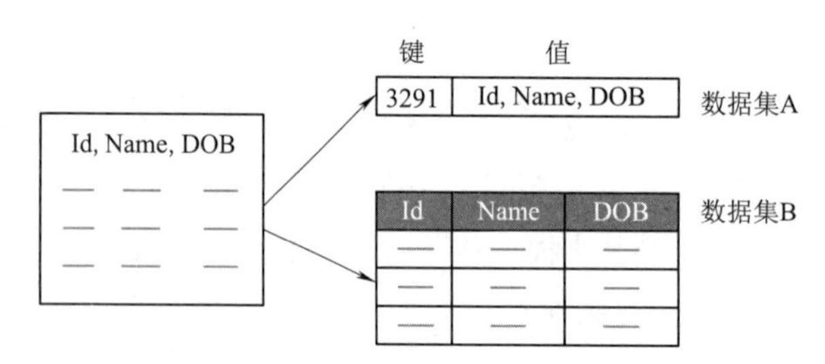

图 4-12　数据集 A 和 B 能通过大数据解决方案结合起来创建一个标准化的数据结构

音频

降维与特征工程

4.1.8　降维与特征工程

解决大数据分析问题的一个重要思路在于减少数据量。针对数据规模大的特征，要对大数据进行有效分析，需要对数据进行有效的缩减。进行数据缩减，一方面是通过抽样技术让数据的条目数减少；另一方面，可以通过减少描述数据的属性来达到目的，也就是降维技术。我们来学习采用有效选择特征等方法，通过减小描述数据的属性来达到减小数据规模的目的。

1. 降维

分析师常常将维度、特征和预测变量这三个词混用（视为同义词）。分析师利用两类技术来降低数据集中的维度：特征提取和特征选择。顾名思义，特征提取方法是将多个原始变量中的信息合成到有限的维度中，从噪声中提取信号数据。特征选择方法帮助分析师筛选一系列预测因子，选出最佳的预测因子在所完成的模型中使用，同时忽略其他的预测因子。特征提取比特征选择更为精致，有着悠久的学术使用历史，特征选择则是更实用的工具。

许多预测模型技术含内置的特征选择功能：这种技术自动地评估和选择可获得的预测因子。当建模技术中有内置的特征选择功能时。分析师可以从建模过程中省略特征选择步骤，这是使用这些方法的一个重要原因。

2. 特征工程

特征是大数据分析的原材料，对最终模型有着决定性的影响。数据特征会直接影响使用的预测模型和实现的预测结果。准备和选择的特征越好，则分析的结果越好。影响分析结果好坏的因素包括模型的选择、可用的数据、特征的提取。优质的特征往往描述了数据的固有结构。大多数模型都可以通过数据中良好的结构很好地学习，即使不是最优的模型，优质的特征也可以得到不错的效果。优质特征的灵活性可以使用简单的模型运算得更快，更容易理解和维护。

优质的特征还可以在使用不是最优的模型参数的情况下得到不错的分析结果，这样用户就不必费力去选择最适合的模型和最优的参数了。

特征工程的目的就是获取优质特征以有效支持大数据分析，其定义是将原始数据转化为特征，更好地表示模型处理的实际问题，提升对于未知数据的准确性。它使用目标问题所在的特定领域知识或者自动化的方法来生成、提取、删减或者组合变化得到特征。

特征工程包含特征提取、特征选择、特征构建和特征学习等问题（见图 4-13）。特征变换通过变换消除原始特征之间的相关性或减少冗余，从而得到更加便于数据分析的新特征；特征选择是指选择获得相应模型和算法最好性能的特征集，常用的方法有：计算每一个特征与响应变量的相关性、构建单个特征的模型、使用正则化方法选择属性、应用随机森林选择属性、训练能够对特征打分的预选模型、通过特征组合后再来选择特征、基于深度学习的选择特征。

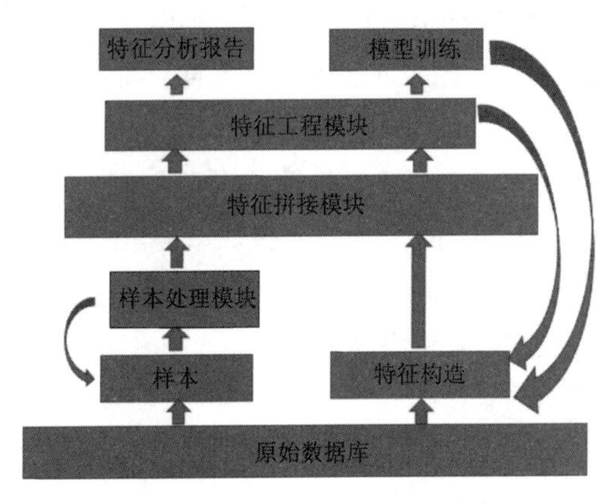

图 4-13　特征工程整体架构图

3. 特征工程的 6 个问题

特征工程包含如下 6 个问题。

（1）大数据分析中的特征。特征是观测现象中的一种独立、可测量的属性。选择信息量大的、有差别性的、独立的特征是分类和回归等问题的关键一步。

最初的原始特征数据集可能太大，或者信息冗余，因此在分析应用中，初始步骤就是选择特征的子集，或构建一套新的特征集，减少功能来促进算法的学习，提高泛化能力和可解释性。

在结构化高维数据中，观测数据或实例（对应表格的一行）由不同的变量或者属性（表格的一列）构成，这里属性其实就是特征。但是与属性不同的是，特征是对于分析和解决问题有用、有意义的属性。

对于非结构数据，在多媒体图像分析中，一幅图像是一个观测，但是特征可能是图中的一条线；在自然语言处理中，一个文本是一个观测，但是其中的段落或者词频可能才是一种特征；在语音识别中，一段语音是一个观测，但是一个词或者音素才是一种特征。

（2）特征的重要性。这是对特征进行选择的重要指标，特征根据重要性被分配分数并排序，其中高分的特征被选择出来放入训练数据集。如果与因变量（预测的事物）高度相关，则这个特征可能很重要，其中相关系数和独立变量方法是常用的方法。

在构建模型的过程中，一些复杂的预测模型会在算法内部进行特征重要性的评价和选择，如多元自适应回归样条法、随机森林、梯度提升机。这些模型在模型准备阶段会进行变量重要性的确定。

（3）特征提取。一些观测数据如果直接建模，其原始状态的数据太多。像图像、音频和文本数据，如果将其看作表格数据，那么其中包含了数以千计的属性。特征提取是自动地对原始观测降维，使其特征集合小到可以进行建模的过程。

对于结构化高维数据，可以使用主成分分析、聚类等映射方法；对于非结构的图像数据，可以进行线或边缘的提取；根据相应的领域，图像、视频和音频数据可以有很多数字信号处理的方法对其进行处理。

（4）特征选择。不同的特征对模型的准确度的影响不同，有些特征与要解决的问题不相关，有些特征是冗余信息，这些特征都应该被移除掉。

在特征工程中，特征选择和特征提取同等重要，可以说数据和特征决定了大数据分析的上限，而模型和算法只是逼近这个上限而已。由此可见，特征选择在大数据分析中占有相当重要的地位。

通常，特征选择是自动地选择出对于问题最重要的那些特征子集的过程。特征选择算法可以使用评分的方法来进行排序；还有些方法通过反复试验来搜索出特征子集，自动地创建并评估模型以得到客观的、预测效果最好的特征子集；还有一些方法，将特征选择作为模型的附加功能，像逐步回归法就是一个在模型构建过程中自动进行特征选择的算法。

工程上常用的方法有以下几种。

① 计算每一个特征与响应变量的相关性。

② 单个特征模型排序。

③ 使用正则化方法选择属性。

④ 应用随机森林选择属性。

⑤ 训练能够对特征打分的预选模型。

⑥ 通过特征组合后再来选择特征。

⑦ 基于深度学习的特征选择。

（5）特征构建。特征重要性和特征选择是告诉使用者特征的客观特性，但这些工作之后，需要人工进行特征的构建。特征构建需要花费大量的时间对实际样本数据进行处理，思考数据的结构和如何将特征数据输入给预测算法。

对于表格数据，特征构建意味着将特征进行混合或组合以得到新的特征，或通过对特征进行分解或切分来构造新的特征；对于文本数据，特征构建意味着设计出针对特定问题的文本指标；对于图像数据，这意味着自动过滤，得到相关的结构。

(6) 特征学习。是在原始数据中自动识别和使用特征。深度学习方法在特征学习领域有很多成功案例，它们以无监督或半监督的方式实现自动的学习抽象的特征表示（压缩形式），其结果用于支撑像大数据分析、语音识别、图像分类、物体识别和其他领域的先进成果。

抽象的特征表达可以自动得到，但是用户无法理解和利用这些学习得到的结果，只有黑盒的方式才可以使用这些特征。用户不可能轻易懂得如何创造和那些效果很好的特征相似或相异的特征。这个技能是很难的，但同时它也是很有魅力的、很重要的。

4. 特征变换

特征变换是希望通过变换消除原始特征之间的相关关系或减少冗余，得到新的特征，更加便于数据的分析（见图 4-14）。从信号处理的观点来看，特征变换是在变换域中进行处理并提取信号的性质，通常具有明确的物理意义。从这个角度来看，特征变换操作包括傅里叶变换、小波变换和 Cabor 变换等。

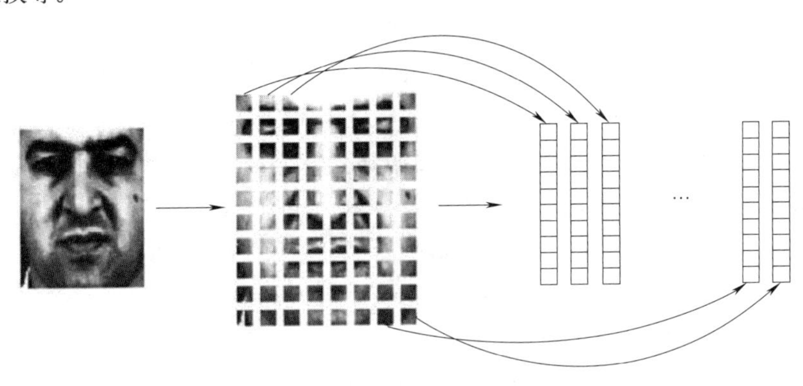

图 4-14 特征工程

从统计的观点来看，特征变换就是减少变量之间的相关性，用少数新的变量来尽可能反映样本的信息。从这个角度来看，特征变换包括主成分分析、因子分析和独立成分分析。从几何的观点来看，特征变换通过变换到新的表达空间，使得数据可分性更好。从这个角度来看，特征分析包括线性判别分析和方法。

4.1.9 成分分析

音 频

成分分析

主成分分析（PCA）是一种数学降维的方法，它采取统计学的方法，找出几个综合变量来代替原来众多的变量，使这些综合变量尽可能地代表原来变量的信息，而且彼此之间互不相关。

因子分析是主成分分析的推广和发展，它从研究原始数据相关矩阵的内部依赖关系出发，把一些具有错综复杂关系的多个变量综合为少数几个因子，并给出原始变量与综合因子之间相关关系，它也属于多元分析中数据降维（消减解释变量个数）的一种多元统计分析方法。

实训与思考　大数据分析的数据预处理

ETI的大数据进程已经到了IT团队需要评估所需技能、管理部门认识到大数据解决方案可以给商业目标提供潜在收益的阶段了。首席执行官与主管们也跃跃欲试想要看看大数据的效果。作为回应，在完成整体评估之后，IT团队与管理团队一起开始了企业的第一个大数据解决方案项目——“检测欺诈索赔”。接下来，团队会逐步落实方案的生命周期以实现这个目标。

（1）商业案例评估。执行“检测欺诈索赔”的大数据分析，直接对应于金钱损失的减少，进而执行完整的业务支持。尽管欺诈性行为出现在ETI的四个业务部门，但是出于使分析项目分批推进的考虑，大数据分析的范围仅仅限定于建筑领域的欺诈识别。

ETI为个人和商业客户提供建筑和财产保险。尽管保险诈骗需要投机取巧、精心组织，但是欺诈和夸大事实的伺机诈骗还是出现在大多数案例中。为了衡量大数据解决方案的诈骗检测是否成功，关键性技术指标被设置为15%。

考虑到预算问题，团队决定将预算最大的一部分放在新的适合大数据解决方案环境的基础设施上。他们意识到将通过使用开源技术来实现批处理操作，因此并不认为在工具上需要投入太多。然而，当考虑到广泛的大数据生命周期，团队成员认为应该为附加数据鉴别和净化的工具以及更新的数据可视化技术投入一些预算。计算完这些费用后，成本效益分析表明，如果能够达到欺诈检测的目标，大数据解决方案的投入就能够得到回报。作为分析的结果，团队认为利用大数据增强数据分析可以使商务案例更加健壮。

（2）数据标识。有一系列的内部和外部数据集需要进行标识。内部数据包括策略数据、保险申请文件、索赔数据、理赔人记录、事件照片、呼叫中心客服记录和电子邮件。外部数据包括社交媒体数据、天气预报、地理信息数据（GIS）和普查数据等。几乎所有的数据集都回顾了过去5年的时间。索赔数据由多个域组成，其中一个域用来指定历史索赔数据是欺诈数据还是合法数据。

（3）数据获取与过滤。策略数据包含在策略管理系统中，索赔数据、事件图片和理赔人记录存在索赔管理系统中。保险申请文档则包含在文件管理系统中。理赔人记录内嵌在索赔数据中。因此需要一个单独的进程来进行提取。呼叫中心客服记录和电子邮件则包含在客户关系管理系统中。

该数据集的其他部分是从第三方数据提供者处获取。所有数据集的原始版本的压缩副本被存储在磁盘上。从数据源的角度来看，以下的元数据可以用来跟踪捕获每个数据集的谱系：数据集的名称、来源、大小、格式、校验值、获取日期和记录编号。对推特的订阅数据和气象报告里数据质量的快速检查表明，这些记录的百分之四到百分之五是被污染的数据。因此，需要建立两个批处理数据过滤进程来消除被污染的数据。

（4）数据提取。IT团队认为，为了提取出所需的域，一些数据集需要进行预处理。例如，推文数据格式是JSON格式。为了分析推文数据，用户ID、时间戳和推文文本这几个域需要进行提取并转换为表格格式。进一步，天气数据集是层级格式（XML格式），因此像是时间戳、温度预报、风速预报、风向预报、降雪预报和洪水预警等域也需要提取和保存为表格格式。

（5）数据验证与清理。为了保证成本的落实，ETI现在采用免费的天气和普查数据，这些数据并不保证百分之百的准确。因此，这些数据需要进行验证与清理。基于现有出版的域的信息，团队能够检验提取出域的拼写错误和任何数据类型与数据范围不正确的数据。有一个确定的规则，如果记录中包含一些有意义的信息，即使它的一些字段可能包含无效的数据，也不会删除这条记录。

（6）数据聚合与表示。为了进行有意义的数据分析，技术团队决定连接一些策略数据、索赔数据和呼叫中心客服记录到一个单独的数据集中，这个数据集本质是一个能够通过查询获取每个域的数据集。这个数据集不仅能够帮助团队正确完成识别欺诈性索赔的数据分析任务，还能够为其他的分析任务，如风险评估、索赔快速处理等任务提供帮助。结果数据集会被存储到一个非结构化数据库中。

（7）数据分析。在这个阶段，如果数据分析没有采用正确的工具来识别欺诈性索赔，IT团队会干涉数据分析的过程。为了能够识别出欺诈性索赔，需要找出欺诈性索赔和合理索赔的区别。因此，必须要进行探索性分析。作为整体分析的一部分，一些技术会被应用到分析过程中。这一阶段会重复多次，直到得到最终的结果，因为仅仅一次并不足以分析出欺诈性索赔与合法索赔之间的不同。作为这个过程的一部分，没有直接显示出欺诈性索赔的字段往往会被舍弃，而展示出欺诈性索赔特性的字段则会被保留或者加入。

（8）数据可视化。这个团队得到了一些有趣的发现，需要将结果展示给精算师、担保人和理赔人。不同的可视化方式使用不同的条形图、折线图和散点图。散点图可以使用不同的因素来分析多组欺诈性索赔和合法索赔，如客户年龄、合同年限、索赔数量和索赔价值等。

（9）分析结果的使用。基于数据分析的结果，担保人和索赔受理者现在可以理解欺诈性索赔的性质。但是，为了使数据分析工作产生实实在在的收益，必须创建一个基于机器学习技术的模型，这个模型接下来能够合并到现有的理赔处理系统中用来标记欺诈性索赔。

请分析并记录：

ETI的大数据进程已经得到了有效的推动。因此，IT团队与管理团队一起开始了企业的第一个大数据项目。请简单阐述这是一个什么项目？你认为作为ETI企业的第一个大数据项目，这个目标可行吗？

答：____

____

____

____

请具体简单描述大数据分析生命周期各个阶段的执行内容：

（1）商业案例评估。

答：____

____

____

____

（2）数据标识。

答：

（3）数据获取与过滤。

答：

（4）数据提取。

答：

（5）数据验证与清理。

答：

（6）数据聚合与表示。

答：

（7）数据分析。

答：

（8）数据可视化。

答：

（9）分析结果的使用。

答:____

____

____

____

实训总结

____

____

____

____

____

____

教师实训评价

____

____

【作　业】

1. 对大数据进行有效分析，很重要的一个步骤就是对数据进行（　　），其效果直接影响着大数据分析后续环节的开展和最终成果的质量。

A. 预处理　　B. 统计分析　　C. 数值计算　　D. 结构化

2. 数据预处理有三个重要步骤，但下列（　　）不属于其中之一。

A. 数据抽样和过滤　　B. 数据标准化与归一化

C. 数据非结构化运算　　D. 数据清洗

3. 直观来看，处理大数据的一个方法就是（　　）要处理的数据量，可以使用的方法主要包括抽样和过滤。

A. 增加　　B. 减少　　C. 输出　　D. 输入

4. 从抽样的随机性上看，抽样可以分为随机抽样、系统抽样、分层抽样、(　　)抽样和整群抽样。

A. 非结构　　B. 精细　　C. 结构　　D. 加权

5. 数据过滤是考虑实际问题，选择（　　）的数据，从而使得分析集中在这样的数据上，从而既满足业务需求，又客观地减小了数据量。

A. 结构化与非结构化　　B. 非结构化且分散

C. 满足某种条件　　D. 图形和图像类型

6. 归一化和标准化方法是实现数据规范的有效途径。归一化是把数值变为（　　）之间的数，方便数据的处理。

A.(0,1)　　B.(1,100)　　C.(+1,-1)　　D.(1,x)

7. 数据清洗是数据质量管理的重要问题，涉及数据质量的很多概念。数据质量通常包括数据一致性、数据精确性、(　　)、数据时效性、实体统一性等维度。

A. 数据结构化　B. 数据混杂性　C. 数据完整性　D. 数据模糊性

8. 缺失值是数据质量管理中的重要问题。针对不完整数据，常用的填充方法有统计填充、统一填充和（　　）。

A. 计算填充　B. 预测填充　C. 结构填充　D. 追溯填充

9. 逻辑错误清洗的主要步骤包括（　　）、去除不合理值、修正矛盾内容。

A. 结构化　B. 非结构化　C. 自由化　D. 去重

10. 解决大数据分析问题的一个重要思路就在于减少数据量。可以通过减少描述数据的属性来达到目的，这就是（　　）技术。

A. 降维　B. 减法　C. 复合　D. 审计

11.（　　）是大数据分析的原材料，对最终模型有着决定性的影响。

A. 数据　B. 特征　C. 资源　D. 信息

12. 特征工程的目的就是获取优质特征以有效支持大数据分析，其定义是将（　　）数据转化为特征，更好地表示模型处理的实际问题，提升对于未知数据的准确性。

A. 核心　B. 结构　C. 原始　D. 大型

13. 特征工程包含（　　）、特征选择、特征构建和特征学习等问题。

A. 结构重组　B. 特征提取　C. 结构简化　D. 数据清洗

14.（　　）是希望消除原始特征之间的相关关系或减少冗余，得到新的特征，更加便于数据的分析。

A. 特征选择　B. 特征运算　C. 特征加工　D. 特征变换

15.（　　）采取统计学的方法，找出若干综合变量来代替原来众多的变量。

A. 子成分分析　B. 副成分分析　C. 主成分分析　D. 新成分分析

16. 大数据分析的数据（　　）过程中有许多步骤，都是在数据分析之前所必需的。

A. 识别、获取、过滤、提取、清理和聚合

B. 打印、计算、过滤、提取、清理和聚合

C. 统计、计算、过滤、存储、清理和聚合

D. 存储、提取、统计、计算、分析和打印

17. 数据标识阶段主要是用来标识分析项目所需要的数据集和所需的资源。标识种类众多的数据资源可能会提高找到（　　）的可能性。

A. 数据获取和数据打印　B. 算法分析和打印模式

C. 隐藏模式和相互关系　D. 隐藏价值和潜在商机

18. 在数据获取和过滤阶段，从数据资源中获取到的数据接下来会被（　　）并进行自动过滤，以去除掉被污染的数据和对于分析对象毫无价值的数据。

A. 整理　B. 归类　C. 打印　D. 处理

任务 4.2 建立大数据分析模型

音频

建立大数据分析模型

音频

导读案例：行业人士必知的十大数据思维原理

导读案例 行业人士必知的十大数据思维原理

1. 数据核心原理：从“流程”核心转变为“数据”核心

大数据时代的新思维是：计算模式发生了转变，从以“流程”为核心转变为以“数据”为核心。Hadoop体系的分布式计算框架是“数据”为核心的范式。非结构化数据及分析需求将改变IT系统的升级方式：从简单增量到架构变化。

例如：IBM将使用以数据为中心的设计，目的是降低在超级计算机之间进行大量数据交换的必要性。大数据背景下，云计算（见图4-15）找到了破茧重生的机会，在存储和计算上都体现了以数据为核心的理念。大数据和云计算的关系是：云计算为大数据提供了有力的工具和途径，大数据为云计算提供了很有价值的用武之地。而大数据比云计算更为落地，可有效利用已大量建设的云计算资源。

图4-15 云计算

科学进步越来越多地由数据来推动，海量数据给数据分析带来机遇也构成了新的挑战。大数据往往是利用众多技术和方法，综合源自多个渠道、不同时间的信息而获得的。为了应对大数据带来的挑战，我们需要新的统计思路和计算方法。

说明：用以数据为核心的思维方式思考问题、解决问题，反映了当下IT产业的变革，数据成为人工智能的基础，也成为智能化的基础。数据比流程更重要，数据库、记录数据库，都可以开发出深层次信息。云计算机可以从数据库、记录数据库中搜索出你是谁，你需要什么，从而推荐给你所需要的信息。

2. 数据价值原理：由功能是价值转变为数据是价值

大数据真正有意思的是数据变得在线了，这恰恰是互联网的特点。非互联网时期的产品，功能一定是它的价值，今天互联网的产品，其价值一定是数据。

例如，大数据的真正价值在于创造，在于填补无数个还未实现过的空白。有人把数据比喻为蕴藏能量的煤矿。按照性质，煤炭有焦煤、无烟煤、肥煤、贫煤等分类，而露天煤矿、深山煤矿的挖掘成本又不一样。与此类似，大数据并不在“大”，而在于“有用”，价值含量、挖掘成本比数量更为重要。不管大数据的核心价值是不是预测，基于大数据所形成的决策模式已经为不少企业带来了盈利和声誉。

数据能告诉我们每一个客户的消费倾向，他们想要什么，喜欢什么，每个人的需求有哪些区别，哪些又可以被集合到一起来进行分类或聚合。大数据是数据数量上的增加，以至于我们能够实现从量变到质变的过程。举例来说，这里有一张照片，照片里的人在骑马，这张照片每一分钟，每一秒都要拍一张，但随着处理速度越来越快，从 1 分钟一张到 1 秒钟 1 张，再到 1 秒钟 10 张，数量的增长实现质变时，就产生了电影。

美国有一家创新企业 Decide.com，它可以帮助人们做购买决策，告诉消费者什么时候买什么产品，什么时候买最便宜，预测产品的价格趋势，这家公司背后的驱动力就是大数据。他们在全球各大网站上搜集数以十亿计的数据，然后为数十万用户省钱，为他们的采购找到最佳的时间，降低交易成本，为终端的消费者带去更多价值。

在这类模式下，尽管一些零售商的利润会进一步受挤压，但从商业本质上来讲，可以把钱更多地放回到消费者的口袋里，让购物变得更理性，这是依靠大数据催生出的一项全新产业。这家为数以十万计的客户省钱的公司，后来被 eBay 高价收购了。

再举一个例子，SWIFT（环球同业银行金融电讯协会）是全球最大的支付平台，在该平台上的每一笔交易都可以进行大数据分析，可以预测一个经济体的健康性和增长性。比如，该公司为全球性客户提供的经济指数就是一个大数据服务。定制化服务的关键是数据，大量的数据能够让传统行业更好地了解客户需求，提供个性化的服务。

说明：用数据价值思维方式思考问题，解决问题。信息总量的变化导致了信息形态的变化。如今“大数据”这个概念几乎应用到了所有人类致力于发展的领域中。从功能是价值转变为数据是价值，说明数据和大数据的价值在扩大，“数据为王”的时代出现了。数据被解释为信息，信息常识化是知识，所以说数据解释、数据分析能产生价值。

3. 全样本原理：从抽样转变为采用全数据作为样本

需要全部数据而不是抽样，你不知道的事情比你知道的事情更重要（见图 4-16）。但如果现在数据足够多，它会让人能够看得见、摸得着规律。数据这么大、这么多，所以人们觉得有足够的能力把握未来，对不确定做出判断，从而做出自己的决定。

图 4-16　全样本数据

例如在大数据时代，无论是商家还是信息的搜集者，会比我们自己更知道我们想干什么。现在的数据还没有被真正挖掘，如果真正挖掘的话，通过信用卡消费的记录，可以成功预测未来 5 年内的情况。统计学最基本的一个概念就是：全部样本才能找出规律。为什么能够找出行为规律？一个更深层的概念是人和人是一样的，如果是一个人抽样出来，可能很有个性，但当人口样本数量足够大时，就会发现其实每个人都是一模一样的。

说明：用全数据样本思维方式思考问题、解决问题。从抽样中得到的结论总是有水分的，而全部样本中得到的结论水分就很少，大数据越大，真实性也就越大，因为大数据包含了全部的信息。

4. 关注效率原理：由关注精确度转变为关注效率

关注效率而不是精确度，大数据标志着人类在寻求量化和认识世界的道路上前进了一大步，过去不可计量、存储、分析和共享的很多东西都被数据化了，拥有大量的数据和更多不那么精确的数据为我们理解世界打开了一扇新的大门。大数据能提高生产效率和销售效率，原因是大数据能够让我们知道市场的需求，人的消费需求。大数据让企业的决策更科学，由关注精确度转变为关注效率的提高，大数据分析能够提高企业的效率。

例如，在互联网大数据时代，企业产品迭代的速度在加快。三星、小米手机制造商半年就推出一代新智能手机。利用互联网、大数据提高企业效率的趋势下，快速就是效率、预测就是效率、预见就是效率、变革就是效率、创新就是效率、应用就是效率。

竞争是企业的动力，而效率是企业的生命，效率低与效率高是衡量企业成败的关键。一般来讲，投入与产出比是效率，追求高效率也就是追求高价值。手工、机器、自动机器、智能机器之间的效率是不同的，智能机器效率更高，已能代替人的思维劳动。智能机器的核心是大数据驱动，而大数据驱动的速度更快。在快速变化的市场，快速预测、快速决策、快速创新、快速定制、快速生产、快速上市成为企业行动的准则，也就是说，速度就是价值，效率就是价值，而这一切离不开大数据思维。

说明：用关注效率思维方式思考问题、解决问题。大数据思维有点像混沌思维，确定与不确定交织在一起，过去那种一元思维结果已被二元思维结果取代。过去寻求精确度，现在寻求高效率；过去寻求因果性，现在寻求相关性；过去寻求确定性，现在寻求概率性，对不精确的数据结果已能容忍。只要大数据分析指出可能性，就会有相应的结果，从而为企业快速决策、快速动作、创占先机提高了效率。

5. 关注相关性原理：由因果关系转变为关注相关性

关注相关性（见图 4-17）而不是因果关系，社会需要放弃对因果关系的渴求，而仅需关注相关关系，也就是说只需要知道是什么，而不需要知道为什么。这就推翻了自古以来的惯例，而人们做决定和理解现实的最基本方式也将受到挑战。

例如大数据思维一个最突出的特点，就是从传统的因果思维转向相关思维，传统的因果思维是说我一定要找到一个原因，推出一个结果来。而大数据没有必要找到原因，不需要科学的手段来证明这个事件和那个事件之间有一个必然，先后关联发生的一个因果规律。只需要知道，出现这种迹象的时候，数据统计的结果显示它会有高概率产生相应的结果，那么只要发现这种迹象，就可以去做一个决策。这和以前的思维方式很不一样，它是一种有点反科学的思维，科学要求实证，要求找到准确的因果关系。

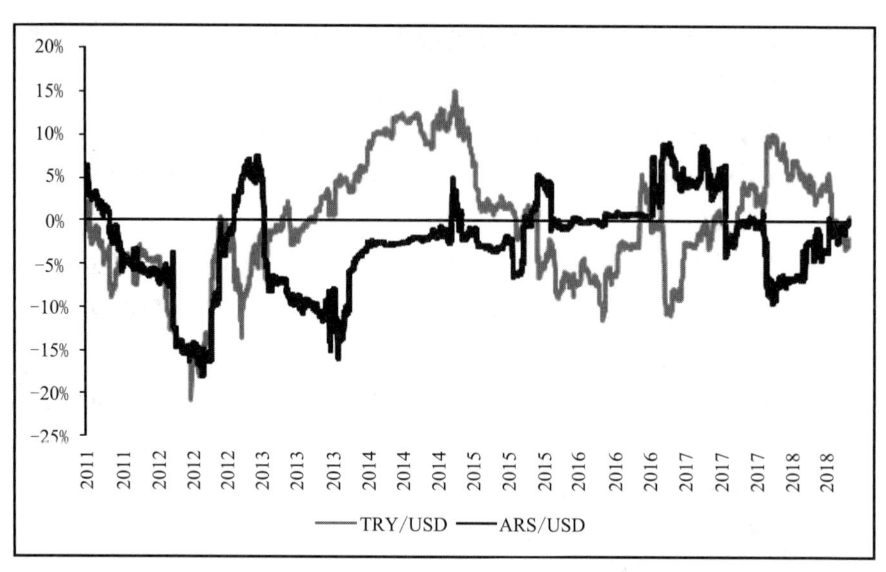

图 4-17　数据的相关性

在这个不确定的时代中，等我们找到准确的因果关系再去办事的时候，这个事情早已经不值得办了。所以大数据时代的思维有点像回归了工业社会的机械思维——机械思维是说我按那个按钮，一定会出现相应的结果。而如今社会往前推，不需要找到非常紧密的、明确的因果关系，而只需要找到相关关系，只需要找到迹象就可以了。社会因此放弃了寻找因果关系的传统偏好，开始挖掘相关关系的好处。

例如美国人开发一款“个性化分析报告自动可视化程序”数据挖掘软件，它自动从网上各种数据中挖掘提取重要信息，然后进行分析，并把此信息与以前的数据关联起来，分析出有用的信息。

有证据表明，非法在屋内打隔断的建筑物着火的可能性比其他建筑物高很多。纽约市每年接到 2.5 万宗有关房屋住得过于拥挤的投诉，但市里只有 200 名处理投诉的巡视员，市长办公室一个分析专家小组觉得大数据可以帮助解决这一需求与资源的落差。该小组建立了一个市内 90 万座全部建筑物的数据库，并在其中加入市里 19 个部门所收集到的数据：欠税扣押记录、水电使用异常、缴费拖欠、服务切断、救护车使用、当地犯罪率、鼠患投诉，诸如此类。

接下来，他们将这一数据库与过去 5 年中按严重程度排列的建筑物着火记录进行比较，希望找出相关性。果然，建筑物类型和建造年份是与火灾相关的因素。不过，一个意外发现是，获得外砖墙施工许可的建筑物与较低的严重火灾发生率之间存在相关性。利用这些数据，该小组建立了一个可以帮助他们确定哪些住房拥挤投诉需要紧急处理的系统。他们所记录的建筑物的各种特征数据都不是导致火灾的原因，但这些数据与火灾隐患的增加或降低存在相关性。这种知识被证明是极具价值的：过去房屋巡视员现场签发房屋腾空令的比例只有 13%，在采用新办法之后，这个比例上升到了 70%——效率大大提高了。

大数据透露出来的信息有时确实会颠覆人的现有认知。比如，腾讯一项针对社交网络的统计显示，爱看家庭剧的男人是女性的两倍还多；最关心金价的是中国大妈，但紧随其后的却是 90 后。

说明：用关注相关性思维方式来思考问题、解决问题。过去寻找原因的信念正在被“更好”

的相关性所取代。当世界由探求因果关系变成挖掘相关关系，我们怎样才能既不损坏社会繁荣和人类进步所依赖的因果推理基石，又能取得实际进步呢？这是值得思考的问题。

转向相关性，不是不要因果关系，因果关系还是基础，科学的基石还是要的。只是在高速信息化的时代，为了得到即时信息，实时预测，在快速的大数据分析技术下，寻找到相关性信息，就可预测用户的行为，为企业快速决策提供提前量。

比如预警技术，只有提前几十秒察觉，防御系统才能起作用。雷达显示有个提前量，如果没有这个预知的提前量，雷达的作用就没有了。相关性也是这个原理。

6. 预测原理：从不能预测转变为可以预测

大数据的核心就是预测，这个预测性体现在很多方面。大数据不是要教机器像人一样思考，相反，它是把数学算法运用到海量的数据上来预测事情发生的可能性。正因为在大数据规律面前，每个人的行为都跟别人一样，没有本质变化，所以商家会比消费者更了解消费者的行为。

我们进入了一个用数据进行预测的时代，虽然我们可能无法解释其背后的原因。如果一个医生只要求病人遵从医嘱，却没法说明医学干预的合理性的话，情况会怎么样呢？实际上，这是依靠大数据取得病理分析的医生们一定会做的事情。

随着系统接收到的数据越来越多，通过记录找到的最好的预测与模式，可以对系统进行改进。它通常被视为人工智能的一部分，或者更确切地说，被视为一种机器学习。真正的革命并不在于分析数据的机器，而在于数据本身和我们如何运用数据。一旦把统计学和大规模的数据融合在一起，将会颠覆很多我们固有的思维。所以现在能够变成数据的东西越来越多，计算和处理数据的能力越来越强，所以大家突然发现这个东西很有意思。所以，大数据能干什么？能干很多很有意思的事情。

说明：用大数据预测思维方式来思考问题、解决问题。数据预测、数据记录预测、数据统计预测、数据模型预测、数据分析预测、数据模式预测、数据深层次信息预测等等，已转变为大数据预测、大数据记录预测、大数据统计预测、大数据模型预测，大数据分析预测、大数据模式预测、大数据深层次信息预测。

互联网、移动互联网和云计算保证了大数据实时预测的可能性，也为企业和用户提供了实时预测的信息，相关性预测的信息，让企业和用户抢占先机。由于大数据的全样本性，使云计算软件预测的效率和准确性大大提高，有这种迹象，就有这种结果。

7. 信息找人原理：从人找信息转变为信息找人

互联网和大数据的发展，是一个从人找信息，到信息找人的过程。先是人找信息，人找人，信息找信息，现在的时代是信息找人。广播模式是信息找人，我们听收音机，看电视，这种方式是把信息推给我们的，但是有一个缺陷，不知道我们是谁。后来互联网反其道而行之，提供搜索引擎技术，让人们知道如何找到自己所需要的信息，所以搜索引擎是一个很关键的技术。

从搜索引擎向推荐引擎转变。今天，后搜索引擎时代已经正式到来。在后搜索引擎时代，使用搜索引擎的频率会大大降低，使用的时长也会大大的缩短，这是为什么呢？原因是推荐引擎的诞生（见图4-18）。就是说从人找信息到信息找人越来越成为一个趋势，推荐引擎很懂“我”，知道我在想什么，所以是最好的技术。乔布斯说，让人感受不到技术的技术是最好的技术。

图 4-18　图书推荐

大数据还改变了信息优势。按照循证医学，现在治病的第一件事情不是去研究病理学，而是拿过去的数据去研究，相同情况下是如何治疗的。这导致专家和普通人之间的信息优势没有了。原来我相信医生，是因为医生知道的多，但现在我可以到谷歌上查，知道自己得了什么病。

说明：用信息找人的思维方式思考问题、解决问题。从人找信息到信息找人，是交互时代一个转变，也是智能时代的要求。智能机器已不是冷冰冰的机器，而是具有一定智能的机器。信息找人这四个字，预示着大数据时代可以让信息找人，原因是企业懂用户，机器懂用户，你需要什么信息，企业和机器提前知道，而且会主动提供你所需要的信息。

8. 机器懂人原理：由人懂机器转变为机器更懂人

不是让人更懂机器，而是让机器更懂人，或者说是能够在使用者很笨的情况下，仍然可以使用机器。甚至不是让人懂环境，而是让环境来来适应人。某种程度上自然环境不能这样讲，但是在数字化环境中已经是这样的一个趋势，就是我们所生活的世界越来越趋向于更适应我们，更懂我们。哪个企业能够真正做到让机器更懂人，让环境更懂人，让我们所生活的世界更懂得我们的话，那它一定是具有竞争力的了，而大数据技术能够助它一臂之力。例如：亚马逊等图书网站的相关书籍推荐就是这样。

让机器懂人是让机器具有学习的功能。人工智能在研究机器学习，大数据分析要求机器更智能，具有分析能力，机器即时学习变得更重要。机器学习是指：计算机利用经验改善自身性能的行为。机器学习主要研究如何使用计算机模拟和实现人类获取知识（学习）过程、创新、重构已有的知识，从而提升自身处理问题的能力，机器学习的最终目的是从数据中获取知识。

大数据技术的其中一个核心目标是：要从体量巨大、结构繁多的数据中挖掘出隐蔽在背后的规律，从而使数据发挥最大化的价值。由计算机代替人去挖掘信息，获取知识。从各种各样的数据（包括结构化、半结构化和非结构化数据）中快速获取有价值信息的能力，就是大数据技术。大数据机器分析中，半监督学习、集成学习、概率模型等技术尤为重要。

说明：用机器更懂人的思维方式思考问题、解决问题。机器从没有常识到逐步有点常识，这是很大的变化。让机器懂人是人工智能的成功，同时也是人的大数据思维转变。你的机器、你的软件、你的服务是否更懂人？这将是衡量一个机器、一组软件、一项服务好坏的标准。人机关系已发生很大变化，由人机分离，转化为人机沟通，人机互补，机器懂人。在互联网大数据时代有问题问机器，问百度，已成为生活的一部分。机器什么都知道，原因是有大数据库，机器可搜索到相关数据，从而使机器懂人。

9. 电子商务智能原理：大数据改变了电子商务模式，让电子商务更智能

商务智能，在今天的大数据时代获得了重新定义。例如：传统企业进入互联网，在掌握了大数据技术应用途径之后，会发现有一种豁然开朗的感觉，我整天就像在黑屋子里面找东西，找不着，突然碰到了一个开关，发现那么费力找的东西，原来很容易就找得到。大数据时代在时代特征里面加上这么一道很明显的光，从而导致我们对以前的生存状态，以及我们个人的生活状态的一个差异化表达。

例如：大数据让软件更智能。尽管我们仍处于大数据时代来临的前夕，但我们的日常生活已经离不开它了。交友网站根据个人的性格与之前成功配对的情侣之间的关联来进行新的配对。在不久的将来，世界上许多单纯依靠人类判断力的领域都会被计算机系统所改变甚至取代。计算机系统可以发挥作用的领域远远不止驾驶和交友，还有更多更复杂的任务。例如亚马逊可以帮我们推荐想要的书，谷歌可以为关联网站排序，而领英可以猜出我们认识谁。

当然，同样的技术也可以运用到疾病诊断、推荐治疗措施，甚至是识别潜在犯罪分子上。就像互联网通过给计算机添加通信功能而改变了世界，大数据也将改变我们生活中最重要的方面，因为它为我们的生活创造了前所未有的可量化的维度。

说明：用电子商务更智能的思维方式思考问题、解决问题。人脑思维与机器思维有很大差别，但机器思维在速度上是取胜的，而且智能软件在很多领域已能代替人脑思维的操作工作。例如云计算机已能够处理超字节的大数据量，人们需要的所有信息都可得到显现，而且每个人的互联网行为都可记录，这些记录的大数据经过云计算处理能产生深层次信息，经过大数据软件挖掘，企业需要的商务信息都能实时提供，为企业决策和营销、定制产品等提供了大数据支持。

10. 定制产品原理：由企业生产产品转变为由客户定制产品

下一波的改革是大规模定制，为大量客户定制产品和服务，成本低又兼具个性化。比如消费者希望他买的车有红色、绿色，厂商有能力满足要求，但价格又不至于像手工制作那般让人无法承担。因此，在厂家可以负担得起大规模定制带去的高成本的前提下，要真正做到个性化产品和服务，就必须对客户需求有很好的了解，这背后就需要依靠大数据技术。

例如，大数据改变了企业的竞争力。定制产品是一个很好的技术，但是能不能够形成企业的竞争力呢？在产业经济学里面有一个很重要的区别，就是生产力和竞争力的区别，就是说一个东西是具有生产力的，那这种生产力变成一种通用生产力的时候，就不能形成竞争力，因为每一个人，每一个企业都有这个生产力的时候，只能提高自己的生产力。有车的时候，你的活动半径、运行速度大大提高了，但是在每一个人都没有车的时候，你有车，就会形成竞争力。大数据也一样，你有大数据定制产品，别人没有，就会形成竞争力。

在互联网大数据的时代，商家最后很可能可以针对每一个顾客进行精准的价格歧视。我们现在很多行为都是比较粗放的，航空公司会给我们里程卡，根据飞行公里数来累计里程，但其实不同顾客所飞行的不同里程对航空公司的利润贡献是不一样的。所以有一天某位顾客可能会收到一封信，“恭喜先生，您已经被我们选为幸运顾客，我们提前把您升级到白金卡。”这说明这个顾客对航空公司的贡献已经够多了。有一天银行说“恭喜您，您的额度又被提高了，”就说明钱花得已经太多了。

正因为在大数据规律面前，每个人的行为都跟别人一样，没有本质变化。所以商家会比消费者更了解消费者的行为。也许你正在想，工作了一年很辛苦，要不要去哪里度假？打开 E-Mail，就有航空公司、旅行社的邮件。

说明：用定制产品思维方式思考问题、解决问题。大数据时代让企业找到了定制产品、订单生产、用户销售的新路子。用户在家购买商品已成为趋势，快递的快速，让用户体验到实时购物的快感，进而成为网购迷，个人消费不是减少了，反而是增加了。为什么企业要互联网化、大数据化，也许有这个原因。2 000 万家互联网网店的出现，说明数据广告、数据传媒的重要性。

企业产品直接销售给用户，省去了中间商流通环节，使产品的价格可以以出厂价销售，让销费者获得了好处，网上产品更便宜成为用户的信念，网购市场形成了。要让用户成为你的产品粉丝，就必须了解用户需要，定制产品成为用户的心愿，也就成为企业发展的新方向。

大数据思维是客观存在的，是新的思维观。用大数据思维方式思考问题、解决问题是当下企业潮流。大数据思维开启了一次重大的时代转型。

资料来源：搜狐，2016-5-23

阅读上文，请思考、分析并简单记录：

（1）请阅读文章，在下面罗列文中所提到的十大思维原理。

答：____

____

____

____

（2）这十大思维原理中，最吸引你的是哪一条原理？为什么？

答：____

____

____

____

（3）这十大思维原理中，你举得最难理解和体会的是哪一条？为什么？

答：____

____

____

____

（4）请简单描述你所知道的上一周发生的国际、国内或者身边的大事：

答：____

____

____

____

任务描述

（1）熟悉分析模型的主要概念，理解借助模型进行分析是一种有效的科学方法。

（2）熟悉关联、分类、聚类、结构、文本分析模型的概念。

（3）了解建立大数据分析模型的基本方法。

知识准备

客观事物或现象是一个多因素的综合体，而模型就是对被研究对象（客观事物或现象）的一种抽象，分析模型是对客观事物或现象的一种描述。客观事物或现象的各因素之间存在着相互依赖又相互制约的关系，通常是复杂的非线性关系。

为了分析相互作用机制，揭示内部规律，可根据理论推导，或对观测数据的分析，或依据实践经验，设计一种模型来代表所研究的对象。模型反映对象最本质的东西，略去了枝节，是被研究对象实质性的描述和某种程度的简化，其目的是便于分析研究。模型可以是数学模型或物理模型。前者不受空间和时间尺度的限制，可进行压缩或延伸，利用计算机进行模拟研究，因而得到广泛应用；后者根据相似理论来建立模型。借助模型进行分析是一种有效的科学方法。

4.2.1 关联分析模型

音 频

关联分析模型

关联分析是指一组识别哪些事件趋向于一起发生的技术。当应用到零售市场购物篮分析时，关联学习会告诉你是否会有一种不寻常的高概率事件，其中消费者会在同一次购物之旅中一起购买某些商品（这方面的一个著名案例就是有关啤酒和尿布的故事）。

关联分析需要单品层级的数据。任何商品在单独提及的时候都可以称做单品，指的是包含特定自然属性与社会属性的商品种类。对于零售交易的数据量，意味着需要在数据管理平台上运行的可扩展性的算法。在某些情况下，分析师可以使用集群抽象法（抽取部分客户或购物行程及所有相关单品交易作为样品）。一些有趣和有用的关联可能是罕见的，并非常容易被忽略，除非进行全数据集分析。

在计算机科学以及数据挖掘领域中，先验算法是用于关联分析的经典算法之一，其设计目的是为了处理包含交易信息内容的数据库（如顾客购买的商品清单，或者网页常访清单），而其他的算法则是设计用来寻找无交易信息或无时间标记（如DNA测序）的数据之间的联系规则。先验算法，这种算法很难拓展。更适合大数据的有频繁模式增长（FP-Growth）和有限通行算法。

聚类、关联的实现可能需要分析师和业务客户之间的密切合作。关联分析的最佳工具应该具有强大的可视化能力和向下钻取能力，使业务用户了解所发现的模式。

关联分析模型用于描述多个变量之间的关联（见图4-19），这是大数据分析的一种重要模型。如果两个或多个变量之间存在一定的关联，那么其中一个变量的状态就能通过其他变量进行预测。

关联分析的输入是数据集合，输出是数据集合中全部或者某些元素之间的关联关系。例如，房屋的位置和房价之间的关联关系，或者气温和空调销量之间的关系。

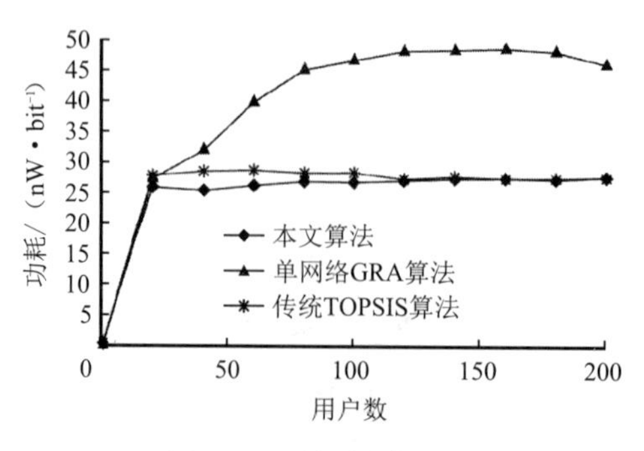

图 4-19　关联分析模型

1. 回归分析

回归分析是最灵活最常用的统计分析方法之一（见图 4-20），它旨在探寻在一个数据集内，根据实际问题考察其中一个或多个变量（因变量）与其余变量（自变量）的依赖关系。特别适用于定量地描述和解释变量之间的相互关系，或者估测、预测因变量的值。例如，回归分析可以用于发现个人收入和性别、年龄、受教育程度、工作年限的关系，基于数据库中现有的个人收入、性别、年龄、受教育程度和工作年限构造回归模型，在该模型中输入性别、年龄、受教育程度和工作年限来预测个人收入。又例如，回归性分析可以帮助确定温度（自变量）和作物产量（因变量）之间存在的关系类型。利用此项技术帮助确定自变量变化时，因变量的值如何变化。例如当自变量增加因变量是否会增加？如果是，增加是线性还是非线性的？

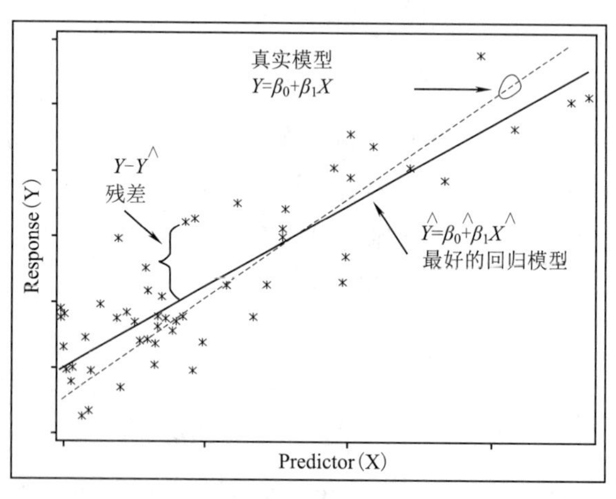

图 4-20　简单线性回归模型

例如，为了决定冰激凌店要准备的库存数量，分析师通过插入温度值来进行回归性分析。将基于天气预报的值作为自变量，将冰激凌出售量作为因变量。分析师发现温度每上升 5 度，就需要增加 15% 的库存。如图 4-21 所示，线性回归表示一个恒定的变化速率。

如图 4-22 所示，非线性回归表示一个可变的变化速率。

其中，回归性分析适用的问题例如：

①一个离海 250 mile（1 mile=1 609.344 m）英里的城市的温度会是怎样的？

②基于小学成绩，一个学生的高中成绩会是怎样的？

③基于食物的摄入量，一个人肥胖的几率是怎样的？

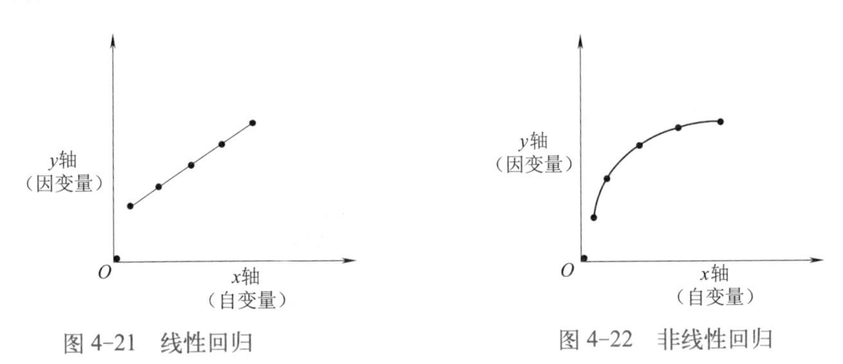

图 4-21　线性回归　　　　图 4-22　非线性回归

如果只需考察一个变量与其余多个变量之间的相互依赖关系，称为多元回归问题。若要同时考察多个因变量与多个自变量之间的相互依赖关系，称为多因变量的多元回归问题。

2. 关联规则分析

关联规则分析又称关联挖掘，是在交易数据、关系数据或其他信息载体中，查找存在于项目集合或对象集合之间的频繁模式、关联、相关性或因果结构。或者说，关联分析是发现交易数据库中不同商品（项）之间的联系。比较常用的算法是 Apriori 算法和 FPgrowth 算法。

关联可分为简单关联、时序关联、因果关联。关联规则分析的目的是找出数据库中隐藏的关联，并以规则的形式表达出来，这就是关联规则。

关联规则分析用于发现存在于大量数据集中的关联性或相关性，从而描述一个事物中某些属性同时出现的规律和模式。关联规则分析的一个典型例子是购物篮分析（见图 4-23）。该过程通过发现顾客放入其购物篮中的不同商品之间的联系，分析顾客的购买习惯。通过了解哪些商品频繁地被顾客同时购买，这种关联的发现可以帮助零售商制定营销策略。其他的应用还包括价目表设计、商品促销、商品的排放和基于购买模式的顾客划分。

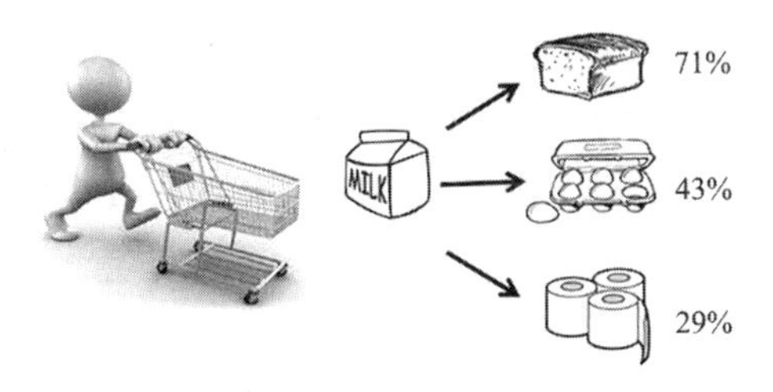

图 4-23　购物篮分析

3. 相关分析

相关关系是一种非确定性的关系，例如，以 X 和 Y 分别表示一个人的身高和体重，或分别表示每亩地的施肥量与每亩地的小麦产量，则 X 与 Y 显然有关系，但又没有确切到可由其中的一个去精确地决定另一个的程度，这就是相关关系。相关性分析是对总体中确实具有联系的指标进行分析，它描述客观事物相互间关系的密切程度并用适当的统计指标表示出来的过程。例如，变量

B 无论何时增长，变量 *A* 都会增长，更进一步，我们也想分析变量 A 增长与变量 B 增长的相关程度。

利用相关性分析可以帮助形成对数据集的理解，发现可以帮助解释某个现象的关联。因此相关性分析常被用来做数据挖掘，也就是识别数据集中变量之间的关系来发现模式和异常，揭示数据集的本质或现象的原因。

当两个变量被认为相关时，基于线性关系它们保持一致，意味着当一个变量改变另一个变量也会恒定地成比例地改变。相关性用一个 -1 到 +1 之间的十进制数来表示，也被叫做相关系数。当数字从 -1 到 0 或从 +1 到 0 改变时，关系程度由强变弱。

图 4-24 描述了 +1 相关性，表明两个变量之间呈正相关关系。

图 4-25 描述了 0 相关性，表明两个变量之间没有关系。

图 4-26 描述了 -1 相关性，表明两个变量之间呈负相关关系。

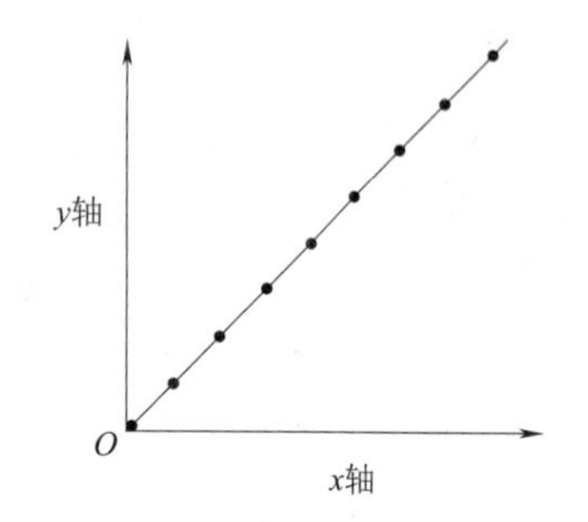

图 4-24　当一个变量增大，另一个也增大，反之亦然

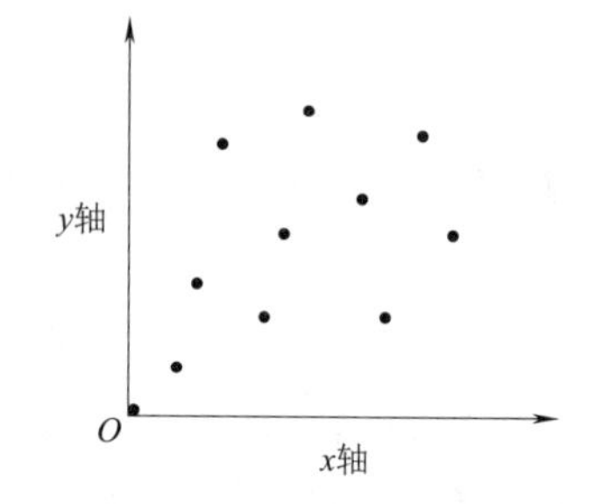

图 4-25　当一个变量增大，另一个保持不变或者无规律地增大或者减小

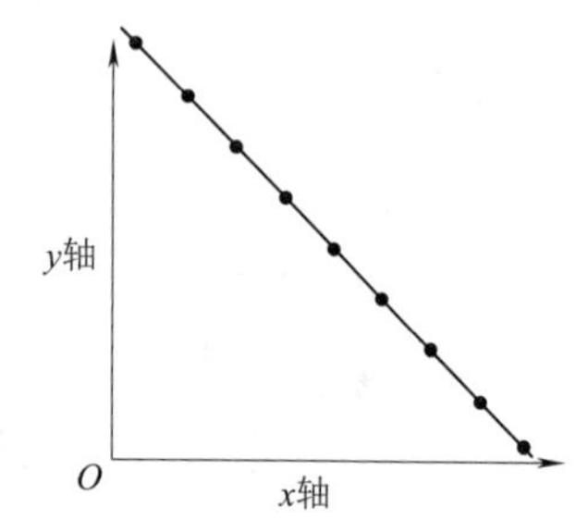

图 4-26　当一个变量增大，另一个减小，反之亦然

相关性分析适用的问题例如可以是：

①离大海的距离远近会影响一个城市的温度高低吗？

②在小学表现好的学生在高中也会同样表现很好吗？

③肥胖症和过度饮食有怎样的关联？

典型相关分析是研究两组变量之间相关关系（相关程度）的一种多元统计分析方法。为了研究两组变量之间的相关关系，采用类似于主成分分析的方法，在两组变量中，分别选取若干有代表性的变量组成有代表性的综合指数，使用这两组综合指数之间的相关关系，来代替这两组变量之间的相关关系，这些综合指数称为典型变量。

其基本思想是，首先在每组变量中找到变量的线性组合，使得两组线性组合之间具有最大的相关系数。然后选取和最初挑选的这对线性组合不相关的线性组合，使其配对，并选取相关系数最大的一对，如此继续下去，直到两组变量之间的相关性被提取完毕为止。被选取的线性组合配对称为典型变量，它们的相关系数称为典型相关系数。典型相关系数度量了这两组变量之间联系的强度。

4. 相关分析与回归分析

相关分析与回归分析既联系又有区别。

回归分析关心的是一个随机变量 *Y* 对另一个（或一组）随机变量 X 的依赖关系的函数形式。回归性分析适用于之前已经被识别作为自变量和因变量的变量，并且意味着变量之间有一定程度的因果关系。可能是直接或间接的因果关系。

在相关分析中，所讨论的变量的地位一样，分析侧重于变量之间的种种相关特征。例如，以 X、Y 分别记为高中学生的数学与物理成绩，相关分析感兴趣的是二者的关系如何，而不在于由 X 去预测 Y。相关性分析并不意味着因果关系。一个变量的变化可能并不是另一个变量变化的原因，虽然两者可能同时变化。这种情况的发生可能是由于未知的第三变量，也被称为混杂因子。相关性假设这两个变量是独立的。

在大数据中，相关性分析可以首先让用户发现关系的存在。回归性分析可以用于进一步探索关系并且基于自变量的值来预测因变量的值。

音 频

分类分析
模型

4.2.2 分类分析模型

分类是应用极其广泛的一大问题，也是数据挖掘、机器学习领域深入研究的重要内容。分类分析可以在已知研究对象已经分为若干类的情况下，确定新的对象属于哪一类（见图 4-27）。根据判别中的组数，可以分为二分类和多分类。按照分类的策略，可以分为判别分析和机器学习分类。

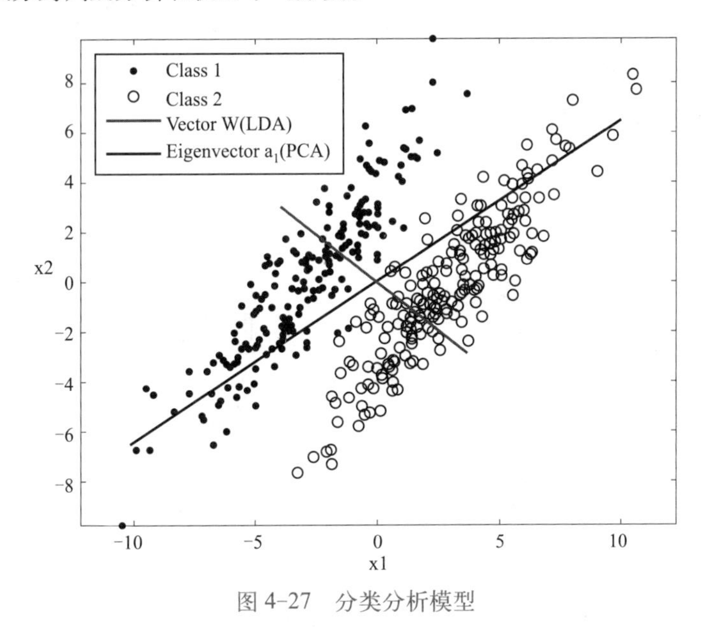

图 4-27 分类分析模型

1. 判别分析的原理和方法

判别分析是多元统计分析中用于判别样品所属类型的一种统计分析方法，是一种在已知研究对象用某种方法已经分成若干类的情况下，确定新的样品属于哪一类的多元统计分析方法。根据判别中的组数，可以分为两组判别分析和多组判别分析；根据判别函数的形式，可以分为线性判别和非线性判别；根据判别式处理变量的方法不同，可以分为逐步判别、序贯判别等；根据判别标准不同，可以分为距离判别、Fisher 判别、贝叶斯判别等。

判别方法处理问题时，通常要设法建立用来衡量新样品与各已知组别的接近程度的指数，即判别函数，然后利用此函数来进行判别，同时也指定一种判别准则，借以判别新样品的归属。最常用的判别函数是线性判别函数，即将判别函数表示成为线性的形式。常用的有距离准则、Fisher 准则、贝叶斯准则等。

（1）距离判别法。基本思想是判别样品和哪个总体距离最近，判断它属于哪个总体。距离判别也称为直观判别，其条件是变量均为数值型并服从正态分布。

（2）Fisher 判别法。即典型判别，这种方法在模式识别领域应用非常广泛，其基本思想是变换坐标系统，从 X 空间投影到 Y 空间，Y 空间的系统坐标方向尽量选择能使不同类别的样本尽可能分开的方向，然后再在 Y 空间使用马氏距离判别法。

（3）贝叶斯判别法。最小距离分类法只考虑了待分类样本到各个类别中心的距离，而没有考虑已知样本的分布，所以它的分类速度快，但精度不高。而贝叶斯判别法（也叫最大似然分类法）在分类的时候，不仅考虑待分类样本到已知类别中心的距离，还考虑了已知类别的分布特征，所以其分类精度比最小距离分类法要高，因而是分类里面用得很多的一种分类方法。

2. 基于机器学习的分类模型

分类是一种有监督的机器学习，它将数据分为相关的、以前学习过的类别，包括两个步骤：

（1）将已经被分类或者有标号的训练数据给系统，这样就可以形成一个对不同类别的理解。

（2）将未知或者相似数据给系统分类，基于训练数据形成的理解，算法会分类无标号数据。

分类技术可以对两个或者两个以上的类别进行分类，常见应用是过滤垃圾邮件。在一个简化的分类过程中，在训练时将有标号的数据给机器使其建立对分类的理解，然后将未标号的数据给机器，使它进行自我分类（见图 4-28）。

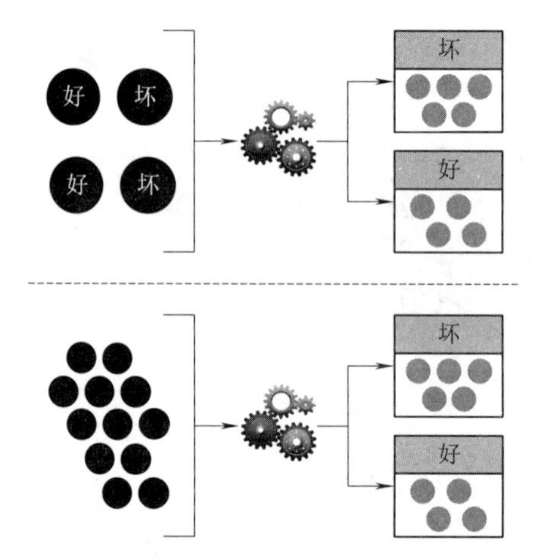

图 4-28　机器学习可以用来自动分类数据集

例如，银行想找出哪些客户可能会拖欠贷款。基于历史数据编制一个训练数据集，其中包含标记的曾经拖欠贷款的顾客样例和不曾拖欠贷款的顾客样例。将这样的训练数据给分类算法，使之形成对“好”或“坏”顾客的认识。最终，将这种认识作用于新的未加标签的客户数据，来发现一个给定的客户属于哪个类。

分类适用的样例问题可以是：

①基于其他申请是否被接受或者被拒绝，申请人的信用卡申请是否应该被接受？

②基于已知的水果蔬菜样例，西红柿是水果还是蔬菜？

③病人的药检结果是否表示有心脏病的风险？

分类是机器学习的重要任务之一。机器学习中的分类通常依据利用训练样例训练模型，依据此模型可以对类别未知数据的分类进行判断。主要的机器学习分类模型包括决策树、向量机、神经网络、逻辑回归等。机器学习训练得到的模型并非是一个可以明确表示的判别函数，而是具有复杂结构的判别方法，如树结构（如决策树）或者图结构（如神经网络）等。

需要注意的是，判别分析和机器学习分类方法并非泾渭分明，例如，基于机器学习的分类方法可以根据样例学习（如 SVM）得到线性判别函数用于判别分析。

3. 支持向量机

支持向量机（SVM，Support Vector Machine）是一个有监督的学习模型，它是一种对线性和非线性数据进行分类的方法，是所有知名的数据挖掘算法中最健壮、最准确的方法之一。它使用一种非线性映射，把原训练数据映射到较高的维度上，在新的维度上，它搜索最佳分离超平面，即将一个类的元组与其他类分离的决策边界。其基本模型定义为特征空间上间隔最大的线性分类器，其学习策略是使间隔最大化，最终转化为一个凸二次规划问题的求解。

4. 逻辑回归

利用逻辑回归可以实现二分类，逻辑回归与多重线性回归有很多相同之处，最大的区别就在于它们的因变量不同。正因为此，这两种回归可以归于同一个家族，即广义线性模型。如果是连续的，就是多重线性回归；如果是二项分布，就是逻辑回归；如果是泊松分布，就是泊松回归；如果是负二项分布，就是负二项回归。

逻辑回归的因变量可以是二分类的，也可以是多分类的，但是二分类的更为常用，也更加容易解释，所以实际最常用的就是二分类逻辑回归。

逻辑回归应用广泛，在流行病学中应用较多，比较常用的情形是探索某一疾病的危险因素，根据危险因素预测某疾病发生的概率，或者预测（根据模型预测在不同自变量情况下，发生某种病或某种情况的概率有多大）、判别（跟预测有些类似，也是根据模型判断某人属于某种病或属于某种情况的概率有多大，也就是看一下这个人有多大的可能性是属于某种病）。例如，想探讨胃癌发生的危险因素，可以选择两组人群，一组是胃癌组，一组是非胃癌组，两组人群肯定有不同的体征和生活方式等。这里的因变量就是是否胃癌，即“是”或“否”，自变量就可以包括很多了，例如年龄、性别、饮食习惯、幽门螺杆菌感染情况等。自变量既可以是连续的，也可以是分类的。

逻辑回归虽然名字里带“回归”，但实际上是一种分类方法，主要用于两分类问题（即输出只有两种，分别代表两个类别），所以利用了逻辑函数（或称为 sigmoid 函数）。

5. 决策树

决策树是进行预测分析的一种很常用的工具，它相对容易使用，并且对非线性关系的运行效果好，可以产生高度可解释的输出（见图 4-29）。

决策树是一种简单的分类器。通过训练数据构建决策树，可以高效地对未知的数据进行分类。决策树有两大优点：一是决策树模型可读性好，具有描述性，有助于人工分析；二是效率高，只需要一次构建，反复使用，每一次预测的最大计算次数不超过决策树的深度。

决策树是在已知各种情况发生概率的基础上，通过构成决策树来求取净现值的期望值大于等于零的概率，评价项目风险，判断其可行性的决策分析方法，是直观运用概率分析的一种图解法。

由于这种决策分支画成图形很像一棵树的枝干，故称决策树。在机器学习中，决策树是一个预测模型，它代表的是对象属性与对象值之间的一种映射关系。熵代表系统的凌乱程度，使用算法ID3、C4.5 和 C5.0 生成树算法使用熵。这一度量是基于信息学理论中熵的概念。

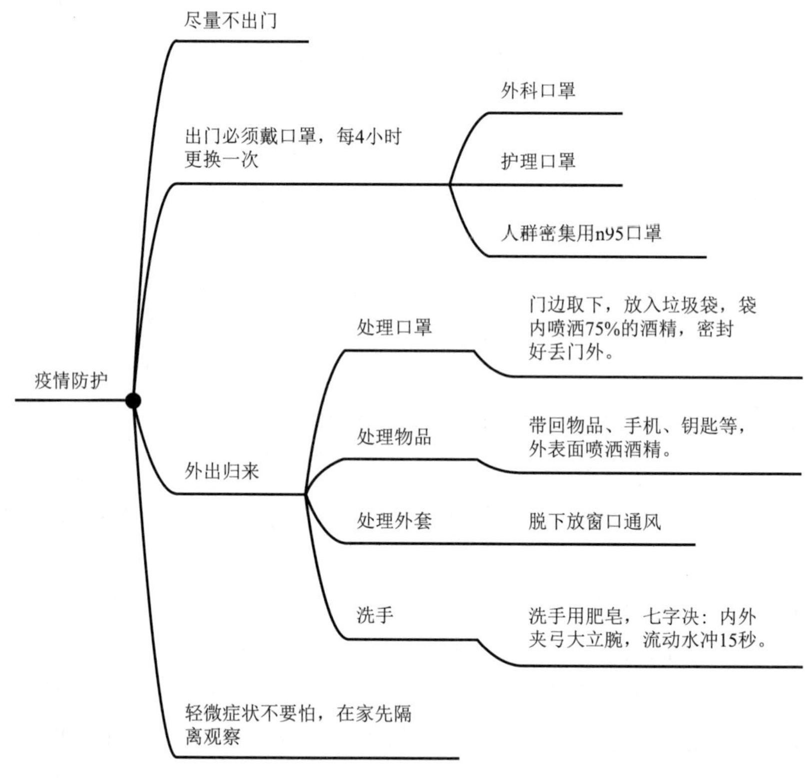

图 4-29　疫情防护决策树

决策树是一种树形结构的预测模型，其中每个内部节点表示一个属性上的测试，每个分支代表一个测试输出，每个叶节点代表一种类别。决策树代表的是对象属性与对象值之间的一种映射关系。树中每个节点表示某个对象，每个分叉路径代表某个可能的属性值，而每个叶节点则对应从根节点到该叶节点所经历的路径所表示的对象的值。决策树仅有单一输出，若欲有复数输出，可以建立独立的决策树以处理不同输出。

从数据产生决策树的机器学习技术叫作决策树学习。决策树学习输出为一组规则，它将整体逐步细分成更小的细分，每个细分相对于单一特性或者目标变量是同质的。终端用户可以将规则以树状图的形式可视化，该树状图很容易进行解释，并且这些规则在决策机器中易于部署。这些特性——方法的透明度和部署的快速性，使决策树成为一个常用的方法。

注意不要混淆决策树学习和在决策分析中使用的决策树方法，尽管在每种情况下的结果都是一个树状的图。决策分析中的决策树方法是管理者可以用来评估复杂决策的工具，它处理主观可能性并且利用博弈论来确定最优选择。另一方面，建立决策树的算法完全从数据中来，并且根据所观测的关系而不是用户先前的预期来建立树。

6. *k* 近邻

邻近算法，或者说 k 近邻（kNN）分类算法，是分类技术中最简单的方法之一。所谓 k 近邻，就是 k 个最近邻居的意思，说的是每个样本都可以用它最接近的 k 个邻居来代表，其核心思想是，如果一个样本在特征空间中的 k 个最相邻样本中的大多数属于某一个类别，则该样本也属于这个类别，并具有这个类别上样本的特性。该方法在确定分类决策上只依据最邻近的一个或者几个样本的类别来决定待分样本所属的类别。kNN 方法在类别决策时只与极少量的相邻样本有关。由于 kNN 方法主要靠周围有限的邻近样本，而不是靠判别类域的方法来确定所属类别，因此对于类域的交叉或重叠较多的待分样本集来说，kNN 方法较其他方法更为适合。

如图 4-30 所示，我们要判断平面中黑色叉号代表的样本的类别。分别选取了 1 近邻、2 近邻、3 近邻。例如，在 1 近邻时，我们判定为黑色圆圈代表的类别，但是在 3 近邻时，却判定为黑色三角代表的类别。

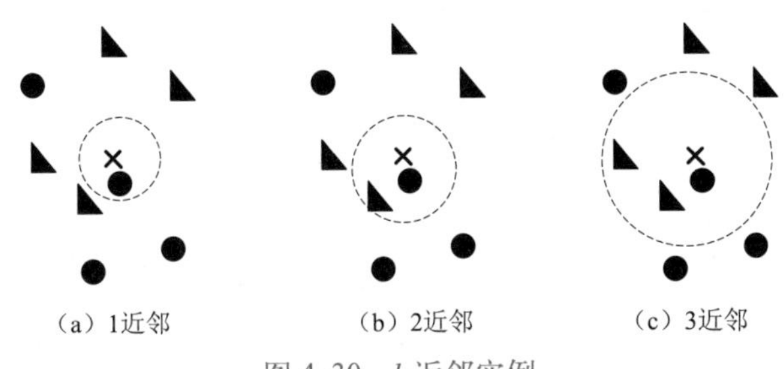

图 4-30　*k* 近邻实例

显然，*k* 是一个重要的参数，当 *k* 取不同值时，结果也会显著不同；采用不同的距离度量，也会导致分类结果的不同。我们还可能采取基于权值等多种策略改变投票机制。

7. 随机森林

随机森林是一类专门为决策树分类器设计的组合方法，它组合了多棵决策树对样本进行训练和预测，其中每棵树使用的训练集是从总的训练集中，通过有放回采样得到的。也就是说，总的训练集中的有些样本可能多次出现在一棵树的训练集中，也可能从未出现在一棵树的训练集中。在训练每棵树的节点时，使用的特征是从所有特征中按照一定比例随机无放回地抽取而得到的。

宏观来说，随机森林的构建步骤如下：首先，对原始训练数据进行随机化，创建随机向量；然后，使用这些随机向量来建立多棵决策树。再将这些决策树组合，构成随机森林。

可以看出，随机森林是 Bagging（装袋，或称自主聚集）的一个拓展变体，它在决策树的训练过程中引入了随机属性选择。具体来说，决策树在划分属性时会选择当前节点属性集合中的最优属性，而随机森林则会从当前节点的属性集合中随机选择含有 k 个属性的子集，然后从这个子集中选择最优属性进行划分。

随机森林方法虽然简单，但在许多实现中表现惊人，而且，随机森林的训练效率经常优于 Bagging，因为在个体决策树的构建中，Bagging 使用的是“确定型”决策树，而随机森林使用“随机性”只考察一个属性的子集。

可见，随机森林的随机性来自于以下几个方面：

（1）抽样带来的样本随机性。

（2）随机选择部分属性作为决策树的分裂判别属性，而不是利用全部的属性。

（3）生成决策树时，在每个判断节点，从最好的几个划分中随机选择一个。

我们通过一个例子来介绍随机森林的产生和运用方法。有一组大小为200的训练样本，记录着被调查者是否会购买一种健身器械，类别为“是”和“否”。其余的属性如下：

年龄 >30	婚否	性别	是否有贷款	学历 > 本科	收入 >1 万 / 月

我们构建4棵决策树来组成随机森林，并且使用了剪枝的手段保证每棵决策树尽可能简单（这样就有更好的泛化能力）。

对每棵决策树采用如下方法进行构建：

（1）从200个样本中有放回抽样200次，从而得到大小为200的样本，显然，这个样本中可能存在着重复的数据。

（2）随机地选择3个属性作为决策树的分裂属性。

（3）构建决策树并剪枝。

假设最终我们得到了如图4-31所示的4棵决策树。

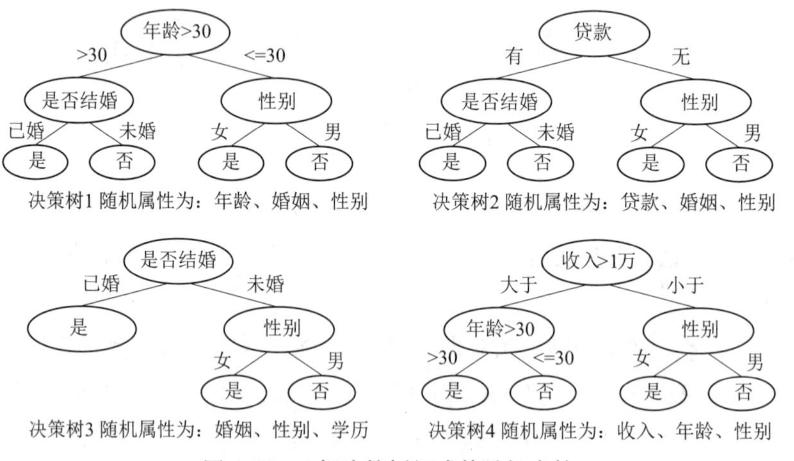

图4-31　4棵决策树组成的随机森林

可以看出，性别和婚姻状况对于是否购买该产品起到十分重要的作用。第3棵决策树的“学历”属性没有作为决策树的划分属性，说明学历和是否购买此产品关系很小。每棵树从不同侧面体现出蕴含在样本后的规律。当新样本到达时，只需对4棵树的结果进行汇总，这里采用投票的方式进行汇总。例如，新样本为（年龄24岁，未婚，女，有贷款，本科学历，收入 <1 万 / 月）。第一棵树将预测为购买；第二棵树预测为不购买，第三棵树预测为购买，第四棵树预测为购买。所以最后的投票结果为：购买3票，不购买1票，从而随机森林预测此记录为“购买”。

8. 朴素贝叶斯

贝叶斯判别法是在概率框架下实施决策的基本判别方法。对于分类问题来说，在所有相关概率都已知的情形下，贝叶斯判别法考虑如何基于这些概率和误判损失来选择最优的类别标记。而朴素贝叶斯判别法则是基于贝叶斯定理和特征条件独立假设的分类方法，是贝叶斯判别法中的一个有特定假设和限制的具体方法。对于给定的训练数据集，首先基于特征条件独立假设学习输入和输出的联合分布概率；然后基于此模型对给定的输入 x，再利用贝叶斯定理求出其后验概率最大的输出 y。

朴素贝叶斯分类算法的基本思想是：对于给定元组 X，求解在 X 出现的前提下各个类别出现的概率，哪个最大就认为 X 属于哪个类别。在没有其他可用信息下，我们会选择后验概率最大的类别。朴素贝叶斯方法的重要假设就是属性之间相互独立。现实应用中，属性之间很难保证全部都相互独立，这时可以考虑使用贝叶斯网络等方法。

音 频

聚类分析模型

4.2.3 聚类分析模型

细分是对业务可使用的最有效和最广泛的战略工具之一，战略细分是一种取决于分析用例的商业实践，例如市场细分或者客户细分。当解析目标是将用例分成同质化的子类，或基于多个变量维度的相似性进行区分时，称为分类问题或用例，通常采用聚类技术的特定方法来解决这个问题。例如，营销研究人员基于调查每个受访者的尽可能多的信息，使用聚类技术来标示潜在的细分市场。聚类技术还可以用到预测模型分析中，当分析师拥有的数据是一个非常大的集合时，可以先运行一个基于多变量维度的分割来细分该数据集，然后为每个分类建立单独的预测模型。

聚类技术（见图 4-32）将一系列用例划分为不同的组，这些组与一系列活跃变量是同质的。在客户细分中，每个案例代表一个客户；在市场细分中，每个案例代表一个消费者，他可能是当前客户、原来的客户或者潜在客户。

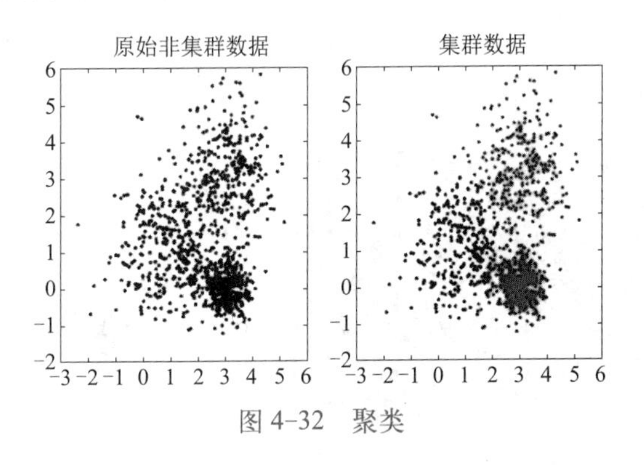

图 4-32 聚类

在使用所有可用的数据进行分析时，聚类的效率是最高的，因此在数据库或 Hadoop 内部运行的聚类算法都特别有用，例如聚类算法是在 Apache Mahout 中发展最成熟的一个项目。目前有 100 多种多变量聚类分析方法，最流行的是 k 均值聚类技术，它可以最大限度地减少所有活动变量的聚类均值的方差，在大多数商业数据挖掘的软件包里都有。

1. 聚类问题分析

聚类是一种典型的无监督学习技术，通过这项技术，数据被分割成不同的组，在每组中的数据有相似的性质。聚类不需要先学习类别，相反，类别是基于分组数据产生的。数据如何成组取决于用什么类型的算法，每个算法都有不同的技术来确定聚类。

聚类常用在数据挖掘中理解一个给定数据集的性质。在形成理解之后，分类可以被用来更好地预测相似但却是全新或未见过的数据。聚类可以被用在未知文件的分类以及通过将具有相似行为的顾客分组的个性化市场营销策略上。图 4-33 所示的散点图描述了可视化表示的聚类。

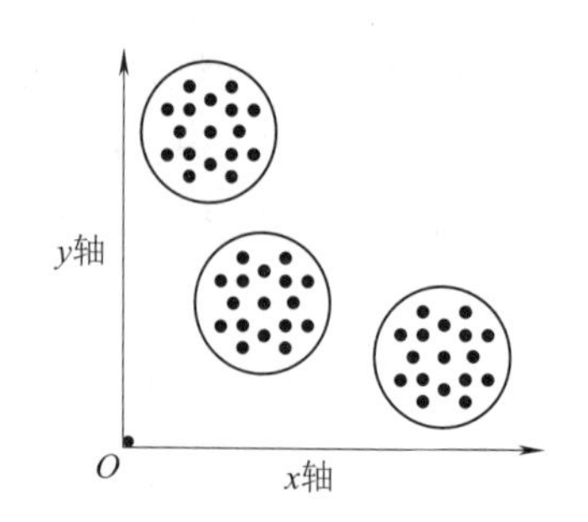

图 4-33　散点图总结了聚类的结果

例如，基于已有的顾客记录档案，某银行想要给现有顾客介绍很多新的金融产品。分析师用聚类将顾客分类至多组中，然后给每组介绍最适合这个组整体特征的一个或多个金融产品。

聚类适用的样例问题可以是：

①根据树之间的相似性，存在多少种树？

②根据相似的购买记录，存在多少组顾客？

③根据病毒的特性，它们的不同分组是什么？

聚类分析的目标是将基于共同特点的用例、样品或变量按照它们在性质上的亲疏程度进行分类（见图 4-34），其中没有关于样品或变量的分类标签，这在实际生活中也是十分重要的。例如，你希望根据消费者的选择而不是对象本身的特性来进行分组，你可能想了解哪些物品消费者会一起购买，从而可以在消费者购买时推荐相关商品，或者开发一种打包商品。

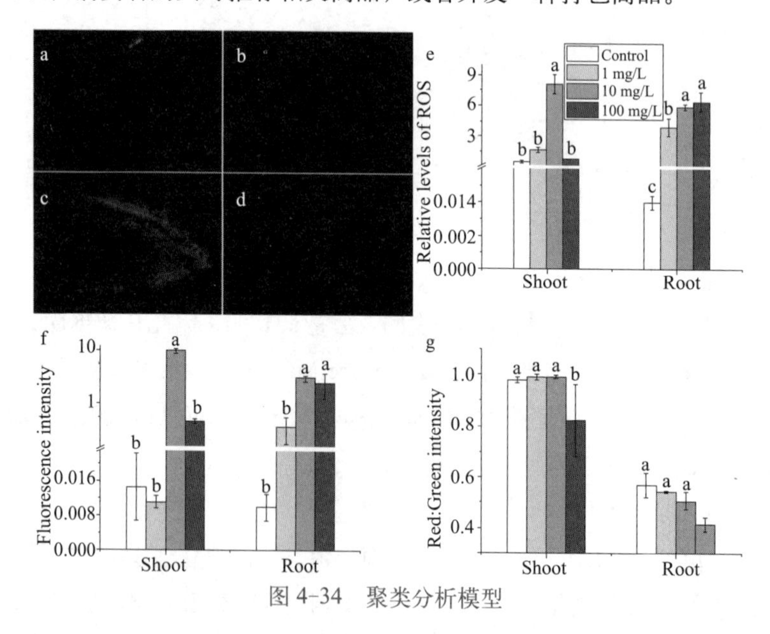

图 4-34　聚类分析模型

用来描述样品或变量的亲疏程度通常有两个途径。一是个体间的差异度：把每个样品或变量看成是多维空间上的一个点，在多维坐标中，定义点与点、类和类之间的距离，用点与点之间的距离来描述样品或变量之间的亲疏程度。二是测度个体间的相似度：计算样品或变量的简单相关系数或者等级相关系数，用相似系数来描述样品或变量之间的亲疏程度。

聚类问题中，除了要计算物体和物体之间的相似性，还要度量两个类之间的相似性。常用的度量有最远（最近）距离、组间平均链锁距离、组内平均链锁距离、重心距离和离差平方和距离（Ward方法）。此外，变量的选择和处理也是不容忽视的重要环节。

2. 聚类分析的分类

我们来了解聚类分析策略的分类方法。

（1）基于分类对象的分类。根据分类对象的不同，聚类分析可以分为 Q 型聚类和 R 型聚类。Q 型聚类就是对样品个体进行聚类，R 型聚类则是对指标变量进行聚类。

① Q 型聚类：当聚类把所有的观测记录进行分类时，将性质相似的观测分在同一个类，性质差异较大的观测分在不同的类。

Q 型聚类分析的目的主要是对样品进行分类。分类的结果是直观的，且比传统的分类方法更细致、全面、合理。当然，使用不同的分类方法通常有不同的分类结果。对任何观测数据都没有唯一“正确”的分类方法。实际应用中，常采用不同的分类方法对数据进行分析计算，以便对分类提供具体意见，并由实际工作者决定所需要的分类数及分类情况。Q 型聚类主要采取基于相似性的度量。

② R 型聚类：把变量作为分类对象进行聚类。这种聚类适用于变量数目比较多且相关性比较强的情形，目的是将性质相近的变量聚类为同一个类，并从中找出代表变量，从而减少变量的个数以达到降维的效果。R 型聚类主要采取基于相似系数相似性度量。

R 型聚类分析的目的有以下几方面：

①了解变量间及变量组合间的亲疏关系。

②对变量进行分类。

③根据分类结果及它们之间的关系，在每一类中选择有代表性的变量作为重要变量，利用少数几个重要变量进一步作分析计算，如进行回归分析或 Q 型聚类分析等，以达到减少变量个数、变量降维的目的。

（2）基于聚类结构的分类。根据聚类结构，聚类分析可以分为凝聚和分解两种方式。

在凝聚方式中，每个个体自成一体，将最亲密的凝聚成一类，再重新计算各个个体间的距离，最相近的凝聚成一类，以此类推。随着凝聚过程的进行，每个类内的亲密程度逐渐下降。

在分解方式中，所有个体看成一个大类，类内计算距离，将彼此间距离最远的个体分离出去，直到每个个体自成一类。分解过程中每个类内的亲密程度逐渐增强。

3. 聚类有效性的评价

聚类有效性的评价标准有两种：一是外部标准，通过测量聚类结果和参考标准的一致性来评价聚类结果的优良；另一种是内部指标，用于评价同一聚类算法在不同聚类条件下聚类结果的优良程度，通常用来确定数据集的最佳聚类数。

内部指标用于根据数据集本身和聚类结果的统计特征对聚类结果进行评估，并根据聚类结果的优劣选取最佳聚类数。

4. 聚类分析方法

聚类分析的内容十分丰富，按其聚类的方法可分为以下几种：

（1）k 均值聚类法：指定聚类数目 K 确定 K 个数据中心，每个点分到距离最近的类中，重新计算 K 个类的中心，然后要么结束，要么重算所有点到新中心的距离聚类。其结束准则包括迭代次数超过指定或者新的中心点距离上一次中心点的偏移量小于指定值。

（2）系统聚类法：开始每个对象自成一类，然后每次将最相似的两类合并，合并后重新计算新类与其他类的距离或相近性测度。这一过程可用一张谱系聚类图描述。

（3）调优法（动态聚类法）：首先对 n 个对象初步分类，然后根据分类的损失函数尽可能小的原则对其进行调整，直到分类合理为止。

（4）最优分割法（有序样品聚类法）：开始将所有样品看作一类，然后根据某种最优准则将它们分割为二类、三类，一直分割到所需的 K 类为止。这种方法适用于有序样品的分类问题，也称为有序样品的聚类法。

（5）模糊聚类法：利用模糊集理论来处理分类问题，它对经济领域中具有模糊特征的两态数据或多态数据具有明显的分类效果。

（6）图论聚类法：利用图论中最小生成树、内聚子图、顶点随机游走等方法来处理图类问题。

5. 聚类分析的应用

聚类分析有着广泛的应用。在商业方面，聚类分析被用来将用户根据其性质分类，从而发现不同的客户群，并且通过购买模式刻画不同的客户群的特征；在计算生物学领域，聚类分析被用来对动植物和对基因进行分类，从而获得更加准确的生物分类；在保险领域，聚类分析根据住宅类型、价值、地理位置来鉴定一个城市的房产分组；在电子商务中，通过聚类分析可以发现具有相似浏览行为的客户，并分析客户的共同特征，可以更好地帮助电子商务的用户了解自己的客户，向客户提供更合适的服务。

音频

结构分析模型

4.2.4 结构分析模型

结构分析是对数据中结构的发现，其输入是数据，输出是数据中某种有规律性的结构。在统计分组的基础上，结构分析将部分与整体的关系作为分析对象，以发现在整体变化过程中各关键影响因素及其作用的程度和方向的分析过程（见图 4-35）。

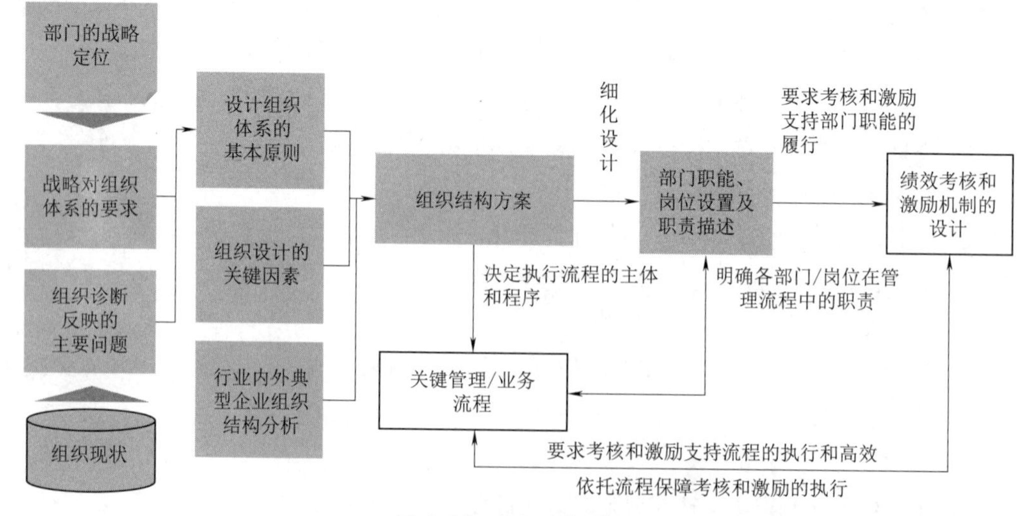

图 4-35 结构分析模型

1. 典型的结构分析方法

结构分析的对象是图或者网络。例如，在医学中，通常情况下某一类药物都具有相似分子结构或相同的子结构，它们针对某一种疾病的治疗具有很好的效果，如抗生素中的大环内酯类，几乎家喻户晓的红霉素就是其中的一种。这种特性给我们提供了一个很好的设想：如果科学家新发现了某种物质，经探寻，它的分子结构中某一子结构与某一类具有相同治疗效果药物的子结构相同，我们虽不可以断定这种物质对治疗这种疾病有积极作用，但是这至少提供了一个实验的方向，对相关研究起到积极作用。甚至我们可以通过改变具有类似结构的物质的分子结构来获得这种物质，如果在成本上优于之前制药方法的成本，那么在医学史上将是一大壮举。

结构分析中有最短路径、链接排名、结构计数、结构聚类和社团发现这 5 个问题。

最短路径问题是对图中顶点之间最短路径结构的发现；链接排名则是对图中节点的链接关系进行发现，从而对图中的节点按照其重要性进行排名；链接排名在搜索引擎中得到了广泛的应用，是许多搜索引擎的核心；结构计数则是对图中特殊结构的个数进行统计；结构聚类是在对图中结构发现与分析的基础上对结构进行聚类。具体来说，结构聚类指的是对图中的节点和边进行聚类。例如对节点聚类时，要求输出图中各个节点的分类，使得每个分类在结构上关联密切。

2. 社团发现

社团是一个或一组网站，是虚拟的社团。虚拟社团是指有着共同爱好和目标的人通过媒体相互影响的社交网络平台，在这个平台上，潜在地跨越了地理和政治的边界。

社团也有基于主题的定义，这时社团由一群有着共同兴趣的个人和受他们欢迎的网页组成。也有人给出的定义为：社团是在图中共享相同属性的顶点的集群，这些顶点在图中扮演着十分相似的角色。例如，处理相关话题的一组网页可以视为一个社团。

社团还可以基于主题及结构来定义，社团定义为图中所有顶点构成的全集的一个子集，它满足子集内部顶点之间连接紧密，而子集内部顶点与子集外部的其他顶点连接不够紧密的要求。

社团发现问题，即对复杂的关系图进行分析，从而发现其中蕴含的社团。

（1）社团的分类。主要有按主题分类和按社团形成的机制分类。按主题分类可以分为明显的社团和隐含的社团。顾名思义，明显的社团是与某些经典的、流行的、大众的主题相关的一组网页。例如，大家熟知的脸书、IMDB、YouTube、亚马逊、Flickr 等，它们的特点是易定义、易发现、易评价。而隐含的社团则是与某些潜在的、特殊的、小众的主题相关的一组网页，例如讨论算法、数据库的网页集合，它们通常是难定义、难发现、难评价。

按社团形成机制分类可以分成预定义社团和自组织社团。预定义社团指预先定义好的社团，例如领英、谷歌群组、脸书等。相反，自组织社团指自组织形成的社团，例如与围棋爱好者相关的一组网页。

（2）社团的用途。社团能帮助搜索引擎提供更好的搜索服务，如基于特定主题的搜索服务，以及为用户提供针对性的相关网页等，它在主题爬虫的应用中也发挥了重要作用，还能够用于研究社团与知识的演变过程。

社团具有在内容上围绕同一主题和在结构上网页间的链接稠密的特征。

音频

文本分析模型

4.2.5 文本分析模型

文本分析是非结构大数据分析的一个基本问题，是指对文本的表示及其特征项的选取，它将从文本中抽取出的特征词量化来表示文本信息。

由于文本是非结构化的数据，要想从大量的文本中挖掘有用的信息，就必须首先将文本转化为可处理的结构化形式，将它们从一个无结构的原始文本转化为结构化的计算机可以识别处理的信息，即对文本进行科学的抽象，建立它的数学模型，用以描述和代替文本。使计算机能够通过对这种模型的计算和操作来实现对文本的识别。

目前通常采用向量空间模型来描述文本向量，但是如果直接用分词算法和词频统计方法得到的特征项来表示文本向量中的各个维，那么这个向量的维度将是非常大的。这种未经处理的文本矢量不仅给后续工作带来巨大的计算开销，使整个处理过程的效率非常低下，而且会损害分类以及聚类算法的精确性，从而使所得到的结果很难令人满意。因此，必须对文本向量做进一步净化处理，在保证原文含义的基础上，找出对文本特征类别最具代表性的文本特征。为了解决这个问题，最有效的办法就是通过特征选择来降维。

有关文本表示的研究主要集中于文本表示模型的选择和特征词选择算法的选取上，用于表示文本的基本单位通常称为文本的特征或特征项。特征项必须具备一定的特性：

①特征项要能够确实标识文本内容。

②特征项具有将目标文本与其他文本相区分的能力。

③特征项的个数不能太多。

④特征项分离要比较容易实现。

在中文文本中可以采用字、词或短语作为表示文本的特征项。相比较而言，词比字具有更强的表达能力，而词和短语相比，词的切分难度比短语的切分难度小得多。因此，目前大多数中文文本分类系统都采用词作为特征项，称作特征词。这些特征词作为文档的中间表示形式，用来实现文档与文档、文档与用户目标之间的相似度计算。如果把所有的词都作为特征项，那么特征向量的维数将过于巨大，从而导致计算量太大，在这样的情况下，要完成文本分类几乎是不可能的。

特征抽取的主要功能是在不损伤文本核心信息的情况下，尽量减少要处理的单词数，以此来降低向量空间维数，从而简化计算，提高文本处理的速度和效率。文本特征选择对文本内容的过滤和分类、聚类处理、自动摘要以及用户兴趣模式发现、知识发现等有关方面的研究都有非常重要的影响。通常根据某个特征评估函数计算各个特征的评分值，然后按评分值对这些特征进行排序，选取若干个评分值最高的作为特征词，这就是特征抽取。

文本分析涉及的范畴很广，例如分词、文档向量化、主题抽取等。

实训与思考 建立大数据分析模型

在前面的各个【实训与思考】活动中，我们结合案例企业 ETI 的业务状况，为开展大数据分析应用做了各项必要的准备。接下来，我们学习课文内容，继续尝试建立大数据分析模型的各个项目案例。

1. 设计关联分析模型案例

简述关联分析模型：____

____

____

简述为 ETI 建立的关联分析模型案例:

答: ______________________________

____

____

____

2. 设计分类分析模型案例

简述分类分析模型: ______________________________

____

____

简述为 ETI 建立的分类分析模型案例:

答: ______________________________

____

____

____

3. 设计聚类分析模型案例

简述聚类分析模型: ______________________________

____

____

简述为 ETI 建立的聚类分析模型案例:

答: ______________________________

____

____

____

4. 设计结构分析模型案例

简述结构分析模型: ______________________________

____

____

简述为 ETI 建立的结构分析模型案例:

答: ______________________________

____

____

____

5. 设计文本分析模型案例

简述文本分析模型: ______________________________

____

____

简述为ETI建立的文本分析模型案例:

答: ____________________

6. 实训总结

____

7. 教师实训评价

____

【作　业】

1. 客观事物或现象是一个多因素综合体，模型是被研究对象（客观事物或现象）的一种抽象，（　　）是对客观事物或现象的一种描述。

A. 工作日程　　B. 数据结构　　C. 分析模型　　D. 计算方法

2.（　　）反映对象最本质的东西，略去了枝节，是被研究对象实质性的描述和某种程度的简化，其目的是便于分析研究。模型可以是数学模型或物理模型。

A. 模型　　B. 结构　　C. 函数　　D. 模块

3. 如果两个或多个变量之间存在一定的（　　），那么其中一个变量的状态就能通过其他变量进行预测。

A. 结合　　B. 冲突　　C. 变化　　D. 关联

4. 回归分析方法是在众多的相关变量中，根据实际问题考察其中一个或多个变量（因变量）与其余变量（自变量）的（　　）。

A. 结合程度　　B. 对抗关系　　C. 依赖关系　　D. 不同之处

5.（　　）是关联规则分析的一个典型例子。该过程通过发现顾客放入其中的不同商品之间的联系，分析顾客的购买习惯。

A. 手提包　　B. 购物篮　　C. 数据库　　D. 方程式

6. 有关系而又没有确切到可由其中的一个去精确地决定另一个的程度，这就是（　　）。

A. 相关关系　　B. 结合方式　　C. 不同之处　　D. 依赖程度

7.（　　）可以在已知研究对象已经分为若干类的情况下，确定新的对象属于哪一类。

A. 结构分析　　B. 文本处理　　C. 分类分析　　D. 聚类计算

8. 判别分析是多元统计分析中用于判别样品所属类型的统计分析方法，常用的有（　　）。

A. 距离准则　　B.Fisher 准则　　C. 贝叶斯准则　　D. 以上所有

9.k 近邻算法是分类技术中最简单的方法之一。所谓 k 近邻，就是 k 个（　　）的意思。

A. 函数模块　　B. 数据集合　　C. 最近邻居　　D. 无关元素

10. 随机森林是一类专门为决策树分类器设计的组合方法，它组合了（　　）对样本进行训练和预测。

A. 多个数据集　　B. 多棵决策树　　C. 多组规则　　D. 多个模块

11. 聚类分析是将样品或变量按照它们在性质上的（　　）进行分类的数据分析方法。

A. 链接方式　　B. 计算方法　　C. 相似程度　　D. 亲疏程度

12. 有一些典型的聚类分析策略的分类方法，但不包括（　　）。

A. 基于分类对象的分类　　B.Q 型聚类和 R 型聚类

C. 关联程度聚合　　D. 基于聚类结构的分类

13. 聚类分析的内容十分丰富，可按其聚类的方法区分，但下列（　　）不在其中。

A. 原子聚类法　　B.k 均值聚类法

C. 系统聚类法　　D. 模糊聚类法

14. 结构分析是在统计分组的基础上，将（　　）的关系作为分析对象，以发现在整体的变化过程中各关键的影响因素及其作用的程度和方向的分析过程。

A. 正方与反向　　B. 紧密与稀疏

C. 中央与外围　　D. 部分与整体

15. 文本分析是非结构大数据分析的一个基本问题，是指对文本的表示及其（　　）的选取。

A. 字符串　　B. 特征值　　C. 语言形式　　D. 表达方式

音频

了解分析工具与分析平台

音频

导读案例：包罗一切的数字图书馆

任务 4.3　了解分析工具与分析平台

导读案例　包罗一切的数字图书馆

我们要讲述的是一个有关对图书馆（见图 4-36）进行实验的故事。没错，实验对象不是一个人、一只青蛙、一个分子或者原子，而是史学史中最有趣的数据集：一个旨在包罗所有书籍的数字图书馆。

图 4-36　爱尔兰圣三一学院图书馆

这样神奇的图书馆从何而来呢？

1996 年，斯坦福大学计算机科学系的两位研究生正在做一个现在已经没什么影响力的项目——斯坦福数字图书馆技术项目。该项目的目标是展望图书馆的未来，构建一个能够将所有书籍和互联网整合起来的图书馆。他们打算开发一个工具，能够让用户浏览图书馆的所有藏书。但是，这个想法在当时是难以实现的，因为只有很少一部分书是数字形式的。于是，他们将该想法和相关技术转移到文本上，将大数据实验延伸到互联网上，开发出了一个让用户能够浏览互联网上所有网页的工具，他们最终开发出了一个搜索引擎，并将其称为“谷歌（Google）”。

到 2004 年，谷歌“组织全世界的信息”的使命进展得很顺利（见图 4-37），这就使其创始人拉里•佩奇有暇回顾他的“初恋”——数字图书馆。令人沮丧的是，仍然只有少数图书是数字形式的。不过，在那几年间，某些事情已经改变了：佩奇现在是亿万富翁。于是，他决定让谷歌涉足扫描图书并对其进行数字化的业务。尽管他的公司已经在做这项业务了，但他认为谷歌应该为此竭尽全力。

图 4-37　谷歌欧洲总部

雄心勃勃？无疑如此。不过，谷歌最终成功了。在公开宣称启动该项目的9年后，谷歌完成了3 000多万本书的数字化，相当于历史上出版图书总数的1/4。其收录的图书总量超过了哈佛大学（1 700万册）、斯坦福大学（900万册）、牛津大学（1 100万册）以及其他任何大学的图书馆，甚至还超过了俄罗斯国家图书馆（1 500万册）、中国国家图书馆（2 600万册）和德国国家图书馆（2 500万册）。唯一比谷歌藏书更多的图书馆是美国国会图书馆（3 300万册）。而在你读到这句话的时候，谷歌可能已经超过它了。

长数据，量化人文变迁的标尺

当“谷歌图书”项目启动时，大家都是从新闻中得知的。但是，直到两年后的2006年，这一项目的影响才真正显现出来。当时，我们正在写一篇关于英语语法历史的论文。为了该论文，我们对一些古英语语法教科书做了小规模的数字化。

现实问题是，与我们的研究最相关的书被“埋藏”在哈佛大学魏德纳图书馆里。来看一下我们是如何找到这些书的。首先，到达图书馆东楼的二层，走过罗斯福收藏室和美洲印第安人语言部，你会看到一个标有电话号码“8900”和向上标识的过道，这些书被放在从上数的第二个书架上。多年来，伴随着研究的推进，我们经常来翻阅这个书架上的书。那些年来，我们是唯一借阅过这些书的人，除了我们之外没有人在意这个书架。

有一天，我们注意到研究中经常使用的一本书可以在网上看到了。那是由“谷歌图书”项目实现的。出于好奇，我们开始在“谷歌图书”项目中搜索魏德纳图书馆那个书架上的其他书，而那些书同样也可以在“谷歌图书”项目中找到。这并不是因为谷歌公司关心中世纪英语的语法。我们又搜索了其他一些书，无论这些书来自哪个书架，都可以在“谷歌图书”中找到对应的电子版本。也就是说，就在我们动手数字化那几本语法书时，谷歌已经数字化了几栋楼的书！

谷歌的大量藏书代表了一种全新的大数据，它有可能会转变人们看待过去的方式。大多数大数据虽然庞大，但时间跨度却很短，是有关近期事件的新近记录。这是因为这些数据是由互联网催生的，而互联网是一项新兴的技术。我们的目标是研究文化变迁，而文化变迁通常会跨越很长的时间段，这期间经历一代代人的生生死死。当我们探索历史上的文化变迁时，短期数据是没有多大用处的，不管它有多大。

“谷歌图书”项目的规模可以和我们这个数字媒体时代的任何一个数据集相媲美。谷歌数字化的书并不只是当代的：不像电子邮件、RSS订阅和superpokes等，这些书可以追溯到几个世纪前。因此，“谷歌图书”不仅是大数据，而且是长数据。

由于“谷歌图书”包含了如此长的数据，和大多数大数据不同，这些数字化的图书不局限于描绘当代人文图景，还反映了人类文明在相当长一段时期内的变迁，其时间跨度比一个人的生命更长，甚至比一个国家的寿命还长。“谷歌图书”的数据集也由于其他原因而备受青睐——它涵盖的主题范围非常广泛。浏览如此大量的书籍可以被认为是在咨询大量的人，而其中有很多人都已经去世了。在历史和文学领域，关于特定时间和地区的书是了解那个时间和地区的重要信息源。

由此可见，通过数字透镜来阅读“谷歌图书”将有可能建立一个研究人类历史的新视角。我们知道，无论要花多长时间，我们都必须在数据上入手。

数据越多，问题越多

大数据为我们认识周围的世界创造了新的机遇，同时也带来了新的挑战。

第一个主要的挑战是，大数据和数据科学家们之前运用的数据在结构上差异很大。科学家们喜欢采用精巧的实验推导出一致的准确结果，回答精心设计的问题。但是，大数据是杂乱的数据集。典型的数据集通常会混杂很多事实和测量数据，数据搜集过程随意，并非出于科学研究的目的。因此，大数据集经常错漏百出、残缺不全，缺乏科学家们需要的信息。而这些错误和遗漏即便在单个数据集中也往往不一致。那是因为大数据集通常由许多小数据集融合而成。不可避免地，构成大数据集的一些小数据集比其他小数据集要可靠一些，同时每个小数据集都有各自的特性。脸书就是一个很好的例子，交友在脸书中意味着截然不同的意思。有些人无节制地交友，有些人则对交友持谨慎的态度；有些人在脸书中将同事加为好友，而有些人却不这么做。处理大数据的一部分工作就是熟悉数据，以便能够反推出产生这些数据的工程师们的想法。但是，我们和多达 1 拍字节的数据又能熟悉到什么程度呢？

第二个主要的挑战是，大数据和我们通常认为的科学方法并不完全吻合。科学家们想通过数据证实某个假设，将他们从数据中了解到的东西编织成具有因果关系的故事，并最终形成一个数学理论。当在大数据中探索时，你会不可避免地有一些发现，例如，公海的海盗出现率和气温之间的相关性。这种探索性研究有时被称为“无假设”研究，因为我们永远不知道会在数据中发现什么。但是，当需要按照因果关系来解释从数据中发现的相关性时，大数据便显得有些无能为力了。是海盗造成了全球变暖吗？是炎热的天气使更多的人从事海盗行为的吗？如果二者是不相关的，那么近几年在全球变暖加剧的同时，海盗的数目为什么会持续增加呢？我们难以解释，而大数据往往却能让我们去猜想这些事情中的因果链条。

第三个主要的挑战是，数据产生和存储的地方发生了变化。作为科学家，我们习惯于通过在实验室中做实验得到数据，或者记录对自然界的观察数据。可以说，某种程度上，数据的获取是在科学家的控制之下的。但是，在大数据的世界里，大型企业甚至政府拥有着最大规模的数据集。而它们自己、消费者和公民们更关心的是如何使用数据。很少有人希望美国国家税务局将报税记录共享给那些科学家，虽然科学家们使用这些数据是出于善意。eBay 的商家不希望它们完整的交易数据被公开，或者让研究生随意使用。搜索引擎日志和电子邮件更是涉及个人隐私权和保密权。书和博客的作者则受到版权保护。各个公司对所控制的数据有着强烈的产权诉求，它们分析自己的数据是期望产生更多的收入和利润，而不愿意和外人共享其核心竞争力，学者和科学家更是如此。

如果要分析谷歌的图书馆，我们就必须找到应对上述挑战的方法。数字图书所面临的挑战并不是独特的，只是今天大数据生态系统的一个缩影。

资料来源：王彤彤等译，可视化未来——数据透视下的人文大趋势，杭州：浙江人民出版社，2015

阅读上文，请思考、分析并简单记录：

（1）“谷歌”的诞生最初源自于什么项目？如今，这个项目已经达到什么样的规模？这个规模经历了多长时间？——对此，你有什么感想？

答：____

____

____

____

（2）请在互联网上搜索"Google 图书"（谷歌图书），你能顺利打开这个网页吗？请记录，什么是"Google 图书"？

答：____

____

____

____

（3）"数据越多，问题越多"，那么，我们面临的主要挑战是什么？

答：____

____

____

____

（4）请简单描述你所知道的上一周发生的国际、国内或者身边的大事：

答：____

____

____

____

任务描述

（1）熟悉大数据分析中数据工作者的不同角色。

（2）了解不同数据工作者主要使用的分析编程语言与分析工具。

（3）了解大数据的分布式处理与分布式分析方法。

（4）了解预测分析架构和现代 SQL 平台。

知识准备

在本任务中，我们来熟悉数据工作者的职业，了解在现代企业中最常见的带有共同需求和偏好的分析用户角色及其最常用的分析编程语言。在大数据分析的任务中，分析平台也属于分析工具的一部分。如今可以有很多分析平台可供选择，例如传统的基于服务器的软件、数据库分析、内存分析、云计算分析等。

音 频

数据工作者

4.3.1　数据工作者

通常，企业自身业务所产生的数据，再加上政府公开的统计数据，还有与数据聚合商等其他公司结成的战略联盟等，通过这些手段来获得业务上所需的数据。然而，所拥有的数据和工具再完美，其本身也不可能让数据产生价值。事实上，我们还需要能够运用这些数据和工具的专门人才，他们能够从大数据中挖掘到金矿，并将数据的价值以易懂的形式传达给决策者，最终得以在业务上实现。具备这样技能的人才，就是数据科学家和数据工作者。

数据科学家很可能是如今最热门的头衔之一，他们是数据科学行业的高级人才。数据科学家会利用最新的科技手段处理原始数据，进行必要的分析，并以一种信息化的方式将获得的知识展示给他的同事。

1. 大数据生态系统中的关键角色

大数据的出现，催生了新的数据生态系统。为了提供有效的数据服务，出现了 3 种典型角色。表 4-1 介绍了这 3 种角色，以及每种角色具有代表性的专业人员举例。

表 4-1 新数据生态系统中的三个关键角色

角　色	描　述	专业人员举例
深度分析人才	通过定量学科（例如数学、统计学和机器学习）高等训练的人员：精通技术，具有非常强的分析技能和处理原始数据、非结构化数据的综合能力，熟悉大规模复杂分析技术	数据科学家、统计学家、经济学家，数学家
数据理解专业人员	具有统计学和 / 或机器学习基本知识的人员：知道如何定义使用先进分析方法可以解决的关键问题	金融分析师、市场研究分析师、生命科学家、运营经理、业务和职能经理
技术和数据的使能者	提供专业技术用于支持分析型项目的人员：技能包括计算机程序设计和数据库管理	计算机程序员、数据库管理员、计算机系统分析师

所谓“使能者”，是指运用自身拥有的专业知识和技巧，来调动服务对象自身的能力和资源，以发挥服务对象的潜在能力，促使其发生有效改变的专业工作者。

数据科学是一个很久之前就存在的词汇，但数据科学家却是几年前突然出现的一个新词。对数据科学家的关注，源于大家逐步认识到，谷歌、亚马逊、脸书等公司成功的背后，存在着这样的一批专业人才。这些互联网公司对于大量数据不是仅进行存储而已，而是将其变为有价值的金矿，例如，搜索结果、定向广告、准确的商品推荐、可能认识的好友列表等。很快，数据科学家这个职业就已经被誉为“今后 10 年 IT 行业最重要的人才”了。

数据科学家大体上指的是这样的人才：“是指运用统计分析、机器学习、分布式处理等技术，从大量数据中提取出对业务有意义的信息，以易懂的形式传达给决策者，并创造出新的数据运用服务的人才。”

数据科学家的关键活动包括：

①将商业挑战构建成数据分析问题。

②在大数据上设计、实现和部署统计模型和数据挖掘方法。

③获取有助于引领可操作建议的洞察力。

2. 数据科学家所需的技能

数据科学家所需要的技能包括：

（1）计算机科学。数据科学家大多要求具备编程、计算机科学相关的专业背景。简单来说，就是对处理大数据所必需的 Hadoop、Mahout 等大规模并行处理技术与机器学习相关的技能。

（2）数学、统计、数据挖掘等。除了数学、统计方面的素养之外，还需要具备 SPSS、SAS 等统计分析软件的技能。其中，面向统计分析的开源编程语言及其运行环境 R 最近备受瞩目。

（3）数据可视化。信息的质量很大程度上依赖于其表达方式。对数字罗列所组成的数据中所包含的意义进行分析，开发 Web 原型，使用外部 API 将图表、地图等其他服务统一起来，从而使分析结果可视化，这是对于数据科学家来说十分重要的技能之一（见图 4-38）。

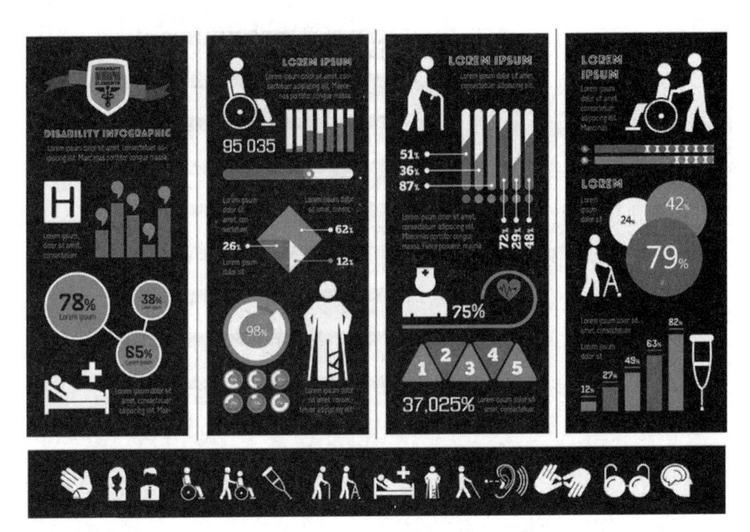

图 4-38　信息图的示例

3. 数据科学家所需的素质

早期，对数据科学家的需求仅限于谷歌、亚马逊等互联网企业中，而如今重视数据分析的各行各业都在积极招募数据科学家。

通常，数据科学家所需要具备的素质有以下这些：

（1）沟通能力：即便从大数据中得到了有用的信息，但如果无法将其在业务上实现的话，其价值就会大打折扣。为此，面对缺乏数据分析知识的业务部门员工以及经营管理层，将数据分析的结果有效传达给他们的能力是非常重要的。

（2）创业精神：以世界上尚不存在的数据为中心创造新型服务的创业精神，也是数据科学家所必需的一个重要素质。谷歌、亚马逊、脸书等通过数据催生出新型服务的企业，都是通过对庞大的数据到底能创造出怎样的服务进行艰苦的探索才取得成功的。

（3）好奇心：庞大的数据背后到底隐藏着什么，要找出答案需要很强的好奇心。除此之外，成功的数据科学家都有一个共同点，即并非局限于艺术、技术、医疗、自然科学等特定领域，而是对各个领域都拥有旺盛的好奇心。通过对不同领域数据的整合和分析，就有可能发现以前从未发现过的有价值的观点。

数据科学家大多拥有丰富的从业经历，如实验物理学家、计算机化学家、海洋学家，甚至是神经外科医生等。数据科学家需要具备广泛的技能和素质。

4. 数据科学家与商务智能专家的区别

数据科学家与商务智能专家之间的区别在于，从包括公司外部数据在内的数据获取阶段，一直到基于数据最终产生业务上的决策，数据科学家大多会深入数据的整个生命周期。这一过程也包括对数据的过滤、系统化、可视化等工作（见图 4-39）。

从专业背景看，数据科学家大多学习计算机科学、工程学、自然科学等专业，而商务智能专家则大多学习商业专业（见图 4-40）。而且，和商务智能专家相比，数据科学家中拥有硕士和博士学位的人数也比较多（见图 4-41）。

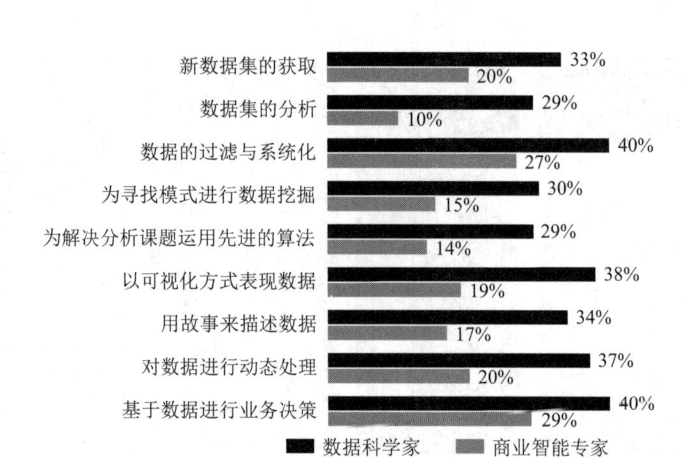

图 4-39　数据科学家参与了数据的整个生命周期

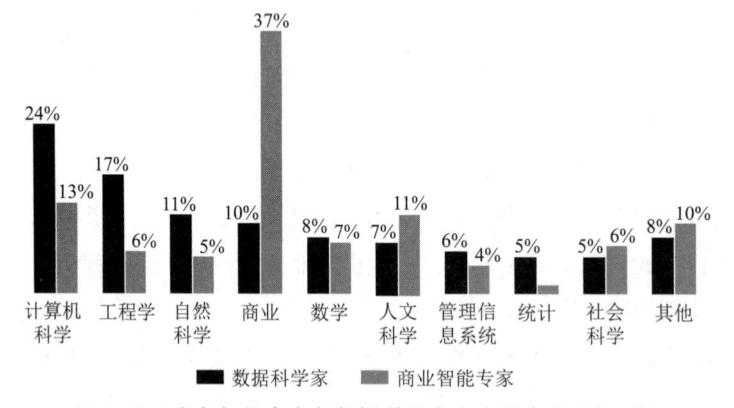

图 4-40　商务智能专家与数据科学家在大学专业上的对比

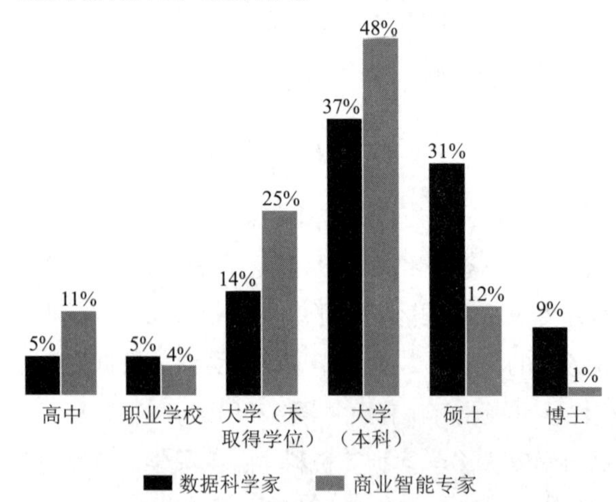

图 4-41　商务智能专家与数据科学家在学位上的对比

4.3.2　分析的成功因素

为了使分析被广泛接受，必须认识用户的不同需求。许多用户都需要易使用且无需编程的用户界面，然而这样的工具可能缺乏复杂分析或自定义分析所需的关键功能。为了获得尽可能广泛的影响，我们重点关注以下三个重要的成功因素：

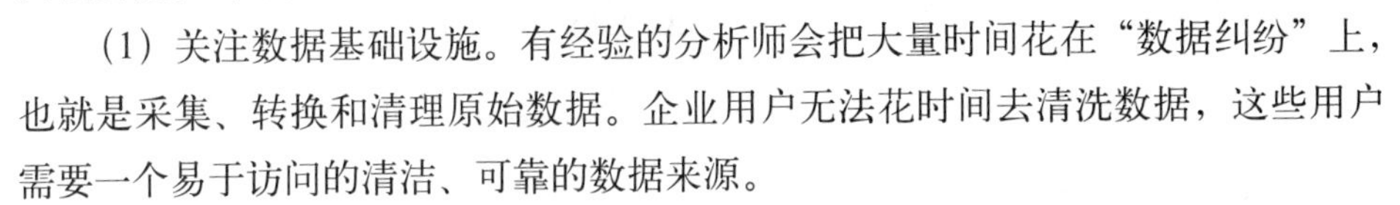

（1）关注数据基础设施。有经验的分析师会把大量时间花在“数据纠纷”上，也就是采集、转换和清理原始数据。企业用户无法花时间去清洗数据，这些用户需要一个易于访问的清洁、可靠的数据来源。

（2）确保协作。有经验的用户在开发、测试和验证分析应用程序中起着关键作用，他们要确保基础的数学知识是正确的。商务用户工具应该直接使用和利用有经验的分析师开发的先进分析工具。

（3）为业务流程定制分析。当分析直接影响一个业务流程时往往是最高效的。用户不需要进行“业务分析”，他们需要进行信用分析、劳动力分析，或者其他利用数据和业务规则的任务。这些工具应该支持针对特定业务流程、角色和任务的自定义应用分析。

为了最大化商业影响力，我们要开发一种能够支持组织中从新手到专家的各种用户群体的分析方法。建立一个高效的数据平台，有着清洁、易获取的数据，确保用户群体之间的协作，并且能够定制支持业务流程的分析。这些是建立一个更有智慧的组织的关键。

4.3.3　分析编程语言

如果一种编程语言的主要用户是分析师，并且该语言具有分析师所需的高级功能，我们就把它归为“分析”语言。我们可以通过自定义代码或外部分析库来使用通用语言（如 Java 或者 Python）进行高级分析。数据科学家对使用 Python 进行机器学习越来越感兴趣。

1.R 语言

R 语言是一个面向对象，主要用于统计和高级分析的开源编程语言，它在高级分析中的使用率快速增长（见图 4-42）。

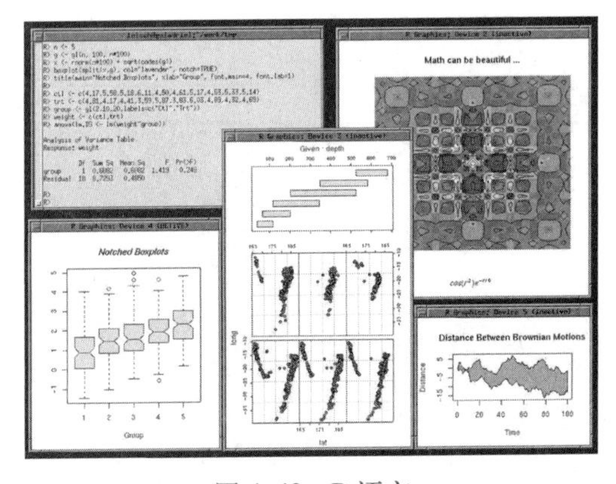

图 4-42　R 语言

R 语言可以认为是 S 语言的一种实现。S 语言是 1980 年左右由 AT&T 贝尔实验室开发的一种用来进行数据探索、统计分析和作图的解释型语言。S 语言最初的实现版本是 S-PLUS 商业软件。

新西兰奥克兰大学的罗伯特·绅士和罗斯·伊卡及其他志愿人员组成了“R 开发核心团队”。R 和 S 语言在程序语法上可以说几乎一样，只是在函数方面有细微差别。R 的核心开发团队引领对核心软件环境的持续改善，同时 R 社区用户可以贡献支持特定任务的软件包。

R 是一套完整的软件系统，包括支持基本统计、图形和有价值的实用程序的 14 个基本包。由于存在广泛的开发者社区和低门槛，在 R 中可获得的软件功能远远超过了商业分析软件（见图 4-43）。

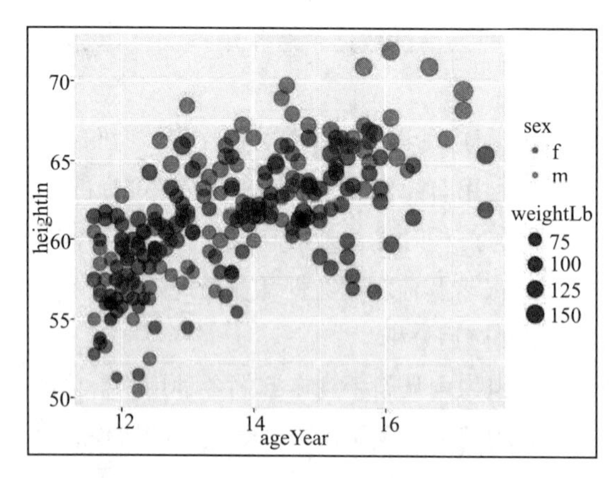

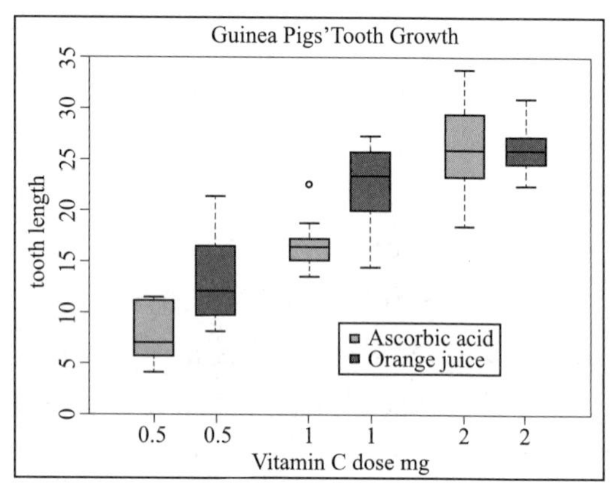

图 4-43　R 语言可视化图形

R 支持：

①数据处理和存储。

②计算数组和矩阵的运算符。

③数据分析工具。

④图形设备。

⑤编程功能像输入和输出、条件句、循环和递归运算。

2.SAS 编程语言

SAS 语言是 SAS Institute（公司）开发的命令式编程语言，该公司还利用 SAS 编程语言开发工具和软件（见图 4-44），研究和大部分评估都认为 SAS 是分析行业的领导者。然而，单就 SAS 编程语言本身难以衡量其使用方面的影响。

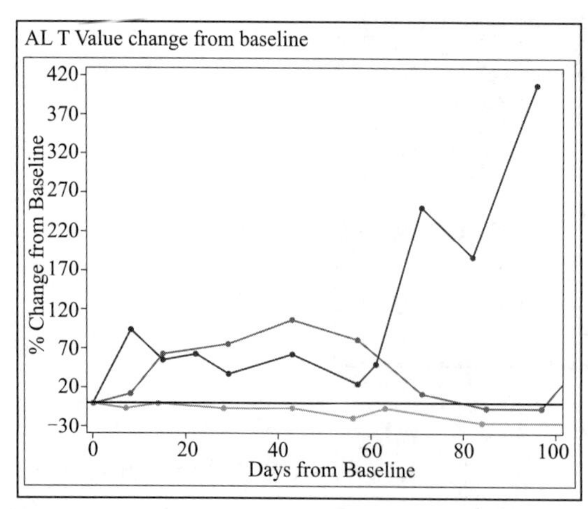

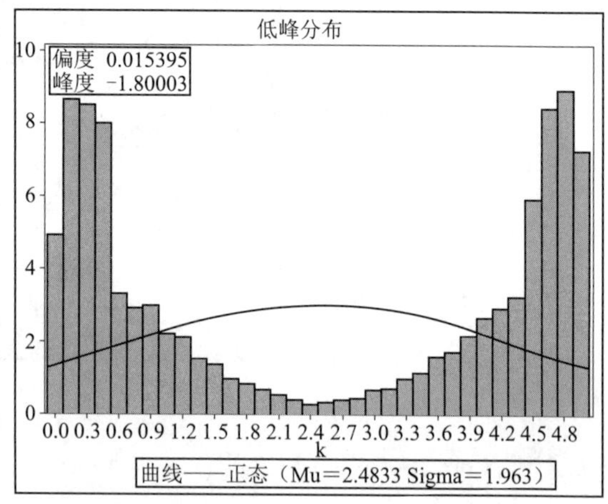

图 4-44　SAS 统计分析结果

SAS 为 Windows、Linux、UNIX 操作系统提供了相应的编程语言运行环境。大多数 SAS 编程步骤在 SAS 运行环境中以单线程运行，而相同的程序在 WPS 中以多线程运行。

3.SQL

SQL（结构化查询语言）是一种关系数据库语言。在对数据科学家的调查中，有 71% 的受访者说他们使用 SQL 的程度远超过其他任何语言（见图 4-45）。

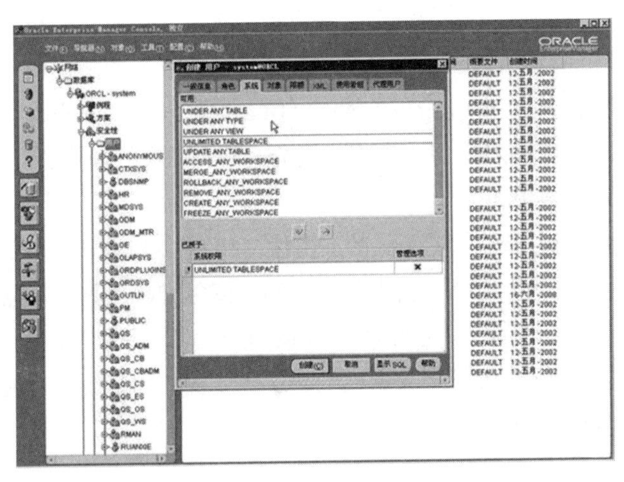

图 4-45　Oracle SQL

SQL 语言最初是在 20 世纪 20 年代早期由 IBM 研究者们开发的，其应用和使用在 20 世纪 80 年代随着关系数据库的广泛使用得到了快速增长。如今，SQL 已经从传统的关系数据库扩展到了数据仓库应用和软件定义的 SQL 平台(像是 Hive 或者 Shark)。SQL 是一套基于集合的声明性语言，但不同的数据库厂商用各种方式限制了代码从一个平台到另一个平台的可移植性。

数据库管理员使用 SQL 来创建和管理数据库，他们可以使用 SQL 创建表、删除表、创建索引、插入数据到表中、更新表中的数据、删除数据以及执行其他操作。将关系型数据库作为一个“沙盒”的分析师也可以使用这些 SQL 的功能。更为常见的是，分析师可以使用 SQL 从关系数据库中选择和恢复数据，从而在其他分析操作中使用。

音频

业务用户工具

4.3.4　业务用户工具

现代分析决策影响着短期业务的执行以及企业的长期竞争力，人们需要用比以前更少的时间做出更多的决策。正确的决策意味着竞争力和盈利能力的飞跃，而错误的决策能带来毁灭性影响。在这种竞争格局下，海量数据肯定会让问题更复杂。从即时社交媒体评论到上周的销售交易数据，再到数据仓库中存储的多年客户购买历史数据，即使是最小的决定，也必须考虑到数据量和数据的多样性，这在几年前甚至无法想象。

1. BI 的常用技术

以下是商务智能中三种最常用的技术：

（1）报告和查询。建立在一个传统的关系数据库和数据仓库中，报告和查询工具检索、分析和报告存储在基础数据库或数据仓库中的数据。报告和查询工具的例子有 SAP Business Objects 和 Microsoft Access/SQL Server。

（2）在线分析处理 OLAP。允许用户从多个维度来分析多维数据，OLAP 工具和应用程序可以生成预制的数据集或信息“立方体”。OLAP 工具的例子包括 Essbase 和 Cognos Power Play。

（3）以电子表格为基础的决策支持系统（DSS）。使用户能够分析数据的电子表格格式的专业应用程序。以电子表格为基础的 DSS 应用的例子有 Microsoft Excel 和企业绩效管理（EPM）的解决方案，如 Oracle Hyperion。

数据分析师可以获得功能强大的数据整合和分析工具，它们将不同来源的数据放入单一的工作流程中，可视化工具也使数据易于展示和使用。随着商业进程不断加快，无论是可用数据的数量还是种类都在呈指数级增长，传统的商务智能（BI）工具未能以同样的速度发展，数据分析师只能拼凑着定制解决方案和不同的工具，浪费宝贵的时间和稀缺的预算。

2. BI 工具和方法的发展历程

为了更好地理解传统商务智能(BI)工具的局限性，我们来回顾一下 BI 工具和方法的发展历程。

在 20 世纪 80 年代初首次登上历史舞台后，早期的商务智能工具是建立在传统关系型数据库或者数据仓库之上的(参见图 4-46)。利用抽取、转换和加载(ETL)功能将所需数据从原始形式(关系型或者其他形式）转化为一个关系型数据模型，这样分析师和其他用户就可以使用报告和查询工具对数据进行检索、分析和报告。

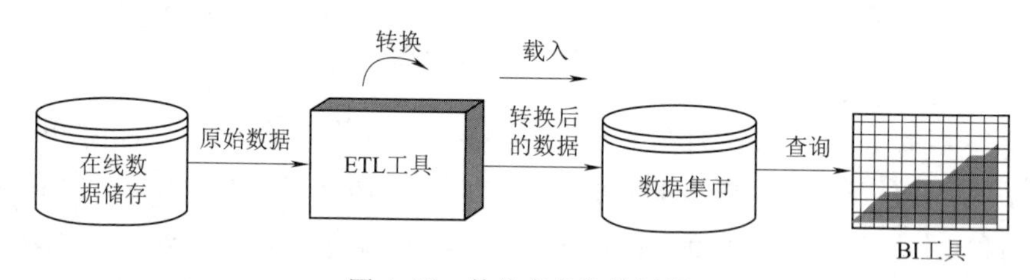

图 4-46　传统商务智能过程

到 20 世纪 90 年代中期，数据量和速度的增长比 ETL 工具的能力增长更快，这产生了一个瓶颈。受数据复杂性所累，ETL 工具艰难地在流程中做数据转换，使得分析速度以及商业决策速度都变慢了。更麻烦的事情是，如果 ETL 逻辑里的任何一部分不正确，在这期间的所有转换都需要重做，同时也要对新生成的数据进行转换。

寻找规避 ETL 瓶颈的方法促使了一种新的商务智能范式的崛起，被称为 OLAP 或联机分析处理。OLAP 工具允许用户使用预制的数据集或信息“立方体”从几个不同的角度来分析多维数据。立方体产生于一个数据库中提取的相关信息，该数据库采用有各种数据之间关系的多维数据模型，立方体允许用户进行复杂的分析和即席查询，速度比以前快很多。

OLAP 用户将会使用三个基本操作中的一个或多个来分析立方体中的数据（见图 4-47）。

（1）整合或汇总。在这些操作中，数据从一个或多个方面进行汇总，例如，销售部的所有销售办公室预测总体销售趋势和收入。

（2）向下钻取分析。相比于向上汇总，这些操作允许用户对更具体的运营进行分析，如确定每个单独产品或 SKU 占公司总体销售额的比例。

（3）交叉分析。这些操作使得用户能够取出或切割来自于 OLAP 立方体和视图，或不同角度子集的特定数据集来进行各种分析。

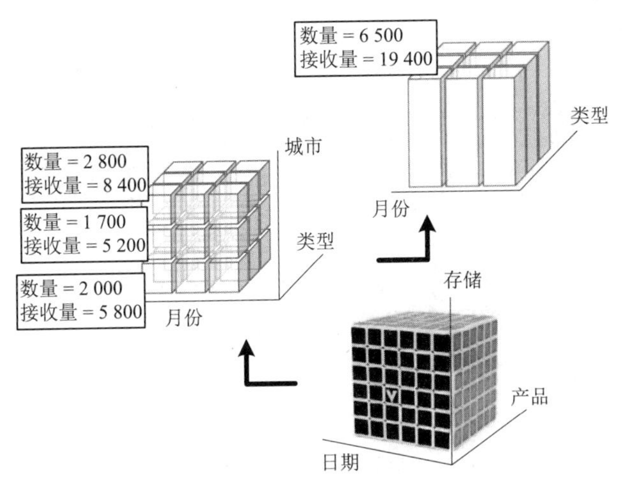

图 4-47 OLAP 多维数据集范例

OLAP 显然已经达到其能力极限。随着商业进程持续加快，需要快速进行海量分析和快速场景的变换，OLAP 在需要进行快速决策的时代已经变得不那么重要。

为了适应对分析速度和灵活性的要求，通过 Microsoft Excel 发展出了一种可替代的方法。这种以电子表格为基础的决策支持系统是一种使数据分析易于使用且高度灵活的专业应用程序（见图 4-48），它允许用户手动输入数据或从数据库中导出数据，然后保存数据以便在工作表、宏和流程图中的后续操作使用。

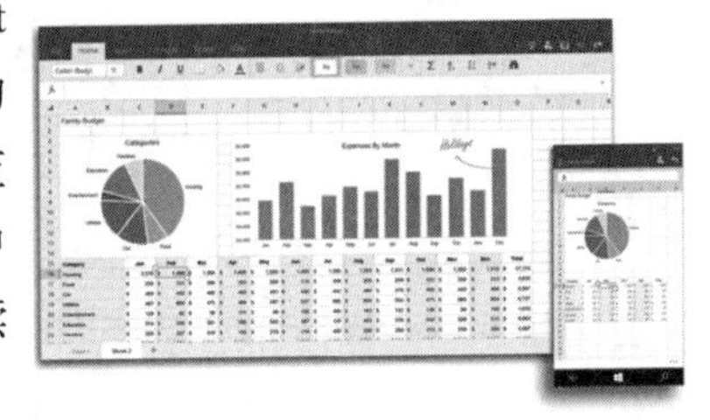

图 4-48 Microsoft Excel

3. 新的分析工具与方法

从上一代 BI 工具的局限中跳出来，预测分析和机器学习已经成为分析决策制定时公认的标准。今天的分析解决方案从根本上解决了之前传统方法的不足，能够使分析师实现下面的工作（见图 4-49）。

（1）聚集并且把所有数据源混合在一起。新的预测分析工具给数据分析师提供了一种单一而直观的工作流程来进行数据混合和高级分析，它能够在几小时内实现更深入的洞察，而不像传统方式通常要花费几周，因此提高了决策的及时性。新的预测分析工具提供从几乎任何数据源收集、清洗和混合数据的能力（如结构化、非结构化或半结构化的数据）。因此，决策制定会包括所有相关信息，从而提高决策的质量和准确性。例如，分析工具可以把内部业务和技术数据从数据仓库、POS 信息以及来自脸书、推特、微信、QQ 等社交媒体信息中提取出来，之后将数据与第三方人口统计数据、公司信息和地理信息混合来产生最相关的数据集并给你提供战略图像。

（2）对任何数据集运行并迭代高级预测和空间分析。新一代的工具通过给予分析师对任何数据集都可以使用高级预测和空间分析的能力，来确保产生更精确的前瞻性决定。例如，分析师可以使用这样的工具，根据平均行车距离来确定一个新零售店应该在哪里选址，从而实现最高的利润和产生最忠诚的消费者。

（3）在一个可视化平台上给决策者展示一系列信息和分析。最新的业务分析方法可以让业务决策者直接执行和将这些复杂、高级分析可视化，以确保决策者对数据集和分析的一个更好的总体把握，最终产生对企业更好的业务决策。

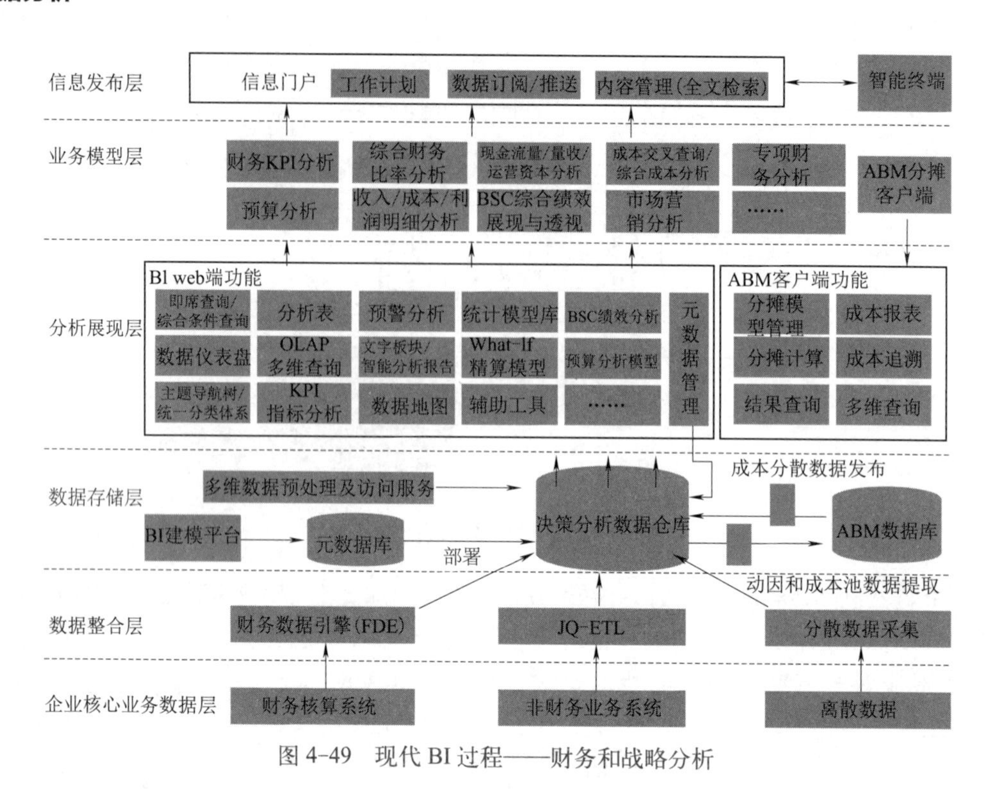

图 4-49　现代 BI 过程——财务和战略分析

随着大数据存储技术的出现，如开源软件平台 Hadoop，它可以处理今天的数据分析师遇到的数据的数量、多样性和速度方面的问题，预测分析工具最终进入了蓬勃发展期。在分析内容方面，组织现在可以利用 Hadoop 在分布式集群服务器中存储大量的数据集，并且在每个集群中运行分布式分析应用程序，完全不需要担心单点故障或者将大量数据跨网络移动的问题（见图 4-50）。

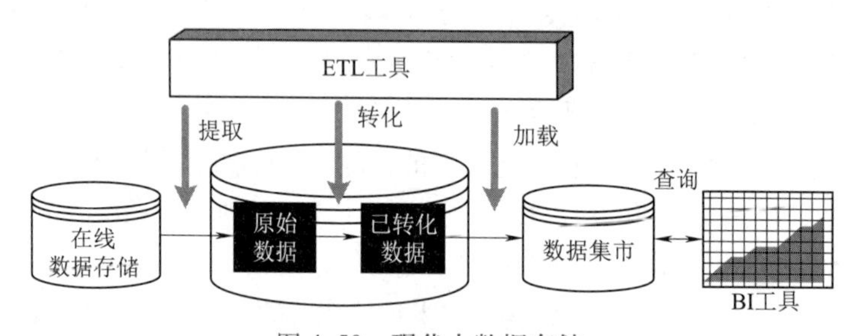

图 4-50　现代大数据存储

这种新的方法正给在业务中的不同人群带去更多的权限和途径来获取业务信息，从而确保更快、更好的决策和帮助决策使用者实现真正的竞争优势。

音频

分布式分析

4.3.5　分布式分析

数据是分析的原材料，而分析决定了数据的价值。任何分析架构中最重要的一个方面都是如何使计算引擎与数据结合在一起。与数据源的整合不仅会影响分析师的任务范围和他们所需要的培训，而且会影响一个分析项目的周期。

1. 并行计算

我们用并行计算这个术语来特指将一个任务分为更小的单元，并将其同时执行的方式（见

图 4-51）；在一个程序中独立运行的程序片段叫作“线程”，所谓多线程处理，是指从软件或者硬件上实现多个线程并发执行（当具备相关资源时）的技术；分布式计算是指将进程处理分布于多个物理或虚拟机器上的能力。

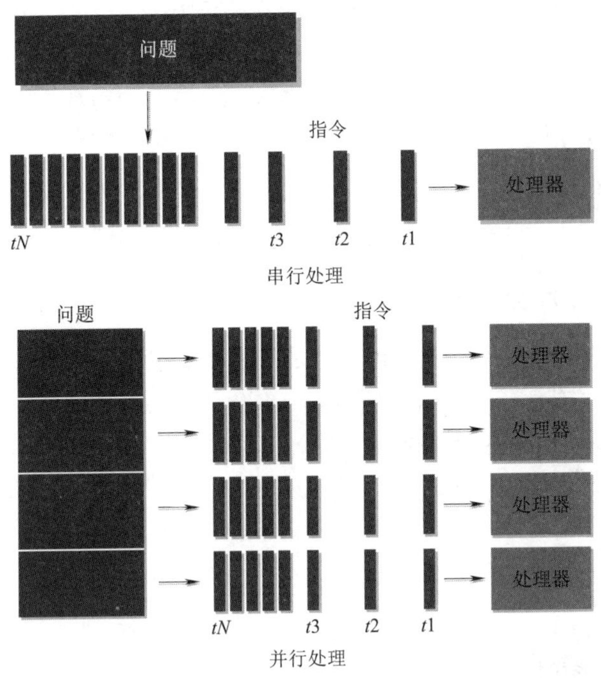

图 4-51　串行处理和并行处理示意

并行计算的主要效益在于速度和可扩展性。如果一个工人要花一个小时的时间去制造 100 个机器部件，那么在其他条件不变的情况下，100 个工人在一个小时之内可以制造 10 000 个机器部件。多线程处理优于单线程处理，但是共享内存和机器架构会对潜在的速度提升和可扩展性造成限制。大体上，分布式计算可以没有限制地横向扩展，并行处理一个任务的能力在于对任务本身的定义。

第一类任务，可以简单地进行并行处理，因为每个分析节点处理的计算指令独立于所有其他的分析节点，并且预期结果是每个分析节点所得结果的简单组合，我们称这些任务为高度并行。一个 SQL 的选择查询指令是高度并行的，评分模型也是。很多文本挖掘进程中的任务，如词语过滤和单词衍生形态查询，也是高度并行的任务。

第二类任务，需要更多的努力来进行并行计算。对于这些任务，每个分析节点执行的计算也是独立于所有其他的分析节点，但是预期结果是来自于每个分析节点所得结果的线性组合。例如，通过分别计算每个分析节点的均值和行数，我们能够并行计算一个分布式数据库的均值，然后计算总平均值，作为分析节点均值的加权平均数。我们称这些任务为线性并行。

第三类任务，这种任务更难进行并行计算，因为分析师必须以有意义的方式来组织数据。如果每个分析节点执行的计算独立于所有其他的分析节点，只要每个分析节点都有一大块“有意义”的数据，我们称这种任务为数据并行。例如，假设我们想要为每 300 个零售店建立独立的时间序列预测模型，并且我们的模型没有店与店之间的交叉效应。如果我们能够对数据进行组织，保证每个分析节点仅拥有一家店的所有数据，这就将问题转化为一个高度并行问题，我们就能够将计算工作分配给 300 个分析节点同时进行。

2. 分布式的软件环境

软件开发者必须为分布式计算专门设计并建立机器学习软件。尽管可以将开源软件 R 或 Python 物理上安装在分布的环境中，这些语言的机器学习包必须在集群的每个节点上本地运行。例如，如果你将开源软件 R 安装在一个 Hadoop 集群中的每个节点上并进行逻辑回归计算，会得到在每个节点运算出来的 24 个逻辑回归模型。某种程度上或许可以使用这些运算结果，但是必须自己来决定这些结果如何组合。

传统的高级分析商业工具提供了有限的并行和分布式计算能力。SAS 在它的传统软件包中有 300 多个程序。这其中只有一小部分支持在单机上进行多线程（SMP）处理。

音频

预测分析架构

4.3.6 预测分析架构

预测分析工作流程中的任务是一个复杂序列，尽管任务的真正序列取决于问题本身，而且会随着组织的不同而变化。当考虑整合分析和数据的实操选项时，有四种不同的架构可以选择，即独立分析、部分集成分析、基于数据库的分析和基于 Hadoop 的分析。

1. 独立分析

“独立分析”是指所有的分析任务在一个独立于所有数据源的平台上运行。在独立分析架构中（见图 4-52），分析师会在一台独立于所有数据源的工作站或服务器上运行所有需要进行的任务。用户从源数据中以原子形式抓取数据，然后在分析环境下进行数据汇集和清理。准备好数据之后，用户在分析环境下进行高级分析并保存预测模型。为了应用模型，用户会再次抓取生产数据，在分析引擎中对其评估打分，然后将模型评分返还到生产环境中，用于上传和使用。

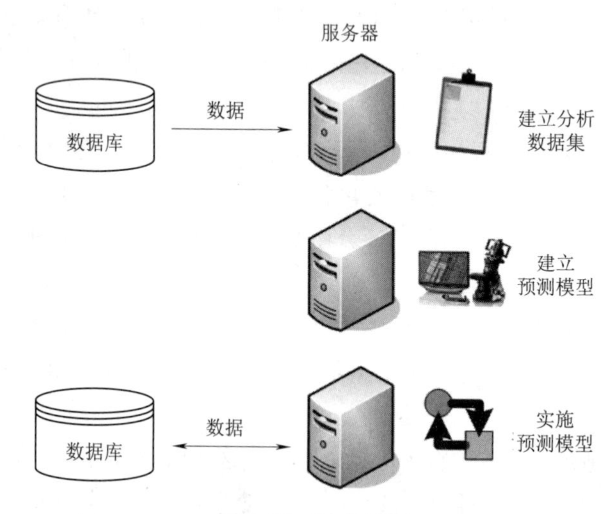

图 4-52　独立分析

很多年以来，这个架构都是唯一的方案，在某些情况下，这个架构表现得相当好。例如一些只需要很少数据片段的应用，一些以报告和图表而不是预测模型来体现分析洞察的应用，以及不需要确保生产实施的一次性项目。研究类的应用，譬如仿真或是复杂的敏感性分析经常会归为这一类，并从基于内存的平台中获得更好的性能（譬如通过 GPU 辅助运算或是内存数据库的使用来提高性能，而不是通过数据集成本身来提高性能）。

2. 部分集成分析

“部分集成分析”是指模型开发任务运行在一个独立的平台上，但是数据准备和模型部署任务运行在数据源平台上。在部分集成分析架构中（见图 4-53），用户在源数据平台执行一些任务，其他的在独立分析平台执行。通常用户在数据源中执行数据处理任务并将获得的得分放到目标数据库或决策引擎中，这种方法将任务和工具匹配起来以达到最大效率。

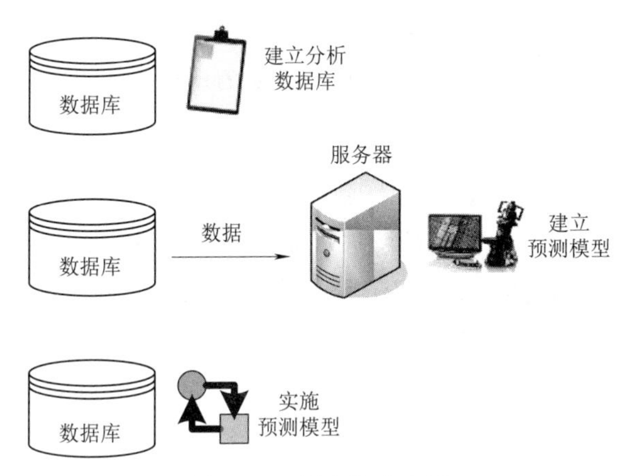

图 4-53　部分集成分析

对于数据源集成，分析师不再采取在原子水平上抓取所有数据并在分析环境中建立“自下而上”的分析数据集，而是在数据源中使用原生工具（例如 SQL 或 ETL 工具）来建立分析数据集。随后，分析师对完成的数据集进行抓取并将其放入分析环境中，用来完成数据准备任务（使用在数据库环境中无法支持的技术）并执行建模的操作。

尽管分析师们可以用原生的工具直接执行这些操作，但是很多分析师还是喜欢选择偏爱的分析软件商提供的接口，有两种不同的数据源接口：“pass through（穿过）”和“push down（下推）”。例如，SAS 提供“pass through”式集成使分析师可以将 SQL，Hive QL，Pig 或是 Map Reduce 指令嵌入到 SAS 程序中；SAS 控制执行的整体过程，并以远程用户的身份登录到目标数据源去执行指令。这个方法具有很高的灵活性，但是用户必须明确地写出所用指令的正确语法格式，这要求用户对相关编程语言有很深的理解。

3. 基于数据库的分析

“基于数据库的分析”是指所有的分析任务在一个大型的并行计算数据库中运行。我们用基于数据库的分析来描述这样一种架构，在这种架构中，预测分析引擎与数据库运行在同一个物理平台上（见图 4-54）。所有的任务运行在同一个物理环境中，并且数据不用从一个平台传递到另外一个平台。

主流的关系型数据库（譬如 DB2 和 Oracle）和 MPP 数据库（譬如 IBM Pure Data 和 Tecradata）都提供了高级分析功能。由于数据库分析还没有形成跨平台的标准，每个供应商都开发了自己的函数库，数据库厂商提供分析能力来形成其产品在市场上的差异化。不过，标准的缺乏限制了应用的普及。很多组织使用多厂商的数据架构，并且用户无法方便地将模型从一个平台移植到另一个平台。

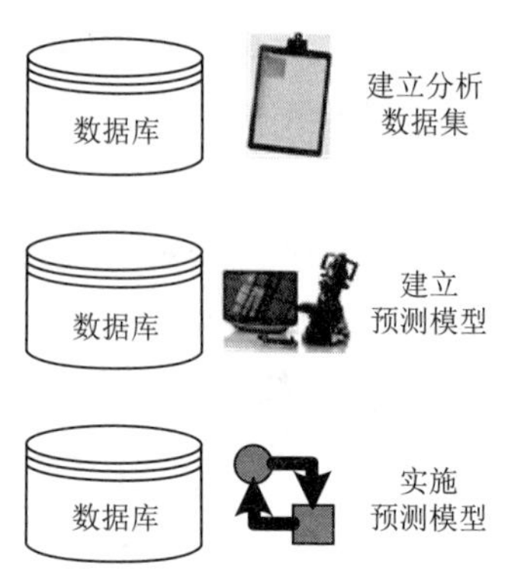

图 4-54　基于数据库的分析

4. 基于 Hadoop 分析

“基于 Hadoop 分析”是指所有的分析任务在 Hadoop 中运行。尽管基于 Hadoop 的分析和基于数据库的分析有相似的优势，我们还是将这两者区别开来，因为在 Hadoop 中高级分析的技术选择是完全不同的。Hadoop 仍然处于发展阶段，Hadoop 的查询工具没有 MPP 数据库那么成熟，而且比起 MPP 数据库，通常来说，Hadoop 更难操作。

Hadoop 非常适合作为分析平台来使用（见图 4-55）。和 MPP 数据库相比，Hadoop 所需成本更低，而且 Hadoop 的文件系统无需预先建模就能兼容不同的数据。正因为如此，在 Hadoop 中高级分析的方法正变得越来越多。但是，Hadoop 中高级分析的方法还比较有限，可用的开源项目不多，并且对用户的使用技巧有更高的要求。大多数情况下，分析师不得不用 MapReduce 或其他编程语言来自己写算法。

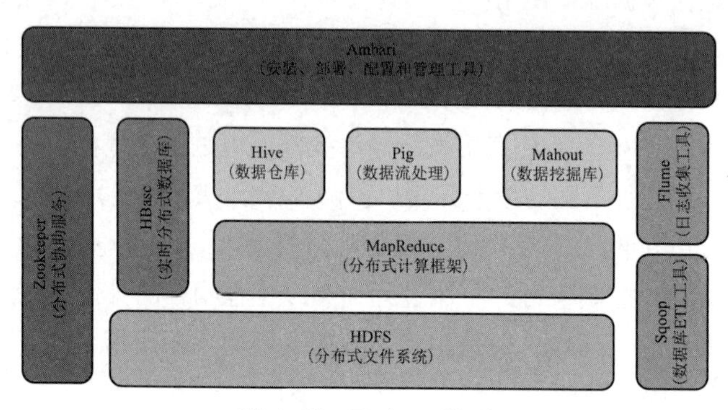

图 4-55　Hadoop 模型

设计上，Map Reduce 可以对数据进行单次扫描并保留结果集。这个方法适用于高度并行计算和数据并行问题，但是在图形并行分析、迭代分析和流分析中表现并不好。关于分析的最重要的开源项目就是 Apache Hive，Apache Mahout 和 Apache Giraph。

音 频

现代 SQL 平台

4.3.7　现代 SQL 平台

SQL（结构化查询语言）在 20 世纪 70 年代早期由 IBM 开发出来。在 20 世纪 80 年代初期，由于 Oracle 的大力推广，SQL 成为事实上普遍接受的数据库语言。在这段时期，数据库的设计初衷是用来创建并修改每一条交易本身，并逐步以线上交易处理（OLTP）而闻名。此时计算量的优化主要针对每一条记录的操作，因此主要用于捕捉交易数据，而不是用于分析类型的计算量，分析类型的计算更多是针对汇总后的数据，或按列进行计算。在过去的几十年，SQL标准已经延展，在语言中包含了基本计算功能，例如平均数、最小值、最大值和计数。

20世纪80年代早期，可以用于存储大量数据的数据仓库的普及给分析数据带来了新的机会。20世纪90年代中期，数据库分析首先被引入，开始了基于SQL的数据库和分析的融合。数据库分析让数据库用户有机会将更多复杂的分析嵌入到数据库中，可以对数据进行计算而无需将其从数据仓库中提取出来。然而，编写复杂的分析代码是有挑战的，直到21世纪头十年中期，数据库分析才开始普及。为了使数据库用户的使用更简单，数据库厂商开始将更加庞大的分析函数库植入到数据库平台之中。尽管数据库分析带来了越来越多的好处，但这项技术在市场上还是没有被充分利用。

1. 什么是现代SQL平台

通常来讲，一般用途的数据库被归类为OLTP数据库。自从20世纪70年代起，OLTP数据库已经普及并非常成熟。随着OLTP数据的成熟，数据库厂商重点推广（基于行）关系型数据库，以提供多种功能来保证数据库中交易的可靠处理，这套数据完整性属性统称为ACID（原子的、一致的、独立的、持久的）规范。

数据仓库是一种专业关系型数据库，用来生成报表和在线分析（OLAP）。随着Hadoop的引入，传统的数据库和数据仓库市场发生了巨大的改变（见图4-56）。Hadoop是一种开源软件框架，用于对廉价商业硬件上的大量非结构化数据进行分布式存储和处理。Hadoop被设计成具备跨服务器集群的弹性扩展和容错。容错处理是一种特性，用来使系统可以正确处理意外的软硬件中断，如断电、断网等。

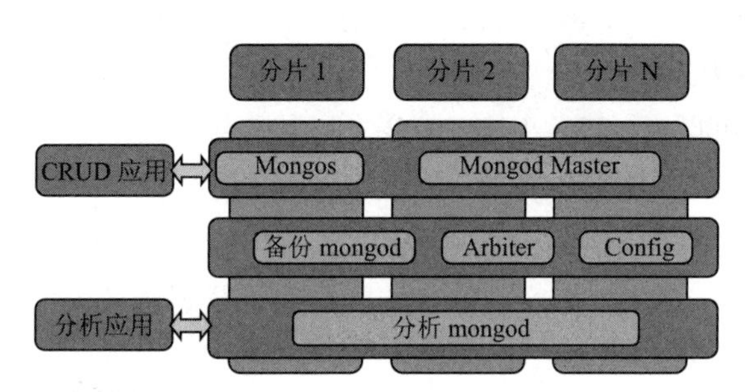

图4-56　Hadoop多维分析平台架构图

Hadoop为数据库市场的创新创造了一个良好的开端，这场创新仍然在持续进行中。2009年左右，NoSQL数据库出现，它和传统数据库有如下几个不同点：

①非关系型分布式数据存储。

②无SQL功能。

③不符合ACID规范。ACID是数据库事务正确执行的四个基本要素的缩写，即原子性（Atomicity）、一致性（Consistency）、隔离性（Isolation）、持久性（Durability）。

NoSQL数据库使用了不同的数据存储架构，包括树、图和键值对。随着NoSQL数据库逐渐成熟，引进了一种“最终一致性”的数据完整性模型，能够最终提供符合ACID规范的数据完整性。

随着NoSQL数据库的发展，拥有了一种类似SQL的功能，NoSQL的名称也逐步变为“不仅仅是SQL”（Notonly SQL）。这项技术最重大的贡献之一，是突破了传统的OLTP和数据仓库在水平拓展方面的局限性。水平拓展是一种能力，指通过在物理机器以外增加计算节点来提高数据库处理能力，而不受任何限制。这个重大突破可以让 NoSQL 数据库利用廉价的商业硬件来进行计算能力的扩展，从而使数据库和数据仓库应用的成本显著下降。NoSQL 数据库另外一个很关键的能力是容错。

2011 年，紧接着 NoSQL 数据库的引入，行业又推出了 NewSQL 数据库平台，借鉴了传统数据库、数据仓库和 NoSQL 数据库的功能。基本来说，NewSQL 数据库平台提供了水平拓展、更快的交易进程处理、容错能力、SQL 界面，并符合 ACID 规范。

2. 现代 SQL 平台区别于传统 SQL 平台

一个现代 SQL 平台在几个重要方面是区别于传统 SQL 平台的，它们分别是：

①在廉价商业化硬件上的水平拓展能力。

②简单提取和处理任何数据的能力。

③在查询和分析处理能力上有更高的性能。

④数据完整性和一致性。

⑤用户可以在分布式进程处理和容错之间的平衡上进行调节。

一个现代 SQL 平台在商业化硬件上使用分布式进程架构，提供可以容错的无限制的水平扩展能力。尽管现代 SQL 平台提供了符合 ACID 规范的和更高的进程吞吐量，但是天下没有免费的午餐。为了保障数据一致性，这些平台需要锁定数据来进行修改。每个平台或者默认在性能和一致性中进行平衡，或者允许用户去做平衡选择。

为了能够充分管理无限制的长度可变的字符，现代化 SQL 平台做出了很多的努力来支持大型字符和字符串数据。此外，现代 SQL 平台针对巨型数据集——互联网级别的数据集——而不是局限于数据子集，提供了更快的处理。

如今，有三种主要的现代 SQL 平台：MPP（大规模并行处理）数据库，SQL-on~Hadoop，NewSQL 数据库。每个现代 SQL 平台支持一种或多种类型的分析查询和处理任务。

SQL 通过以下几种机制来支持分析型任务：

① SQL 内置函数——在 SQL 中实现的基本的描述性分析函数，如平均数、计数、百分比、标准差及其他。

② SQL 自定义函数（UDF）——它们提供一种机制，可以让用户自己编写分析函数，使用较低级的编程语言，如 Java、C 或 C++。

③ SQL 分析库——在 SQL 和 SQL 自定义函数中实现的分析功能。这些通常是第三方函数库，可能包含统计、预测分析、机器学习和其他诸多功能。FuzzyLogix 的 DBLytix 和开源软件 MadLib 都是这种函数库的典型例子。

3. MPP 数据库

一个典型的大规模并行处理（MPP）数据库会使用一种无共享架构，它把一个服务器的数据和工作量分配到许多独立的计算节点中。将工作量分割完成提高了数据库操作处理能力。在传统的数据库中，计算是集中进行的，所有数据被打包送到中央节点，然后进行计算。在 MPP 数据库中，通过把查询和计算发送到数据的位置进行，从而避免了数据移动的瓶颈。

如今 MPP 数据库是被广泛接受的商业化数据仓库。市场上有一些可选的商业化的 MPP 产品，这些产品代表了一些技术路线上的差异。

4. SQL-on-Hadoop

SQL-on-Hadoop 作为一种 SQL 引擎，与 Hadoop 节点中的数据共存。这种 SQL 引擎对 Hadoop 各种数据源直接进行批量 SQL 和交互式 SQL 的查询。

市场上有几种开源和商用的 SQL-on-Hadoop 产品，这些产品代表了一些技术路线上的差异。

5. NewSQL 数据库

NewSQL 数据库是下一代 SQL 交易（OLTP）数据库。NewSQL 数据库最关键的优势在于它是一个以 SQL 为基础的，符合 ACID 规范的、享有无限水平扩展能力的分布式架构。NewSQL 数据库提供了更广泛的 SQL 功能，包括批量处理、交互、实时，有些情况下还提供流分析功能。

市场上有几种商品化的 NewSQL 产品，这些产品代表了一些技术路线上的差异。

图 4-57 列出了三大现代 SQL 平台的优势与劣势。

	MPP	SQL-on-Hadoop	NewSQL
主要的数据存储	相关的	基于文件的	相关的
分布情况	●	◕	●
水平拓展	◔	◕	●
静态数据	●	●	●
动态数据	◑	○	●
非结构化数据	◔	◑	◑
OLTP	○	○	●
OLAP	●	●	◑

图 4-57　现代 SQL 平台的总结

实训与思考　ETI 企业的大数据之旅（总结）

现在，案例企业 ETI 已经成功开发了“欺诈索赔探测”解决方法，它给 IT 团队在大数据存储和分析领域提供了经验和信心。更重要的是，他们明白所实现的只是高级管理建立的关键目标的一部分，很多项目仍需要完成：完善新保险申请的风险评估，实行灾难管理以减少灾难相关的索赔，通过提供更有效的索赔处理和个性化的保险政策，最终实现全面的合规性来减少客户流失。

明白“成功孕育成功”，公司创新经理需要在待办项目中考虑优先处理的项目。通知 IT 团队下一步将要解决现存的导致索赔进程缓慢的效率问题。虽然 IT 团队还忙着为欺诈探测提供大数据解决方法，创新经理已经组织了一个商业分析师团队，记录和分析这些索赔业务处理流程。这些过程模型将用于驱动一个用 BPMS 实施的自动化项目。创新经理选择这个作为下一个目标，因为他们想从欺诈探测模型中产生最大价值，当它在过程自动化框架内部被调用时，这个愿望就能实现。这将允许训练数据的进一步集合，推动有监督的机器学习方法逐步完善，使索赔分类为合法或欺诈。

实现流程自动化的另一个优点是工作本身的标准化。如果理赔审查员都要强制遵循相同的索赔处理程序，客户服务的差异应该下降，这将会帮助ETI的顾客极大地获得信心，他们的索赔会被正确地处理。虽然这是非直接的收益，但是这使人认识到一个事实，正是通过ETI的商业处理，使顾客感受到了他们与ETI之间关系的价值。虽然BPMS本身并不是一个大数据计划，它会产生巨大数量的数据，像与端对端处理时间相关的，个人活动的停留时间和个体员工处理索赔的业务量。这些数据可以被收集、挖掘以发现有趣的关系，尤其是当与客户数据相结合时。

知道客户流失程度是否与索赔处理时间有关是很有价值的。如果是，一个回归模型会被开发用来预测哪些客户有流失的危险，然后提前让客户服务人员主动联系他们。

通过组织反应的测定与分析建立一个良性循环的管理行动，ETI企业正在由此寻求日常操作的提升。管理团队发现视组织为有机体而不是机器很有用。这种观点允许一种标准的转移，不仅鼓励内部数据的深层分析，也需要实现吸收外部数据。ETI曾经不得不尴尬地承认他们最初用OLTP系统的描述性分析来管理企业。现在，更广泛的视角分析和商务智能使得他们更有效地使用EDW（企业级数据仓库）和OLAP（联机分析处理）功能。实际上，ETI有能力去检查客户的根基，无论是海洋、航天还是房地产业务，这使得公司确定很多用户对轮船、飞机和高端豪华酒店有单独的保险。这样的洞察能力开辟了新的营销策略和客户的销售机会。

ETI的前景看上去很光明，因为公司启用了数据驱动决策。既然体验到了诊断性和预测性分析的好处，公司管理层正考虑使用规范性分析来实现风险规避的目标。ETI逐渐地利用大数据作为手段来使商业与IT保持一致，这些都带来了难以置信的好处。ETI的执行团队一致认为大数据是一件大事，随着ETI恢复盈利，他们希望股东也会有同样的想法。

请分析并记录：

(1)我们介绍了实训案例企业ETI的现状、问题以及诉求。ETI在应用大数据的旅程中不断进步，已经成功开发了“欺诈索赔探测”解决方法。请回顾，你是否了解这个过程，你认为大数据技术给ETI的IT团队在大数据存储和分析领域提供了经验和信心吗？为什么？

答：______________________________

____

____

____

____

____

“成功孕育成功”，公司创新经理提出的优先考虑处理的新项目是什么？在这个新项目上，企业的愿景什么是？你认为IT团队在“欺诈索赔探测”项目中积累的经验可以运用在新项目上吗？为什么？

答：______________________________

____

____

____

____

____

（2）现在，ETI 的管理团队不仅鼓励内部数据的深层分析，也积极实现吸收外部数据。ETI 曾经不得不尴尬地承认他们最初用 OLTP 系统的描述性分析来管理企业。现在，更广泛的视角分析和商务智能使得他们更有效地使用 EDW（企业级数据仓库）和 OLAP（联机分析处理）功能。你如何认识 ETI 发生的这样的变化？请简述你的想法。

答：____

____

____

____

____

____

结论：随着 ETI 恢复盈利，ETI 的执行团队一致认为大数据是一件大事。ETI 的前景看上去很光明，因为公司启用了数据驱动决策。既然体验到了诊断性和预测性分析的好处，公司管理层正考虑使用规范性分析来实现风险规避的目标。ETI 逐渐地利用大数据作为手段来使商业与 IT 保持一致，这些都带来了难以置信的好处。

实训总结

围绕着实训案例企业 ETI 的大数据分析运用流程，我们完成了一系列的大数据分析实训活动（见图 4-58）。请认真思考后，记录下你的实训总结和感想。

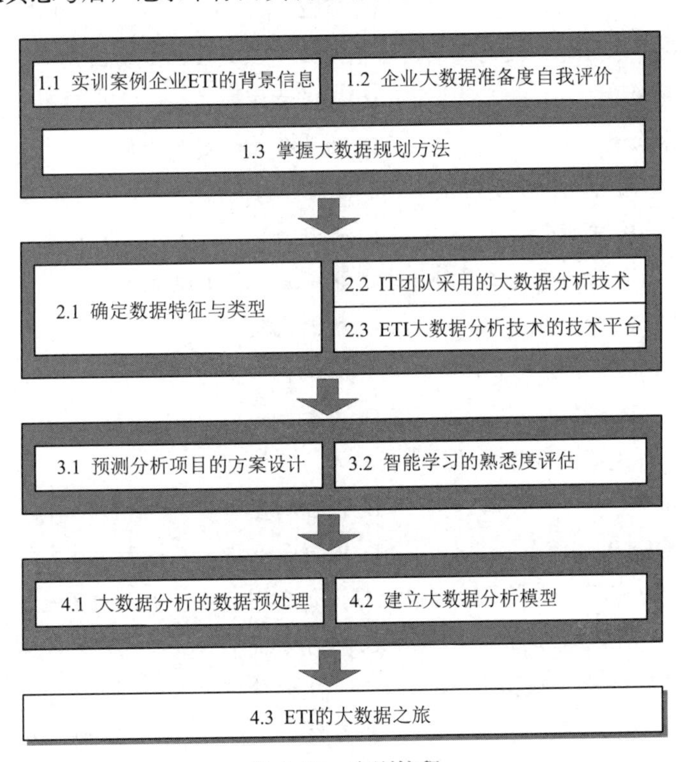

图 4-58　实训流程

答：

教师实训评价

【作　业】

1. 数据科学家往往具有机器学习、工程或计算机科学的背景，渴望参与有关(　　)的任何工作。

A. 线程　　B. 算法　　C. 数据　　D. 图像

2. 数据科学家往往倾向于选择（　　）工具，寻求最好的“技术”解决方案。

A. 开源　　B. 专用

C. 专利　　D. 商业

3. 为了使分析获得尽可能广泛的影响，人们应该重点关注的成功因素中，不包括（　　）。

A. 关注数据基础设施　　B. 确保协作

C. 加强广告技术含量　　D. 为业务流程定制分析

4.R 语言是一个面向对象、主要用于统计和高级分析的（　　）编程语言。

A. 商业　　B. 专用　　C. 专利　　D. 开源

5.SAS 语言是分析行业的开发工具领导者，它是（　　）编程语言。

A. 编译型　　B. 命令式　　C. 机器代码　　D. 符号式

6.SQL（结构化查询语言）是一种（　　）数据库语言。

A. 网状　　B. 层次　　C. 关系　　D. 独立

7. 以下（　　）不是商务智能中的最常用技术。

A. 神经网络分析　　B. 报告和查询

C. 线分析处理 OLAP　　D. 以电子表格为基础的决策支持系统（DSS）

8. 在大数据分析中有很多分析平台可供选择，但下列（　　）选项不是。

A. 数据库分析　　B. 硬盘分析　　C. 内存分析　　D. 云计算分析

9. 数据是分析的原材料，而分析决定了（　　）的价值。

A. 数据　　B. 程序　　C. 系统　　D. 计算机

10. 在大数据分析中是否可以运用分布式计算，除（　　）之外都是需要考虑的关键因素。

A. 大数据分析所需的源数据通常存储在分布式数据平台中

B. 很多情况下，需要用作分析的数据太过庞大以至于不能存储在一个机器的内存中

C. 用单个原子、分子制造物质的纳米技术

D. 持续增长的计算量和复杂度超出了用单线程所能达到的处理能力

11. “并行计算”是指：将一个任务分为（　　）的单元，并同时执行的方式。

A. 更大　　B. 独立　　C. 完整　　D. 更小

12. 在一个程序中独立运行的程序（　　）叫作“线程”。

A. 片段　　B. 代码　　C. 模块　　D. 机器码

13. 所谓多线程处理，是指从软件或者硬件上实现多个线程（　　）执行（当具备相关资源时）的技术。

A. 顺序　　B. 互斥　　C. 并发　　D. 合并

14. 分布式计算是指将进程处理分布于多个（　　）机器上的能力。

A. 超级　　B. 物理或虚拟　　C. 计算　　D. 数字

15. 并行计算的主要效益在于速度和（　　）。

A. 可扩展性　　B. 大容量　　C. 多样性　　D. 高利润

16. 当考虑整合分析和数据的实操选项时，有四种不同的架构可以选择，下列（　　）不属于其中之一。

A. 独立分析　　B. 部分集成分析

C. 基于实验试管分析　　D. 基于 Hadoop 分析

17. 云计算是基于（　　）概念的分布式计算，最终用户只需把任务提交到云端。

A. 数据包　　B. 信息包　　C. 文件夹　　D. 资源池

附　　录

附录 A　部分作业参考答案

项目 1 任务 1.1

1. B	2. D	3. A	4. D	5. A
6. A	7. C	8. B	9. C	10. A
11. A	12. C	13. B		

项目 1 任务 1.2

1. C	2. A	3. A	4. C	5. A
6. B	7. C	8. B	9. B	10. D
11. D	12. B	13. C		

项目 1 任务 1.3

1. B	2. D	3. C	4. A	5. C
6. B	7. D	8. A	9. B	10. C
11. A	12. D	13. B		

项目 2 任务 2.1

1. C	2. A	3. D	4. C	5. B
6. C	7. A	8. D	9. B	10. C
11. B	12. A			

项目 2 任务 2.2

1. C	2. D	3. A	4. C	5. C
6. B	7. A	8. D	9. D	10. B
11. A	12. C			

项目 2 任务 2.3

1. B	2. D	3. A	4. C	5. B
6. A	7. C	8. D	9. A	10. D
11. C				

项目 3 任务 3.1

1. C	2. A	3. D	4. B	5. C
6. A	7. D	8. B	9. C	10. A
11. D	12. C	13. B	14. A	15. D
16. B				

项目 3 任务 3.2

1. B	2. A	3. B	4. D	5. A
6. C	7. B	8. A	9. A	10. C
11. C	12. B	13. C	14. B	15. A
16. A	17. D	18. C	19. D	20. D
21. A	22. C	23. B	24. A	25. D
26. C	27. B	28. A	29. C	30. B
31. D	32. C	33. A	34. B	35. C
36. D	37. C			

项目 4 任务 4.1

1. A	2. C	3. B	4. D	5. C
6. A	7. C	8. B	9. D	10. A
11. B	12. C	13. B	14. D	15. C
16. A	17. C	18. B		

项目 4 任务 4.2

1. C	2. A	3. D	4. C	5. B
6. A	7. C	8. D	9. C	10. B
11. D	12. C	13. A	14. D	15. B

项目 4 任务 4.3

1. B	2. A	3. C	4. D	5. B
6. C	7. A	8. B	9. A	10. C
11. D	12. A	13. C	14. B	15. A
16. C	17. D			

附录 B 课程学习与实训总结

B.1 课程与实训的基本内容

至此，我们顺利完成了“大数据分析”课程的教学任务以及相关的全部实训操作。为巩固通过学习实训所了解和掌握的知识和技术，请就此做一个系统的总结。由于篇幅有限，如果书中预留的空白不够，请另外附纸张粘贴在边上。

（1）本学期完成的“大数据分析”学习与实训操作主要有（请根据实际完成的情况填写）：

项目 1：主要内容是：________________________________

项目 2：主要内容是：________________________________

项目 3：主要内容是：________________________________

项目 4：主要内容是：________________________________

（2）请回顾并简述：通过学习与实训，你初步了解了哪些有关大数据分析的重要概念（至少3 项）：

① 名称：________________________________

简述：________________________________

② 名称：________________________________

简述：________________________________

③ 名称：________________________________

简述：________________________________

④ 名称：______

简述：______

______

______

______

⑤ 名称：______

简述：______

______

______

______

B.2 实训的基本评价

（1）在全部实训操作中，你印象最深，或者相比较而言你认为最有价值的是：

① ______

你的理由是：______

______

______

② ______

你的理由是：______

______

______

（2）在所有实训操作中，你认为应该得到加强的是：

① ______

你的理由是：______

______

______

② ______

你的理由是：______

______

______

（3）对于本课程和本书的实训内容，你认为应该改进的意见和建议是：

______

______

______

______

______

B.3 课程学习能力测评

请根据你在本课程中的学习情况，客观地在大数据分析知识方面对自己做一个能力测评，在表 B-1 的“测评结果”栏中合适的项下打“P”。

表 B-1 课程学习能力测评

关键能力	评价指标	测评结果					备注
		很好	较好	一般	勉强	较差	
课程基础内容	1. 了解本课程的知识体系与发展						
	2. 掌握大数据基础概念						
	3. 熟悉大数据技术的应用领域						
	4. 掌握大数据分析基本概念						
	5. 掌握大数据分析的应用领域						
	6. 熟悉大数据分析的基本原则						
分析应用与用例分析	7. 了解构建分析路线的方法						
	8. 熟悉大数据分析的运用						
	9. 熟悉大数据分析的用例						
预测分析技术	10. 熟悉预测分析方法						
	11. 了解预测分析技术						
	12. 了解智能学习与分析技术						
大数据分析与处理	13. 熟悉大数据分析的数据预处理						
	14. 了解降维与特征工程知识						
	15. 熟悉大数据分析模型						
	16. 了解数据工作者岗位						
	17. 了解大数据分析工具与平台						
组织分析团队	18. 了解大数据分析的团队建设						
解决问题与创新	19. 掌握通过网络提高专业能力、丰富专业知识的学习方法						
	20. 能根据现有的知识与技能创新地提出有价值的观点						

说明：“很好”5 分，“较好”4 分，余类推。全表满分为 100 分，你的测评总分为：________ 分。

B.4 大数据分析学习与实训总结

B.5 教师对学习与实训总结的评价

参 考 文 献

[1] 钱伯斯，迪斯莫尔 . 大数据分析方法 [M]. 韩光辉，译 . 北京：机械工业出版社，2017.

[2] 贝森斯 . 大数据分析：数据科学应用场景与实践精髓 [M]. 柯晓燕，张纪元，译 . 北京：人民邮电出版社，2016.

[3] 王宏志 . 大数据分析原理与实践 [M]. 北京：机械工业出版社，2018.

[4] 戴海东，周苏 . 大数据导论 [M]. 北京：中国铁道出版社，2018.

[5] 匡泰，周苏 . 大数据可视化 [M]. 北京：中国铁道出版社有限公司，2019.

[6] 周苏，王文 . Java 程序设计 [M]. 北京：中国铁道出版社有限公司，2019.

[7] 汪婵婵，周苏 . Python 程序设计 [M]. 北京：中国铁道出版社有限公司，2020.

[8] 周苏 . 大数据可视化技术 [M]. 北京：清华大学出版社，2016.